高校经典教材同步辅导丛书

普通物理学（第六版·上册）
同步辅导及习题全解

主　编　黄淑森　焦艳芳

中国水利水电出版社
www.waterpub.com.cn

内容提要

本书是为了配合高等教育出版社出版，程守洙、江之永主编，胡盘新、汤毓骏、钟季康修订的《普通物理学》（第六版）教材而编写的配套辅导书。

本书按教材内容，对各章的重点、难点进行较深刻的分析。针对各章节的全部习题给出详细的解题过程，并附以知识点窍和逻辑推理，思路清晰、逻辑性强，循序渐进地帮助读者分析并解决问题。

本书可作为高等学校理工科非物理学专业学生学习《普通物理学》（第六版）的教学辅导材料和复习参考用书，也可作为学生考研强化复习的指导书及授课教师的教学参考书。

图书在版编目（CIP）数据

普通物理学（第六版·上册）同步辅导及习题全解 / 黄淑森，焦艳芳主编. -- 北京 : 中国水利水电出版社，2011.2（2016.4 重印）
（高校经典教材同步辅导丛书）
ISBN 978-7-5084-8328-3

Ⅰ. ①普… Ⅱ. ①黄… ②焦… Ⅲ. ①普通物理学－高等学校－教学参考资料 Ⅳ. ①04

中国版本图书馆CIP数据核字(2011)第008145号

策划编辑：杨庆川　　责任编辑：宋俊娥　　封面设计：李佳

书　名	高校经典教材同步辅导丛书 普通物理学（第六版·上册）同步辅导及习题全解
作　者	主　编　黄淑森　焦艳芳
出版发行	中国水利水电出版社 （北京市海淀区玉渊潭南路 1 号 D 座　100038） 网址：www.waterpub.com.cn E-mail：mchannel@263.net（万水） sales@waterpub.com.cn 电话：（010）68367658（发行部）、82562819（万水）
经　售	北京科水图书销售中心（零售） 电话：（010）88383994、63202643、68545874 全国各地新华书店和相关出版物销售网点
排　版	北京万水电子信息有限公司
印　刷	北京正合鼎业印刷技术有限公司
规　格	170mm×227mm　16 开本　15.75 印张　410 千字
版　次	2011 年 2 月第 1 版　2016 年 4 月第 4 次印刷
印　数	17001—22000 册
定　价	22.80 元

前　言

由高等教育出版社出版，程守洙、江之永主编，胡盘新、汤毓骏、钟季康修订的《普通物理学》(第六版）是一本在高校广为使用的教科书。为了更好地配合该教材的使用，帮助广大读者学好该课程，我们编写了这本辅导书。

本书作为一种辅助性的教材，具有较强的针对性、启发性、指导性和补充性的特点。考虑到读者的不同情况，本辅导书以教材内容为依据，对教材的主要内容、基本公式进行知识点归纳，并对教材的课后习题进行全面解答。

本书在内容上做了以下安排：

本章知识要点：对本章的重要知识点、计算公式、定理等作一个总体的归纳，让读者对本章的要点一目了然。

复习思考题解答：对本章的思考题都逐题进行详细的阐述，使读者能够更加深刻地理解和掌握本章内容。

习题全解：对每一道习题都进行尽可能详尽的解答，解题中用到的知识点都予以说明，让读者能够充分了解到每章习题的类型和考查的知识点，从而在做题中得到锻炼，以便解题时能得心应手。为了方便起见，这两部分的题号与《普通物理学》（第六版）保持一致。

由于时间较仓促，编者水平有限，书中难免有疏漏之处，敬请各位同行和读者给予批评、指正。

编者

2010 年 12 月

目录
contents

目 录

contents

第一章

力和运动

本章知识要点

1. 质点、参考系、坐标系、空间、时间的概念.
2. 描述质点运动各物理量的表达式.
3. 圆周运动及一般曲线运动的描述.
4. 牛顿运动定律及应用.
5. 伽利略相对性原理的内容及惯性力、非惯性力的概念.

知识点归纳

一、质点、参考系和坐标系

1. 质点

质点指只有质量而忽略其大小和形状的理想物体.

2. 参考系

参考系指描述物体运动时用作参考的其他物体.

3 . 坐标系

坐标系指为定量描述物体的位置而在参考系中建立固定物坐标系，最常用的坐标系是笛卡尔直角坐标系.

二、空间和时间

1. 空间

空间反映物质的广延性,与物体的体积、位置变化联系在一起.

2. 时间

时间反映物质事件的顺序性和持续性.

三、描述质点运动的物理量

1. 位矢

从原点指向质点所在位置的有向线段叫做质点的位置矢量,简称位矢,也叫径矢.

在直角坐标系中位矢　　$\boldsymbol{r}=x\boldsymbol{i}+y\boldsymbol{j}+z\boldsymbol{k}$

2. 运动方程

质点的位置随时间变化的函数关系式 $\boldsymbol{r}=\boldsymbol{r}(t)$ 称为质点的运动方程,也叫质点的运动函数.

在直角坐标系中　　$\boldsymbol{r}(t)=x(t)\boldsymbol{i}+y(t)\boldsymbol{j}+z(t)\boldsymbol{k}$

其中 $x(t)$、$y(t)$、$z(t)$ 表示质点在 x、y、z 轴方向的运动.

3. 位移

质点在一段时间内位置的改变叫做它在这一段时间内的位移. 由质点的初始位置指向末位置的矢量来表示　　$\Delta\boldsymbol{r}=\boldsymbol{r}(t+\Delta t)-\boldsymbol{r}(t)$

在直角坐标系中表示为　　$\Delta\boldsymbol{r}=\Delta x\boldsymbol{i}+\Delta y\boldsymbol{j}+\Delta z\boldsymbol{k}$

4. 路程

路程指物体运动时沿轨迹实际通过的路径长度,用 s 表示,一般情况下,$|\Delta\boldsymbol{r}|\neq s$.

5. 速度

速度是质点位矢对时间的一阶导数　$\boldsymbol{v}=\dfrac{\mathrm{d}\boldsymbol{r}}{\mathrm{d}t}$

在直角坐标系中表示为

$$\boldsymbol{v}=v_x\boldsymbol{i}+v_y\boldsymbol{j}+v_z\boldsymbol{k}=\frac{\mathrm{d}x}{\mathrm{d}t}\boldsymbol{i}+\frac{\mathrm{d}y}{\mathrm{d}t}\boldsymbol{j}+\frac{\mathrm{d}z}{\mathrm{d}t}\boldsymbol{k}$$

速度的大小称为速率,速率是标量,并且

$$v=|\boldsymbol{v}|=\left|\frac{\mathrm{d}\boldsymbol{r}}{\mathrm{d}t}\right|=\left|\frac{\mathrm{d}s}{\mathrm{d}t}\right|$$

6. 加速度

加速度指质点运动速度对时间的一阶导数

$$\boldsymbol{a}=\frac{\mathrm{d}\boldsymbol{v}}{\mathrm{d}t}=\frac{\mathrm{d}^2\boldsymbol{r}}{\mathrm{d}t^2}$$

在直角坐标系中表示为

$$\boldsymbol{a}=a_x\boldsymbol{i}+a_y\boldsymbol{j}+a_z\boldsymbol{k}=\frac{\mathrm{d}v_x}{\mathrm{d}t}\boldsymbol{i}+\frac{\mathrm{d}v_y}{\mathrm{d}t}\boldsymbol{j}+\frac{\mathrm{d}v_z}{\mathrm{d}t}\boldsymbol{k}=\frac{\mathrm{d}^2x}{\mathrm{d}t^2}\boldsymbol{i}+\frac{\mathrm{d}^2y}{\mathrm{d}t^2}\boldsymbol{j}+\frac{\mathrm{d}^2z}{\mathrm{d}t^2}\boldsymbol{k}$$

四、圆周运动和一般曲线运动

1. 切向加速度和法向加速度

自然坐标系：一根坐标轴沿轨迹上任一点的切线方向，用单位矢量 $\boldsymbol{e}_\mathrm{t}$ 表示，另一坐标轴沿该点轨迹的法线并指向曲线凹侧，相应单位矢量用 $\boldsymbol{e}_\mathrm{n}$ 表示.

2. 加速度在自然坐标中的表示

$$\boldsymbol{a}=\frac{\mathrm{d}v}{\mathrm{d}t}\boldsymbol{e}_\mathrm{t}+\frac{v^2}{R}\boldsymbol{e}_\mathrm{n}$$

3. 圆周运动的角量描述

角位置　$\theta=\theta(t)$

角位移　$\Delta\theta=\theta(t+\Delta t)-\theta(t)$

角速度　$\omega=\dfrac{\mathrm{d}\theta}{\mathrm{d}t}=\dfrac{v}{R}$

角加速度　$\alpha=\dfrac{\mathrm{d}\omega}{\mathrm{d}t}=\dfrac{\mathrm{d}^2\theta}{\mathrm{d}t^2}$

法向（向心）加速度　$a_\mathrm{n}=\dfrac{v^2}{R}=R\omega^2$　（指向圆心）

切向加速度　$a_\mathrm{t}=\dfrac{\mathrm{d}v}{\mathrm{d}t}=R\alpha$　（沿切线方向）

五、抛体运动的矢量描述

$$a_x=0,a_y=-g$$
$$v_x=v_0\cos\theta,v_y=v_0\sin\theta-gt$$
$$x=v_0\cos\theta\cdot t,y=v_0\sin\theta\cdot t-\frac{1}{2}gt^2$$

六、几种运动速度与加速度的特点

质点的机械运动
- 直线运动
  - 匀速直线运动 $\boldsymbol{a}=0$，v 恒定
  - 变速直线运动（$a_t\neq0$）
    - 匀变速直线运动（$\boldsymbol{a}=a_t\boldsymbol{i}$ 恒定）⇒ 运动公式 ⇒
      - $x=x_0+v_0t+\frac{1}{2}at^2$
      - $v=v_0+at$
      - $v^2=v_0^2+2a(x-x_0)$
    - 非匀变速直线运动（$\boldsymbol{a}=a_t\boldsymbol{i}$ 不恒定）⇒ 运动公式 ⇒
      - $x=\int_{t_0}^{t}v\mathrm{d}t+x_0$
      - $v=\int_{t_0}^{t}a\mathrm{d}t+v_0$
- 曲线运动
  - 圆周运动 $\rho=R$
    - 匀速圆周运动 $a_\mathrm{t}=\boldsymbol{0}$，$\boldsymbol{a}=\boldsymbol{a}_\mathrm{n}=\frac{v^2}{R}\boldsymbol{e}_n$，$v$ 为常数
    - 非匀速圆周运动 $\boldsymbol{a}_\mathrm{t}\neq0$，$\boldsymbol{a}$ 不恒定，$v\neq$ 常数
  - 抛体运动 $\boldsymbol{a}=-g\boldsymbol{j}$
    - 平抛运动 $\boldsymbol{v}=v_0\boldsymbol{i}-gt\boldsymbol{j}$
    - 斜抛运动 $\boldsymbol{v}=(v_0\cos\theta)\boldsymbol{i}+(v_0\sin\theta-gt)\boldsymbol{j}$
  - 一般曲线运动
    - 匀速曲线运动 $\boldsymbol{a}_\mathrm{t}=0$，$\boldsymbol{a}_\mathrm{n}=\frac{v^2}{\rho}\boldsymbol{e}_n$，$v$ 不变，但 ρ 变
    - 匀变速曲线运动 $\boldsymbol{a}$ 恒定，v 不恒定
    - 非匀变速曲线运动 $\boldsymbol{a}$ 不恒定，v 不恒定

七、相对运动　常见力和基本力

1. 相对运动

伽利略坐标变换

$$\boldsymbol{r}=\boldsymbol{R}+\boldsymbol{r}'$$

速度变换与加速度变换

$$\boldsymbol{v}_{\mathrm{PK}}=\boldsymbol{v}_{\mathrm{PK'}}+\boldsymbol{v}_{\mathrm{K'K}},\boldsymbol{a}_{\mathrm{PK}}=\boldsymbol{a}_{\mathrm{PK'}}+\boldsymbol{a}_{\mathrm{K'K}}$$

2. 常见力

重力

弹力　$F=-kx$

摩擦力　$F_{\mathrm{s}}=\mu_{\mathrm{s}}F_{\mathrm{N}},F_{\mathrm{k}}=\mu_{\mathrm{k}}F_{\mathrm{N}}$

万有引力　$F=G\dfrac{m_1m_2}{r^2}$

3. 基本力

电磁力、强力、弱力.

八、牛顿运动定律

1. 第一定律

任何物体都保持静止或匀速直线运动状态，直到作用在物体上的力迫使它改变这种状态为止.

2. 第二定律

物体受到外力作用时，它获得的加速度大小与外力的大小成正比，与物体的质量成反比. 加速度的方向与外力方向相同.

$$\boldsymbol{F}=m\boldsymbol{a}$$

牛顿第二定律的微分形式

$$\boldsymbol{F}=\frac{\mathrm{d}\boldsymbol{p}}{\mathrm{d}t},\boldsymbol{p}=m\boldsymbol{v},\boldsymbol{F}\mathrm{d}t=\mathrm{d}\boldsymbol{p}$$

3. 第三定律

两物体间的作用力与反作用力，在同一直线上，大小相等，方向相反.

作用力和反作用力同时出现，同时消失，性质相同，分别作用在两个物体上.

九、伽利略相对性原理　非惯性系　惯性力

1. 伽利略相对性原理

在一个惯性系的内部所作的任何力学实验都不能确定这一惯性系本身是静止的状态还是在作匀速直线运动.

2. 经典力学的时空观

$$\boldsymbol{a}=\boldsymbol{a}',\boldsymbol{F}=m\boldsymbol{a},\boldsymbol{F}'=m\boldsymbol{a}'$$

3. 非惯性系

对地面参考系作加速运动的物体都是非惯性系.

4. 惯性力

$$\boldsymbol{F}_{惯}=-m\boldsymbol{a}$$

复习思考题解答

1-1-1 回答下列问题:

(1)一物体具有加速度而其速度为零,是否可能?

(2)一物体具有恒定的速率但仍有变化的速度,是否可能?

(3)一物体具有恒定的速度但仍有变化的速率,是否可能?

(4)一物体具有沿 Ox 轴正方向的加速度而有沿 Ox 轴负方向的速度,是否可能?

(5)一物体的加速度大小恒定而其速度的方向改变,是否可能?

解题过程 (1)可能. 例如物体上抛时,在顶点物体速度为零,而加速度不为零.

(2)可能. 速率是标量,速度是矢量,速度的变化是大小或方向改变,而速率仅表示速度的大小. 例如,做匀速圆周运动的物体,速率恒定,而速度是变化的.

(3)不可能. 速度是矢量,包含大小与方向,速率是速度的大小,速度恒定,速率肯定不变.

(4)可能. 做减速运动的物体. 例如,物体在上抛时,加速度与速度方向相反.

(5)可能. 上抛物体后,加速度大小恒为重力加速度,而速度会发生改变.

1-1-2 回答下列问题:

(1)位移和路程有何区别? 在什么情况下并不相等?

(2)平均速度和平均速率有何区别? 在什么情况下两者的量值相等? 瞬时速度和平均速度的关系与区别是怎样的? 瞬时速率和平均速率的关系与区别又是怎样的?

解题过程 (1)位移是矢量,路程是标量,位移是物体初末位矢之差,是由起点指向末点的有向线段,而路程是物体位置改变中实际经过的路径. 二者一般情况下不同,当物体做直线运动并且速度方向不发生改变时,位移和路程大小相等.

(2)平均速度是位移与时间之比,即 $\overrightarrow{v}=\dfrac{\Delta \bar{r}}{\Delta t}$;而平均速率是路程与时间之比,即 $\bar{v}=\dfrac{\Delta s}{\Delta t}$,二者一般情况下不相等,只有当 $|\Delta \overrightarrow{r}|=\Delta s$,即位移与路程量值相等时,平均速率和平均速度才在大小上相等.

瞬时速度定义 $\overrightarrow{v}=\lim\limits_{\Delta t\to 0}\dfrac{\Delta \overrightarrow{r}}{\Delta t}$,描述了质点每一瞬间的运动状态,而平均速度是物体在一段时间内的位矢的平均变化率,当物体做匀速直线运动时,二者大小相等.

瞬时速率定义 $v=\frac{\mathrm{d}s}{\mathrm{d}t}$，平均速率 $v=\frac{\Delta s}{\Delta t}$，瞬时速率是瞬时速度的大小，描述质点路程的瞬时变化率，它与平均速率的关系如同瞬时速度和平均速度的关系一样.

1-1-3 回答下列问题.

(1)有人说："运动物体的加速度越大，物体的速度也越大"，你认为对不对？

(2)有人说："物体在直线上运动前进时，如果物体向前的加速度减小，物体前进的速度也就减小了"，你认为对不对？

(3)有人说："物体加速度的值很大，而物体速度的值可以不变，是不可能的"，你认为如何？

解题过程 (1)不对. 加速度 $a=\frac{\mathrm{d}v}{\mathrm{d}t}$ 表示物体速度的变化率，与速度大小无关，加速度大，速度不一定大. 例如刚开始启动的汽车比正在匀速行驶的汽车加速度大，而此时速度小.

(2)不对. 由 $a=\frac{\mathrm{d}v}{\mathrm{d}t}$ 知 $v=\int a\mathrm{d}t$，只要速度与加速度方向相同，速度就会增大，否则速度减小，加速度大小是用来衡量速度变化快慢的物理量.

(3)可能. 速度是矢量，速度的值也就是速度的大小是标量，物体有加速度，速度就一定会改变，但是可以只改变速度方向而不改变其大小. 例如匀速圆周运动物体，具有加速度，但是速度大小即速度值不变.

1-1-4 设质点的运动学方程为 $x=x(t)$，$y=y(t)$，在计算质点的速度和加速度时，有人先求出 $r=\sqrt{x^2+y^2}$，然后根据 $v=\frac{\mathrm{d}\vec{r}}{\mathrm{d}t}$ 及 $\vec{a}=\frac{\mathrm{d}^2\vec{r}}{\mathrm{d}t^2}$ 而求得结果；又有人先计算速度和加速度的分量，再合成求得结果，即 $v=\sqrt{\left(\frac{\mathrm{d}x}{\mathrm{d}t}\right)^2+\left(\frac{\mathrm{d}y}{\mathrm{d}t}\right)^2}$ 及 $a=\sqrt{\left(\frac{\mathrm{d}^2x}{\mathrm{d}t^2}\right)^2+\left(\frac{\mathrm{d}^2y}{\mathrm{d}t^2}\right)^2}$. 你认为两种方法哪一种正确？两者差别何在？

解题过程 后者正确. 因为 $\boldsymbol{v}=\frac{\mathrm{d}\boldsymbol{r}}{\mathrm{d}t}=\frac{\mathrm{d}x}{\mathrm{d}t}\boldsymbol{i}+\frac{\mathrm{d}y}{\mathrm{d}t}\boldsymbol{j}$，而 $\boldsymbol{a}=\frac{\mathrm{d}\boldsymbol{v}}{\mathrm{d}t}=\frac{\mathrm{d}^2x}{\mathrm{d}t^2}\boldsymbol{i}+\frac{\mathrm{d}^2y}{\mathrm{d}t^2}\boldsymbol{j}$

故 $v=\sqrt{\left(\frac{\mathrm{d}x}{\mathrm{d}t}\right)^2+\left(\frac{\mathrm{d}y}{\mathrm{d}t}\right)^2}$，$a=\sqrt{\left(\frac{\mathrm{d}^2x}{\mathrm{d}t^2}\right)^2+\left(\frac{\mathrm{d}^2y}{\mathrm{d}t^2}\right)^2}$

而第一种方法 $\boldsymbol{r}$ 是矢量这一个特性没有体现出来，仅把 $\boldsymbol{r}$ 作为标量来处理.

由 $v=\frac{\mathrm{d}\boldsymbol{r}}{\mathrm{d}t}=\frac{\mathrm{d}r\boldsymbol{e}_r}{\mathrm{d}t}=\frac{\mathrm{d}r}{\mathrm{d}t}\boldsymbol{e}_r+\frac{r\mathrm{d}\boldsymbol{e}_r}{\mathrm{d}t}$

知第一种方法确实错了.

1-2-1 试回答下列问题：

(1)匀加速运动是否一定是直线运动？为什么？

(2)在圆周运动中，加速度方向是否一定指向圆心？为什么？

解题过程 (1)不一定. 匀加速运动不一定是直线运动，当加速度方向与速度方向在一条直线上时，是直线运动；当两者方向不在一条直线上时，是曲线运动. 例如物体的平抛运动.

(2)不一定. 圆周运动中 $\boldsymbol{a}=\boldsymbol{a}_n+\boldsymbol{a}_t$ ，$\boldsymbol{a}_n$ 是法向加速度指向圆心，而 $\boldsymbol{a}_t$ 是切向加速度垂直于半径方向. 故当 a_t 不为零时，即圆周运动的速率改变时加速度方向不指向圆心，只有匀速圆周运动的加速度方向才指向圆心.

1-2-2 对于物体的曲线运动有下面两种说法：

(1)物体作曲线运动时，必有加速度，加速度的法向分量一定不等于零.

(2)物体作曲线运动时速度方向一定在运动轨道的切线方向，法向分速度恒等于零，因此其法向加速度一定等于零.

试判断上述说法是否正确，并讨论物体作曲线运动时的速度、加速度的大小、方向及其关系.

解题过程 (1)正确. 由 $\boldsymbol{a}=\boldsymbol{a}_n+\boldsymbol{a}_t$ 知，切向加速度 $\boldsymbol{a}_t$ 是由物体速度大小改变引起的，而法向加速度 $\boldsymbol{a}_n$ 是由物体的速度方向改变而引起的，物体作曲线运动，速度方向改变，因此法向加速度 $\boldsymbol{a}_n$ 一定不等于零.

(2)不完全正确. 物体做曲线运动，速度方向一定沿轨道切线方向，法向分速度恒等于零，但是由 $a_n=\dfrac{v^2}{\rho}$ 知，法向加速度不为零(其中 ρ 是指该点处的曲率半径).

1-2-3 一个作平面运动的质点，它的运动表达式是 $\boldsymbol{r}=\boldsymbol{r}(t)$，$\boldsymbol{v}=\boldsymbol{v}(t)$，如果(1) $\dfrac{\mathrm{d}r}{\mathrm{d}t}=0$，$\dfrac{\mathrm{d}\boldsymbol{r}}{\mathrm{d}t}\neq0$，质点作什么运动？(2) $\dfrac{\mathrm{d}\boldsymbol{v}}{\mathrm{d}t}\neq0$，$\dfrac{\mathrm{d}v}{\mathrm{d}t}=0$，质点作什么运动？

解题过程 若 $\dfrac{\mathrm{d}\boldsymbol{r}}{\mathrm{d}t}\neq0$，$\dfrac{\mathrm{d}r}{\mathrm{d}t}=0$，质点作圆周运动；若 $\dfrac{\mathrm{d}\boldsymbol{v}}{\mathrm{d}t}\neq0$，$\dfrac{\mathrm{d}v}{\mathrm{d}t}=0$，质点作匀速率曲线运动，如匀速圆周运动.

1-2-4 圆周运动中质点的加速度是否一定和速度方向垂直？任意曲线运动的加速度是否一定不与速度方向垂直？

解题过程 圆周运动中质点的加速度不一定和速度方向垂直. 只有当质点作匀速圆周运动时，加速度才与速度方向垂直，如质点作变速圆周运动时，切向加速度和法向加速度均不为零，加速度不垂直于速度方向.

1-2-5 一质点沿轨道 $ABCDEFG$ 运动，试分析图中各点处的运动，把答案填入下表.

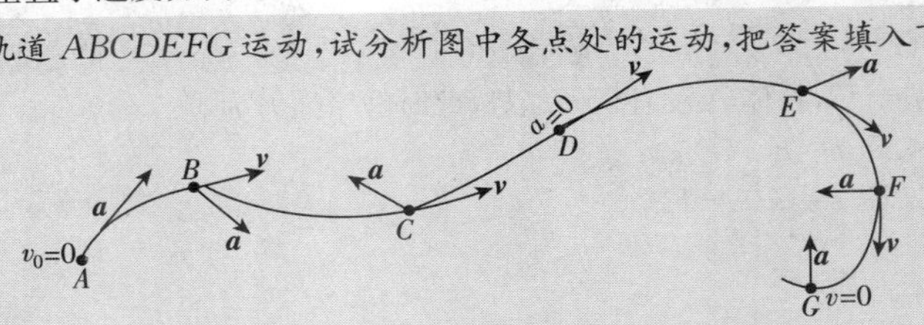

思考题 1-2-5 图

各点情况	A	B	C	D	E	F	G
运动是否可能	可能	可能	可能	不可能	不可能	可能	不可能
速度将增大还是减小	增大	增大	减小			不变	
速度方向将变化否	不变	变化	变化		变化		

分　析　现逐点分析各点的运动. 由 $\boldsymbol{a}=\boldsymbol{a}_n+\boldsymbol{a}_t=\frac{v^2}{\rho}\boldsymbol{e}_n+\frac{dv}{dt}\boldsymbol{e}_t$ 知，A 点可能，质点由静止开始运动，此时 $\boldsymbol{a}_n=0$，$\boldsymbol{a}_t\neq0$. B 点可能，并且 $\boldsymbol{a}_t$ 与 $\boldsymbol{v}$ 方向相同，速度增大，$\boldsymbol{a}_n\neq0$，方向肯定变化. 同理可得出 C 点的运动. 而 D 点 $v\neq0$，所以 $\boldsymbol{a}_n\neq0$. 故加速度 $\boldsymbol{a}\neq0$. 对于 E 点，法向加速度 $\boldsymbol{a}_n$ 指向曲率半径的方向，而图中 $\boldsymbol{a}$ 的法向分量背离曲率半径，故不可能. 对于 F 点，$\boldsymbol{a}$ 与 $\boldsymbol{v}$ 垂直，即表示 $a_t=0$，质点在这一瞬时做匀速率运动. 对于 G 点不可能，由于 $v=0$，$\boldsymbol{a}_n=0$，加速度方向只能沿速度方向，即轨迹切线方向.

1-3-1　一人在以恒定速度运动的火车上竖直向上抛出一石子，此石子能否落回人的手中？如果石子抛出后，火车以恒定加速度前进，结果又将怎样？

解题过程　若火车以恒定速度运动，石子必然会落回人的手中. 以火车为参考系，人与火车相对静止，相当于人站在静止地面上竖直上抛石子. 若火车以恒定加速度加速，石子不会落回到人手中. 同样以火车为参考系，人与火车相对静止，而石子在抛出后具有了与火车加速度相反的加速度，因此会落到人后面，不会落回到人的手中.

1-3-2　装有竖直遮风玻璃的汽车，在大雨中以速度 v 前进，雨滴则以速度 v' 竖直下降，问雨滴将以什么角度打击遮风玻璃？

解题过程　本题关键是选择参考系，选汽车为参考系分析雨滴运动，则 $\boldsymbol{v}'=\vec{v}+\vec{v}_e$，其中 $\vec{v}_e$ 表示在汽车参考系中的雨滴速度，则 $\vec{v}_e=\vec{v}'-\boldsymbol{v}$. 又汽车速度 $\boldsymbol{v}$ 与雨滴速度垂直，故雨滴以与挡风玻璃成 $\alpha=\arctan\frac{v}{v}$ 角度打击.

1-3-3　一斜抛物体的水平初速度是 v_0，它的轨迹的最高点处的曲率半径是多大？

解题过程　如答 1-3-3 图所示，设斜抛物体初速度为 $\boldsymbol{v}$，抛射角 α，则依题意有 $v_0=v\cos\alpha$.

设最高点为 A，此时速度为 $\vec{v}_A=\vec{v}_{Ax}+\vec{v}_{Ay}$

质点处于最高点 $v_{Ay}=0$，水平方向物体不受力，水平方向动量守恒，水平速度不变，即 $v_{Ax}=v_0$.

所以 $v_A=v_0$，方向水平

由法向加速度 $a_n=\frac{{v_A}^2}{\rho}=\frac{{v_0}^2}{\rho}=g$ 得 $\rho=\frac{v_0^2}{g}$

1-3-4　物体 A 在外力 F 作用下静止在斜面上，如图所示，试分析作用在物体上的静摩擦力的方向.

解题过程　若 $G\sin\alpha=F$，物体 A 没有运动趋势，此时静摩擦力为零.

若 $G_{\sin\alpha}<F$，$f=F-G_{\sin}\alpha$.

若 $G_{\sin\alpha}>F$，$f=G_{\sin}\alpha-F$.

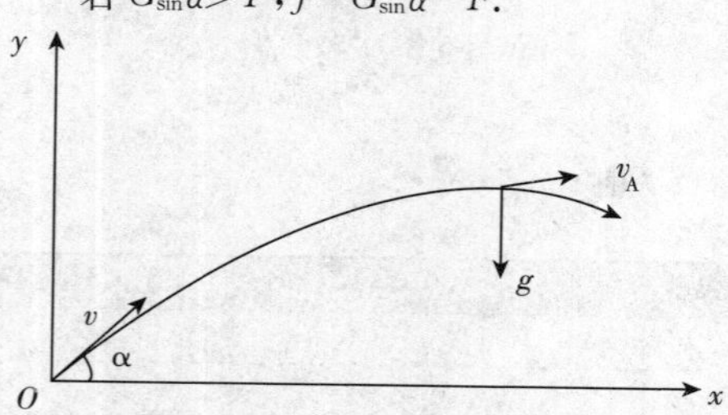

答 1-3-3 图

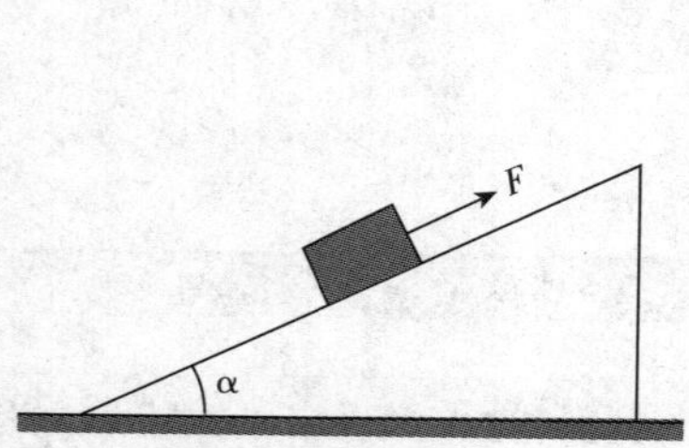

思考题 1-3-4 图

1-3-5 两个物体相互接触，或有联系时，彼此间是否一定存在弹性力？

解题过程 不一定.弹力产生的条件有两个，第一要相互接触，第二要有弹性形变.只相互接触，没有弹性形变的两个物体是不存在弹性力的.

1-4-1 回答下列问题：

(1)物体的运动方向和合外力方向是否一定相同？

(2)物体受到几个力的作用，是否一定产生加速度？

(3)物体运动的速率不变，所受合外力是否也很大？

(4)物体速度很大，所受到的合外力是否也很大？

解题过程 (1)不一定.物体的运动方向与速度方向相同，而合外力方向与加速度方向相同，二者不一定相同.例如，物体的平抛、斜抛和圆周运动，物体的运动方向与合外力方向不同.

(2)不一定.如果合外力为零，则加速度为零.

(3)不一定.速率不变是指速度大小不变，但速度方向有可能变化.当速度变化时，物体就具有加速度，此时所受合外力不为零.

(4)不一定.合外力的大小决定了物体加速度的大小，而不是速度的大小.

1-4-2 物体所受摩擦力的方向是否一定和它的运动方向相反？试举例说明.

解题过程 不一定.摩擦力的方向与相对运动方向或相对运动趋势相反，而非运动方向.例如，人走路时，人向前运动，摩擦力方向也是向前；卷扬机传送带上的物体摩擦力方向也与运动方向相同.

1-4-3 用绳子系一物体，在竖直平面内作圆周运动，当物体达到最高点时，(1)有人说："这时物体受到三个力：重力、绳子的拉力以及向心力"；(2)又有人说："因为这三个力的方向都是向下的，但物体不下落，可见物体还受到一个方向向上的离心力和这些力平衡着".这两种说法对吗？

解题过程 这两种说法均不对.物体在任何时刻都只受到两个力作用：重力、绳的拉力.当物体达到最高点时，这两个力都竖直向下，它们的合力提供物体作圆周运动的向心力.而离心力是虚拟的作用于物体上的力，不是真实的力，它与向心力大小相等，方向相反.

1-4-4 绳子的一端系着一金属小球，另一端用手握着使其在竖直平面内作匀速圆周运动，问球在哪一点时绳子的张力最大？为什么？

解题过程 绳的拉力和重力沿绳方向的分力，二者的合力提供小球作圆周运动的向心力，而 $F_n=m\frac{v^2}{R}$.当小球在最低点时，绳的拉力与重力方向相反，则 $F_T-mg=m\frac{v^2}{R}$，显然，此时拉力 F_T 最大.而当小球在最高点时，绳的拉力与重力方向相同，则 $F'_T+mg=m\frac{v^2}{R}$，此时拉力最小.

1-4-5 在弹簧测力计的下面挂着一个物体，如图所示，试判别在下列两种情况下，测力计所指出的读数是否相同？如果不同，则在哪种情况下读数较大？

(1)物体竖直地静止悬挂.

(2)物体在一水平面内作匀速圆周运动.

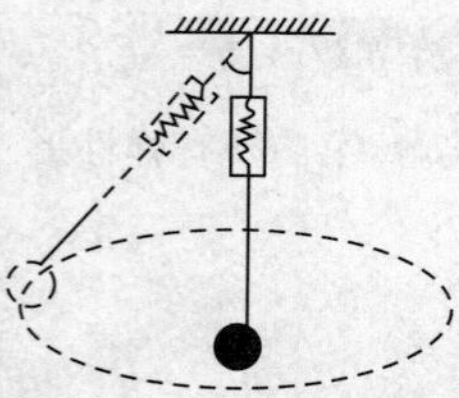

思考题 1-4-5 图

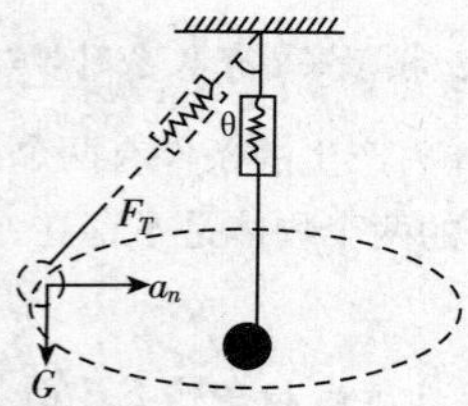

答 1-4-5 图

解题过程 (1)物体竖直静挂,则弹簧所受拉力 $F_T=mg$,弹簧测力计读数 $F=F_T=mg$.

(2)物体在一水平面内作匀速圆周运动,设测力计与竖直位置夹角为 θ,物体运动角速度为 ω,则 $\begin{cases} F'_T\cos\theta=mg \\ F'_T\sin\theta=m\omega^2R \end{cases}$ ∴得 $F'=F'_T>mg$

故 $F'>F$

故两种情况下测力计读数不同,物体在水平面内作匀速圆周运动时,读数较大.

1-4-6 如图所示,一个用绳子悬挂着的物体在水平面上作匀速圆周运动,有人在重力的方向上求合力,写出

$$F_T\cos\theta-G=0$$

另有人沿绳子拉力 F_T 的方向求合力,写出

$$F_T-G\cos\theta=0$$

显然两者不能同时成立,试指出哪一个式子是错的,为什么?

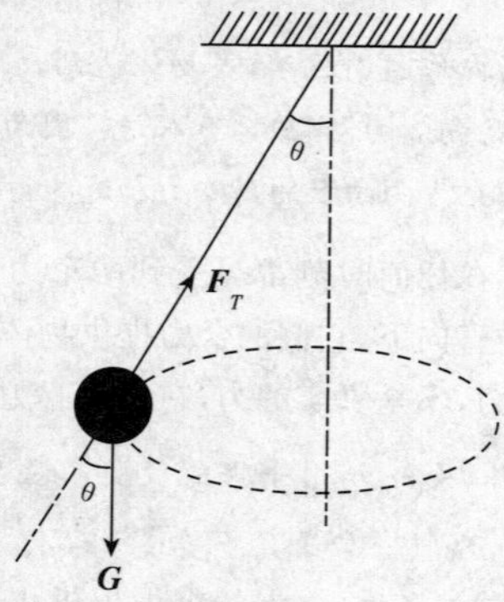

思考题 1-4-6 图

解题过程 前者对,而后者错.

小球受绳的拉力和重力的作用,这二者的合力提供小球作匀速圆周运动的向心力,而向心力指向圆心,故在重力方向上分解各外力时,有 $F_T\cos\theta-G=0$.

若沿绳的方向分解,则有 $F_T-G\cos\theta=ma_n\sin\theta\neq0$,故前者对,后者错.

习题全解

1-1 解题过程 (1)$x-t$ 曲线如习题 1-1 图所示. 由此图可以判断,质点作匀速直线运动.

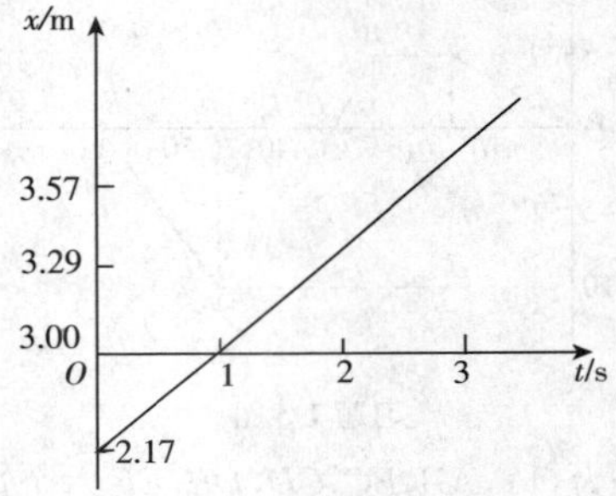

习题 1-1 图

(2)由平均速度定义得

$$\overline{v}=\frac{\Delta x}{\Delta t}=\frac{3.57-3.00}{3-1}\text{m/s}$$
$$=0.285\text{m/s}$$

(3)由习题 1-1 图可见,$t=0$ 时 $x_0=2.71\text{m}$

或由直线运动规律 $x=x_0+\overline{v}t$ 得

$$x_0=x-\overline{v}t=3.00\text{m}-0.285\times1\text{m}$$
$$=2.71\text{m}$$

1-2 解题过程 (1)由 $x=4t-2t^3$,知 $x_2=4\times2-2\times2^3=-8\text{m}$,$x_0=0$,$\Delta t=2\text{s}$

$$\overline{v}=\frac{x_2-x_0}{\Delta t}=-4\text{m/s}$$

由 $x=4t-2t^3$,有 $v=\frac{\mathrm{d}x}{\mathrm{d}t}=4-6t^2$,故 $v_2=(4-6\times2^2)\text{m/s}=-20\text{m/s}$

(2)$s_{13}=x_3-x_1=(4\times3-2\times3^3)-(4\times1-2\times1^3)=-44\text{m}$,$\Delta t_{13}=2\text{s}$

$$\overline{v}_{13}=\frac{s_{13}}{\Delta t_{13}}=-22\text{m/s}$$

(3)$v_1=(4-6t^2)|_{t=1}=-2\text{m/s}$,$v_3=(4-6t^2)|_{t=3}=-50\text{m/s}$

$$\overline{a}=\frac{v_3-v_1}{\Delta t}=-24\text{m/s}^2$$

由 $v=4-6t^2$,得 $a=-12t$,$t=3\text{s}$

所以 $a_1=-12\text{m/s}^2$,$a_3=-36\text{m/s}^2$

而$\frac{a_1+a_3}{2}=-24\text{m/s}^2$,但 $\overline{a}$ 与$\frac{a_1+a_3}{2}$表示的物理意义完全不同,$\overline{a}$ 表示平均加速度,

而$\frac{a_1+a_3}{2}$表示加速度的平均值，切记不能混为一谈 .

(4)由 $a=-12t$，$t=3\text{s}$ 有 $a_3=-36\text{m/s}^2$.

1-3 **分析** 本题考查对 $v-t$ 图的理解，应熟练掌握.

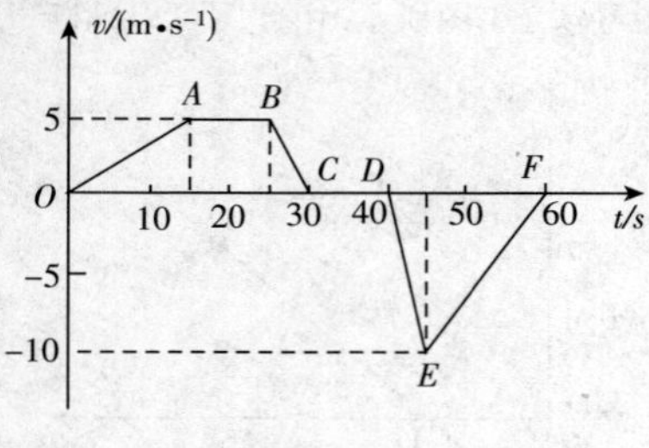

习题 1-3 图

解题过程 (1)将 $v-t$ 图分为 OA，AB，BC，CD，DE，EF 六个过程，则各过程对应的加速度分别为各段曲线的斜率. 由习题1－3 图可知

OA $v>0$ $a_{OA}=$常数>0 匀加速直线运动

AB $v>0$ $a_{AB}=0$ 匀速直线运动

BC $v>0$ $a_{BC}=$常数<0 匀减速直线运动

CD $v=0$ $a_{CD}=0$ 静止

DE $v<0$ $a_{DE}=$常数<0 反方向匀加速直线运动

EF $v<0$ $a_{EF}=$常数>0 反方向匀减速直线运动

(2)汽车在整个行驶过程中，

路程为 $s=|S_{OABC}|+|S_{DEF}|$

$=\frac{1}{2}\times(30+10)\times5\text{m}+\frac{1}{2}\times(20\times10)\text{m}$

$=100\text{m}+100\text{m}=200\text{m}$

位移为 $\Delta x=S_{OABC}-S_{DEF}=0$

平均速度为 $\bar{v}=\frac{\Delta x}{\Delta t}=0$

1-4 **解题过程** 如解 1-4 图所示，(1)由于 B 的初速度 v_0 方向垂直于 v 轴，故圆弧 2 的圆心在 v 轴上，设为 C 点，设 OC 长 x，圆弧半径 R

则$\begin{cases}R-x=b\\R^2-x^2=(2b)^2\end{cases}$ 得$\begin{cases}R=\frac{5b}{2}\\x=\frac{3b}{2}\end{cases}$

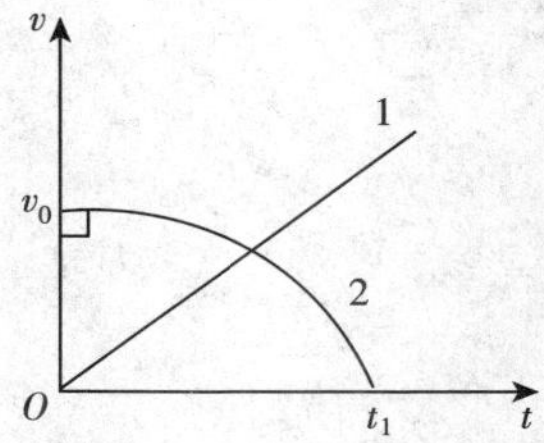

习题 1-4 图

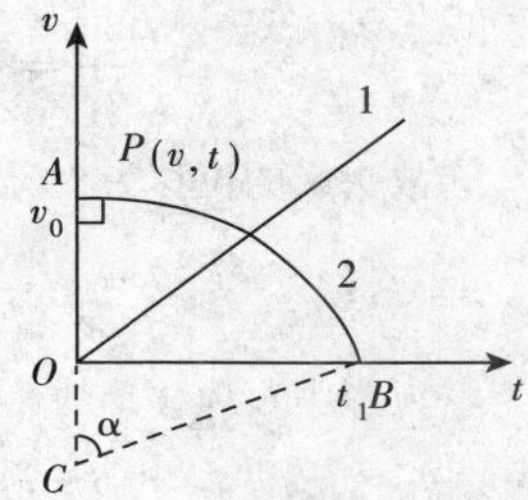

解 1-4 图

设圆弧上任意点 $P(v,t)$，则$(v+x)^2+t^2=R^2$

得 $$v=\sqrt{\frac{25}{4}b^2-t^2}-\frac{3b}{2}$$

$$\boldsymbol{a}_{\mathrm{B}}=\frac{\mathrm{d}v}{\mathrm{d}t}\boldsymbol{e}_{\mathrm{t}}+\frac{v^2}{R}\boldsymbol{e}_{\mathrm{n}}$$

故 $$a_{\mathrm{n}}=\frac{v^2}{R}=\frac{17}{5}b-\frac{6}{5}\sqrt{\frac{25}{4}b^2-t^2}-\frac{2t^2}{5b}$$

$$a_{\mathrm{t}}=\frac{\mathrm{d}v}{\mathrm{d}t}=\frac{-t}{\sqrt{\frac{25}{4}b^2-t^2}}=-\frac{2t}{\sqrt{25b^2-4t^2}}$$

(2)位移 $x=\int v\mathrm{d}t$，即 $v-t$ 图与坐标轴围成的面积.

设$\angle OCB$ 为 α，则 $S_{OAB}=S_{CAB}-S_{COB}=\pi R^2\cdot\frac{\alpha}{2\pi}-\frac{1}{2}\times\frac{3b}{2}\times 2b$

又 $\alpha=\arctan\frac{4}{3}$　　得 $S_{OAB}=1.4b^2$

设 A 的加速度为 a，则在 B 停止时刻 A 的位移 $x_{\mathrm{A}}=\frac{1}{2}a\cdot(2b)^2=2ab^2$

由 $x_{\mathrm{A}}=x_{\mathrm{B}}$，有 $2ab^2=1.4b^2$，所以 $a=0.7\mathrm{m/s^2}$

(3)$v_{\mathrm{A}}=a_{\mathrm{A}}t=0.7t$，$v_{\mathrm{B}}=\sqrt{\frac{25}{4}b^2-t^2}-\frac{3b}{2}$，则 $v_{\mathrm{A}}=v_{\mathrm{B}}$，得 $t=1.08b\mathrm{s}$

故在 $1.08b\mathrm{s}$ 时，A、B 速度相同.

1-5 解题过程 如解 1-5 图所示.

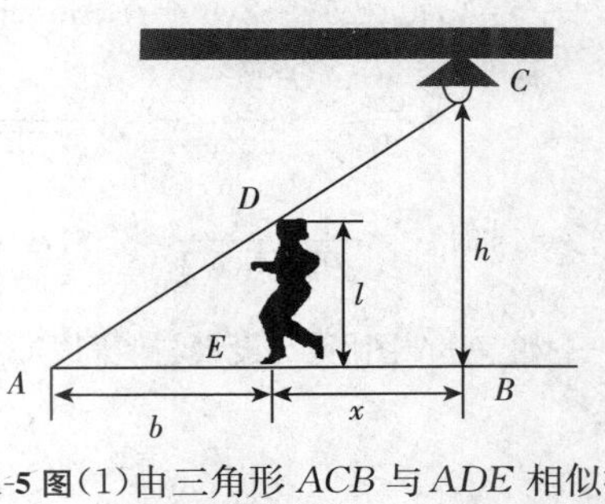

解 1-5 图(1)由三角形 ACB 与 ADE 相似得

$$\frac{b+x}{b}=\frac{h}{l},\frac{b+x}{x}=\frac{h}{h-l}$$

故头影的位移为

$$b+x=\frac{h}{h-l}\cdot x$$

人影中头顶移动的速度为

$$\frac{\mathrm{d}(b+x)}{\mathrm{d}t}=\frac{h}{h-l}\cdot\frac{\mathrm{d}x}{\mathrm{d}t}=\frac{h}{h-l}v_0$$

(2) $$\frac{\mathrm{d}(b+x)}{\mathrm{d}t}=\frac{\mathrm{d}b}{\mathrm{d}t}+\frac{\mathrm{d}x}{\mathrm{d}t}=\frac{\mathrm{d}b}{\mathrm{d}t}+v_0=\frac{h}{h-l}v_0$$

影子长度增长的速率为

$$\frac{\mathrm{d}b}{\mathrm{d}t}=\frac{h}{h-l}v_0-v_0=\frac{l}{h-l}v_0$$

1-6 解题过程 如习题 1-6 图所示，(1)由梯子长度得到约束关系

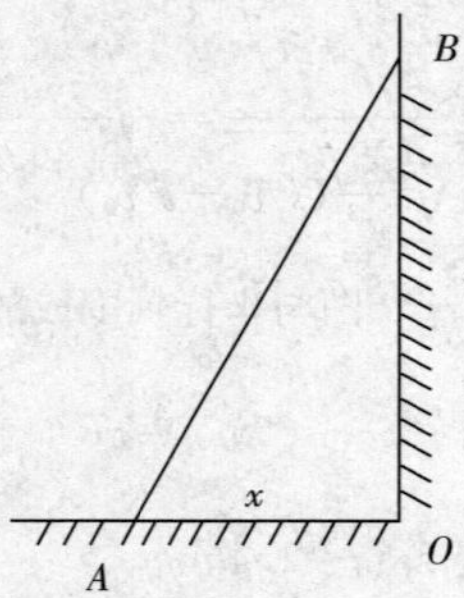

习题 1-6 图

$$OA^2+OB^2=AB^2$$

即 $x^2+y^2=l^2$（用 l 表示梯子长度）

又 $y=4-2t$

所以 $x=\sqrt{l^2-y^2}=\sqrt{9+16t-4t^2}\quad(0\leqslant t\leqslant 2)$

由 $x^2+y^2=l^2$，得 $2x\mathrm{d}x+2y\mathrm{d}y=0$，$\mathrm{d}x=-\frac{y}{x}\mathrm{d}y$

$$v=\frac{\mathrm{d}x}{\mathrm{d}t}=-\frac{y\mathrm{d}y}{x\mathrm{d}t}=\frac{2y}{x}=\frac{8-4t}{\sqrt{9+16t-4t^2}}$$

(2)当 $t=1\mathrm{s}$ 时，$v=\frac{8-4}{\sqrt{9+16-4}}=0.87\mathrm{m/s}$

1-7 解题过程 **解法一：**如解 1-7 图所示，设人与船间绳长为 l，则 $l^2=s^2+h^2$

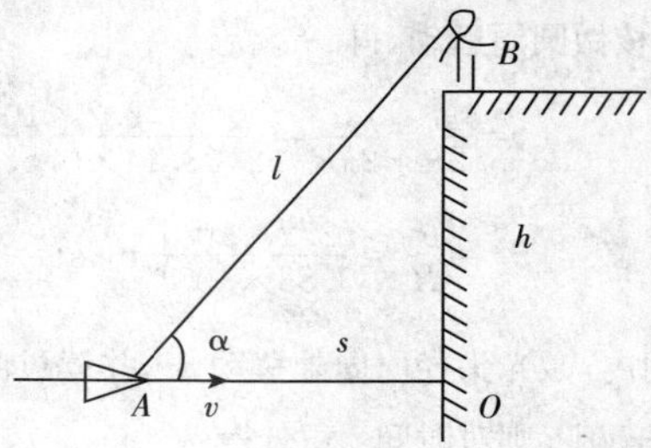

解 1-7 图

两边同时对 t 求导，得 $2l\dfrac{dl}{dt}=2s\dfrac{ds}{dt}$

得 $\dfrac{ds}{dt}=\dfrac{l}{s}\dfrac{dl}{dt}$　又 $v_0=\dfrac{dl}{dt}$　得船速度 $v=\dfrac{l}{s}v_0$

所以
$$v=\frac{\sqrt{s^2+h^2}}{s}v_0$$

$$a=\frac{dv}{dt}=\left(\frac{1}{s}\frac{dl}{dt}-l\cdot\frac{1}{s^2}\frac{ds}{dt}\right)v_0=\frac{v_0}{s^2}(sv_0-lv)$$
$$=\frac{v_0}{s^3}(s^2v_0-l^2v_0)$$
$$=\frac{v_0^2}{s^3}(s^2-l^2)=-\frac{v_0^2}{s^3}h^2$$

解法二：如解 1-7 图所示，设绳与水平面夹角为 α

船受水面约束，不能离开水面，同时受绳的约束有
$$v\cos\alpha=v_0$$

又
$$\cos\alpha=\frac{s}{\sqrt{s^2+h^2}}$$

故
$$v=\frac{\sqrt{s^2+h^2}}{s}v_0$$

1-8 解题过程　对 x、y 分别求 t 的两阶导数，得加速度
$$a_x=\frac{d^2x}{dt^2}=ak^2e^{kt},\quad a_y=\frac{dv_y}{dt}=bk^2e^{-kt}$$
$$\boldsymbol{a}=ak^2e^{kt}\boldsymbol{i}+bk^2e^{-kt}\boldsymbol{j}$$

由题意得　$dy=-bke^{-kt}dt$

对上式两边积分并代入初始条件，有
$$\int_0^y dy=-bk\int_0^t e^{-kt}dt$$

得　$y=be^{-kt}$

从 $x=ae^{kt}$，$y=be^{-kt}$ 两式中消去 t，得轨迹方程 $xy=ab$

1-9 解题过程 电子围绕原子核做圆周运动，得

$$\nu=\frac{\omega}{2\pi}=\frac{v}{2\pi R}=\frac{2.2\times10^{6}}{2\times3.14\times0.53\times10^{-10}}\text{Hz}=6.6\times10^{15}\text{Hz}$$

$$a_{\text{n}}=\frac{v^{2}}{R}=\frac{(2.2\times10^{6})^{2}}{0.53\times10^{-10}}\text{m/s}^{2}=9.1\times10^{22}\text{m/s}^{2}$$

1-10 解题过程 (1)在 $\mathrm{d}t$ 时间内，激光头径向向外移动 $\mathrm{d}r$，并读过间轨数 $N\mathrm{d}r$，相对光盘间轨移动长度 $v\mathrm{d}t=2\pi rN\mathrm{d}r$，则对时间 t 积分得

全部播放时间

$$t=\int_{0}^{T}\mathrm{d}t=\int_{R_1}^{R_2}\frac{2\pi rN\mathrm{d}r}{v}=\frac{\pi N}{v}(R_2^2-R_1^2)$$

$$=\frac{3.14\times650\times10^{3}}{1.3}[(5.6\times10^{-2})^{2}-(2.2\times10^{-2})^{2}]\text{s}$$

$$=4.16\times10^{3}\text{s}=69.4\text{min}$$

(2)由于速度的切向分量远大于径向分量，可近似看作激光束相对音轨作圆周运动. 在离盘心 $r=5.0\text{cm}$ 处时，角速度为

$$\omega\approx\frac{v}{r}=\frac{1.3}{5.0\times10^{-2}}\text{rad/s}=26\text{rad/s}$$

角加速度

$$\alpha=\frac{\mathrm{d}\omega}{\mathrm{d}t}=\frac{\mathrm{d}}{\mathrm{d}t}\left(\frac{v}{r}\right)=-\frac{v}{r^{2}}\frac{\mathrm{d}r}{\mathrm{d}t}$$

$$\frac{\mathrm{d}r}{\mathrm{d}t}=\frac{v}{2\pi rN}$$

所以，在离盘心 $r=5.0\text{cm}$ 处时，角加速度为

$$\alpha=-\frac{v^{2}}{2\pi Nr^{3}}$$

$$=-\frac{1.3^{2}}{2\times3.14\times650\times10^{3}\times(5.0\times10^{-2})^{3}}\text{rad/s}^{2}$$

$$=-3.31\times10^{-3}\text{rad/s}^{2}$$

1-11 解题过程 设质点在解 1-11 图中 A 点离开抛物线，A 点坐标为 (x_0,y_0)，质点速度 v_{A}，由能量守恒，有 $\frac{1}{2}mv_{\text{A}}^{2}=mg(2-y_0)$，得

$$v_{\text{A}}=\sqrt{2g(2-y_0)}$$

习题 1-11 图　　　　**解 1-11 图**质点在 A 处的法向加速度

$$a_n=\frac{v_A^2}{\rho}=\frac{2g(2-y_0)}{\rho}$$

由曲率半径公式，有 A 点的曲率半径

$$\rho=\frac{(8x_0+4)^{3/2}}{8}$$

法向加速度与竖直方向夹角 α，则 $\tan\alpha=\frac{dy}{dx}=\frac{1}{y_0}$

设轨迹对质点的支持力为 N'_A，则 $mg\cos\alpha-N_A=ma_n$，则此时质点刚好离开轨迹

所以 $N_A=0, a_n=g\cos\alpha$

$$\frac{16g(2-y_0)}{(8x_0+4)^{3/2}}=g\frac{y_0}{\sqrt{y_0^2+1}}$$

即
$$\frac{32-16y_0}{(8x_0+4)^{3/2}}=\frac{y_0}{\sqrt{y_0^2+1}}$$

再结合 $y_0^2=2x_0$，得 $y_0=1, x_0=\frac{1}{2}$

故得到质点在 $\left(\frac{1}{2},1\right)$ 处离开抛物线.

1-12 **分析** 本题中，在 80m 内，若两车的速度均降为零，他们不会相撞，根据匀速直线运动与匀减速直线运动的方程进行求解.

解题过程 设两车最初相距 $L=80\text{m}$，卡车的初速率为 $v_{10}=90\text{km/h}=25\text{m/s}$，汽车的初速率为 $v_{20}=65\text{km/h}=18\text{m/s}$，在 0.70s 时间内两车都作匀速直线运动.

$$s_{10}+s_{20}=(v_{10}+v_{20})\Delta t_1=(25+18)\times 0.7\text{m}=30\text{m}$$

据题意，两车制动后的加速度都是 $a=7.5\text{m/s}^2$，卡车的速率为零所行驶的路程为

$$s_1=\frac{v_{10}^2}{2a}=\frac{25^2}{2\times 7.5}\text{m}=41.7\text{m}$$

汽车的速率降为零时所行驶的路程为

$$s_2=\frac{v_{20}^2}{2a}=\frac{18^2}{2\times 7.5}\text{m}=21.6\text{m}$$

从发现险情到两车都安全停下，他们共需行驶的路程为

$$s=s_{10}+s_{20}+s_1+s_2=93.3\text{m}>L=80\text{m}$$

所以，两车将发生碰撞.

设从制动起作用后到两车发生碰撞的时间间隔为 Δt_2，有

$$L-(s_{10}+s_{20})=\left(v_{10}\Delta t_2-\frac{1}{2}a\Delta t_2^2\right)+\left(v_{20}\Delta t_2-\frac{1}{2}a\Delta t_2^2\right)$$

代入相应数据，可得方程

$$7.5\Delta t_2^2-43\Delta t_2+50=0$$

解得 $\Delta t_2=1.62\text{s}$（舍去 $\Delta t_2=4.11\text{s}$）

所以，发生碰撞时卡车的速率为

$$v_1=v_{10}-a\Delta t_2=25\text{m/s}-7.5\times1.62\text{m/s}=12.9\text{m/s}=46\text{km/h}$$

1-13 解题过程 如习题 1-13 图所示.

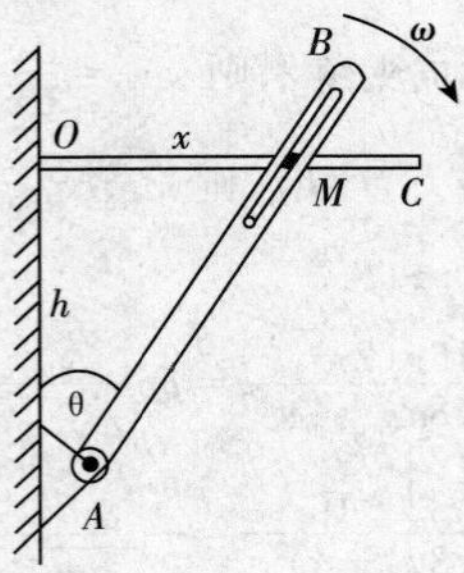

习题 1-13 图

（1）t 时刻，杆 AB 绕 A 点转过的角度为 $\theta=\theta_0+\omega t$，而 $\theta_0=0$，故 $\theta=\omega t$

由几何关系得 $x=h\tan\theta=h\tan\omega t$

则 M 的运动方程为 $x=h\tan\omega t$

（2）根据 M 的运动方程可知，M 沿杆滑动的速度大小为

$$v=\frac{\mathrm{d}r}{\mathrm{d}t}=\frac{h\omega}{\cos^2\omega t}$$

加速度的大小为

$$a=\frac{\mathrm{d}v}{\mathrm{d}t}=2h\omega^2\sec^2(\omega t)\tan(\omega t)$$

1-14 解题过程 （1）建立如解 1-14 图所示的直角坐标系，则

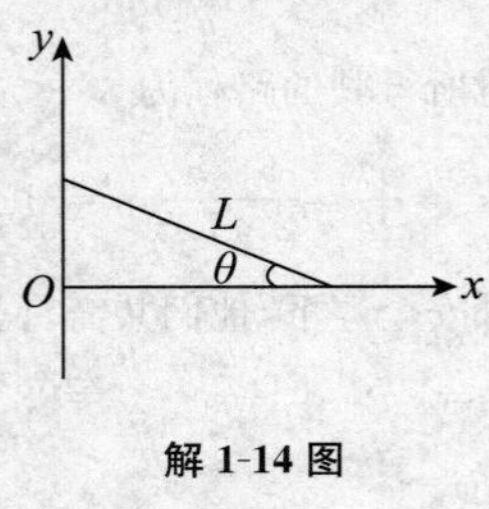

解 1-14 图

$$\begin{cases}x=vt\\y=-\dfrac{1}{2}gt^2+h_0\end{cases}$$

依题意有，当 $y=0$ 时 $x=L\cos\theta$

则 $\begin{cases} L\cos\theta = vt \\ -\dfrac{1}{2}gt^2 + L\sin\theta = 0 \end{cases}$

得 $L = \dfrac{2v^2\sin\theta}{g\cos^2\theta}$

代入数据得 $L = 269\text{m}$

(2)实际中 $L = 165\text{m}$,主要是由于空气阻力的存在,使得实际值偏小.

1-15 解题过程 解 1—15 图所示,物体从最高点下落到 a 点的时间为 $t_a = \dfrac{\Delta t_a}{2}$,且满足

$$y_{\text{top}} - y_a = \frac{1}{2}gt_a^2$$

物体从最高点下落到 b 点的时间为 $t_b = \dfrac{\Delta t_b}{2}$,且满足

$$y_{\text{top}} - y_b = \frac{1}{2}gt_b^2$$

所以 $h = y_a - y_b = \dfrac{1}{2}gt_b^2 - \dfrac{1}{2}gt_a^2 = \dfrac{1}{2}g\left[\left(\dfrac{\Delta t_b}{2}\right)^2 - \left(\dfrac{\Delta t_a}{2}\right)^2\right]$

$$g = \frac{8h}{(\Delta t_b)^2 - (\Delta t_a)^2}$$

解 1-15 图

1-16 证明 矢量图如解 1-16 图所示,则

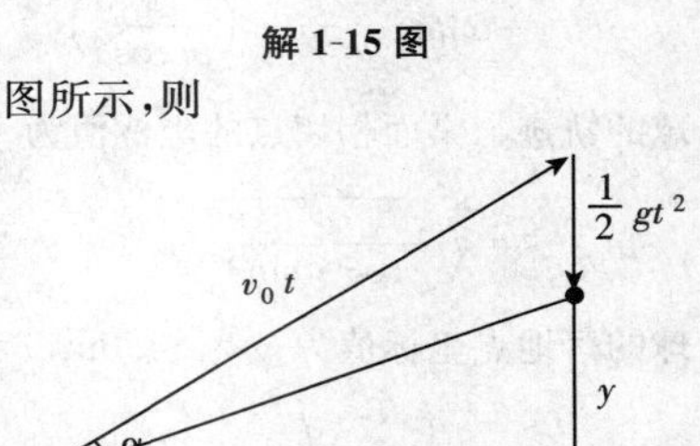

解 1-16 图

$$\begin{cases} v_0 t\cos\alpha = x \\ v_0 t\sin\alpha = \frac{1}{2}gt^2 + y \end{cases}$$

消去 α,得 $\frac{1}{4}g^2t^4 + (gy - v_0^2)t^2 + x^2 + y^2 = 0$

得 $t^2 = \dfrac{v_0^2 - gy \pm \sqrt{v_0^4 - 2gyv_0^2 - g^2x^2}}{\frac{1}{2}g^2}$

又 $\tan\alpha = \dfrac{\frac{1}{2}gt^2 + y}{x} = \dfrac{v_0^2}{gx}\left[1 \pm \sqrt{1 - \frac{2gy}{v_0^2} - \frac{g^2x^2}{v_0^4}}\right]$

故 $\tan\alpha = \dfrac{v_0^2}{gx}\left[1 \pm \sqrt{1 - \frac{2g}{v_0^2}y + \left(\frac{gx^2}{2v_0^2}\right)}\right]$

1-17 解题过程 水滴飞出后作平抛运动,设水滴经过时间 t 落到地上,则

$$\begin{cases} h = \frac{1}{2}gt^2 \\ x = vt \end{cases}$$

又 $v = R\omega$

得 $x = R\omega\sqrt{\frac{2h}{g}}$

所以 $r = \sqrt{R^2 + x^2} = R\sqrt{1 + \frac{2h\omega^2}{g}}$

旋转式洒水器方案:张开成伞状,分上下两层,上层注水固定,下层旋转而角速度不变,水自上层流入下层被洒出.

1-18 分析 本题通过取坐标系列出乒乓球的轨迹方程的表达式进行求解.

解题过程 建立坐标系,其中从桌面向右为 x 轴的正方向,以垂直于桌面向上为 y 轴的正方向,以球的发射处为坐标原点 O,可得乒乓球的轨迹方程

$$y = x\tan\theta - \frac{g}{2}\cdot\left(\frac{x}{v_0\cos\theta}\right)^2 \quad ①$$

由题设可知,球的轨迹与桌面相切点的坐标值为 $y=0, x=2\text{m}$,代入①式,得:

$$v_0 = \sqrt{\frac{g}{\cos\theta\cdot\sin\theta}} \quad ②$$

由题设可知,球的落地点坐标值为 $y=-1.0\text{m}, x=a+b=2.50\text{m}$

代入①式,得: $v_0 = \frac{1}{\cos\theta}\cdot\sqrt{\frac{5}{8g}}$ ③

联立②③式,得 $tan\theta = \frac{8}{5}$

解得：　　　　　$\theta=58°\quad v_0=4.67\text{m/s}$

1-19 解题过程 第一阶段跳伞运动员从跳下到加速到速度 $v_1=200\text{km/h}$，设速度 $v_1=200\text{km/h}$ 时，高度为 y_1，经历时间 t_1，有

$$y_1-y_0=-\frac{1}{2}at_1^2=-\frac{1}{4}gt_1^2$$

$$v_1=at_1=\frac{g}{2}t_1$$

第二阶段跳伞运动员从高度 y_1 匀速下降到离地面 50m，经历时间为 t_2，有

$$y_2-y_1=-v_1t_2$$

第三阶段跳伞运动员以速度 $v_2=18\text{km/h}$ 匀速下落着地，经历时间为 t_3，有

$$0-y_2=-v_2t_3$$

由以上四式可得

$$t_1=\frac{2v_1}{g},t_2=\frac{y_1-y_2}{v_1}=\frac{y_0-y_2}{v_1}-\frac{v_1}{g},t_3=\frac{y_2}{v_2}$$

所以跳伞运动员在空中一共经历的时间为

$$t=t_1+t_2+t_3=\frac{2v_1}{g}+\frac{y_0-y_2}{v_1}-\frac{v_1}{g}+\frac{y_2}{v_2}$$

$$=\frac{v_1}{g}+\frac{y_0-y_2}{v_1}+\frac{y_2}{v_2}$$

$$=\frac{200/3.6}{9.8}+\frac{1200-50}{200/3.6}+\frac{50}{18/3.6}=36.4\text{s}$$

1-20 解题过程 (1)由伽俐略坐标变换，有$\begin{cases}x'=x-vt\\y'=y\\t'=t\end{cases}$

又　　　　　$v=5\text{m/s}$

得　$\begin{cases}x'=-5t\\y'=v_0t-\dfrac{1}{2}gt^2\end{cases}$

(2)在 $O'x'y'$ 坐标系中，由$\begin{cases}x'=-5t\\y'=v_0t-\dfrac{1}{2}gt^2\end{cases}$

得　　　　　$y'=-\dfrac{v_0}{5}x'-\dfrac{g}{50}x'^2$

(3)车上观察者看：$a_x'=\dfrac{d^2x'}{dt^2}=0,a_y'=\dfrac{d^2y'}{dt^2}=-g$

$\boldsymbol{a}'=-g\boldsymbol{j}$，方向竖直向下.

车站上观察者看： $a_x=\dfrac{d^2x}{dt^2}=0, a_y=\dfrac{d^2y}{dt^2}=-g$

$\boldsymbol{a}=-g\boldsymbol{j}$，方向竖直向下.

1-21 解题过程 设船对地的速度为 v''，则

$$v''=v'+v$$

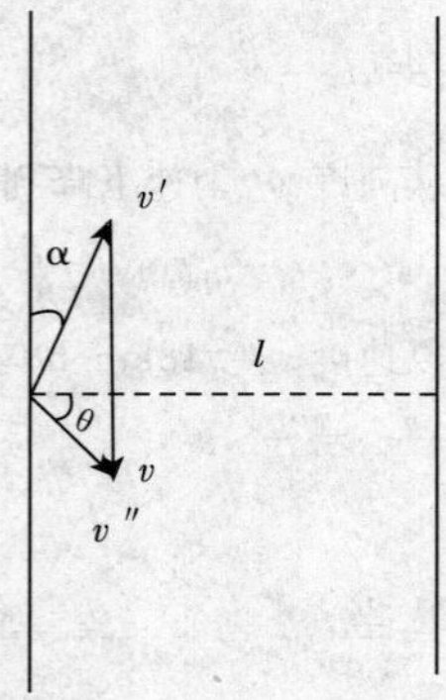

解 1-21 图

(1)由解 1-21 图有 $\begin{cases}v'\cos\alpha+v''\sin\theta=v\\ v'\sin\alpha=v''\cos\theta\end{cases}$

代入数据得 $\begin{cases}1.5\cos\alpha+v''\sin\theta=2\\ 1.5\sin\alpha=v''\cos\theta\end{cases}$

解得 $\theta=54.84°, v''=0.674\text{m/s}$

$$t=\frac{l}{v''\cos\theta}=\frac{l}{v'\sin\alpha}=2576\ \text{s}$$

$$s=v''\sin\theta t=l\tan\theta=1419.7\ \text{m}=1.42\ \text{km}$$

(2)由 $t=\dfrac{l}{v''\cos\theta}=\dfrac{l}{v'\sin\alpha}$ 可知

当 $\alpha=\dfrac{\pi}{2}$ 时，$t_{\min}=\dfrac{l}{v'}=667\text{s}$

此时得 $\theta=53.13°, s'=v''\sin\theta t=vt=1.33\ \text{km}$

(3)船走的路程 $L=\dfrac{l}{\cos\theta}$，又 $\tan\theta=\dfrac{v-v'\cos\alpha}{v'\sin\alpha}$

要使 L 最小则 $\cos\theta$ 最大；θ 最小即 $\tan\theta$ 最小.

$$\frac{d(\tan\theta)}{d\alpha}=\frac{(v'\sin\theta)^2-v'\cos\alpha(v-v\cos v)}{(v'\sin\alpha)^2}=0$$

得 $v'^2=vv'\cos\alpha$

$\cos\alpha=\dfrac{v'}{v}=0.75$

得 $\alpha=41.4°$

$$t=\frac{l}{v'\sin\alpha}=1008\text{s}$$

$$s''=v''\sin\theta t=(v-v'\cos\alpha)t=0.88\text{km}$$

1-22 分析 以地面为K系，空气为K′系，取飞机为研究对象，如解1-22图所示. 根据速度变换定理，得

$$\boldsymbol{v}_{机地}=\boldsymbol{v}_{机气}+\boldsymbol{v}_{气地}$$

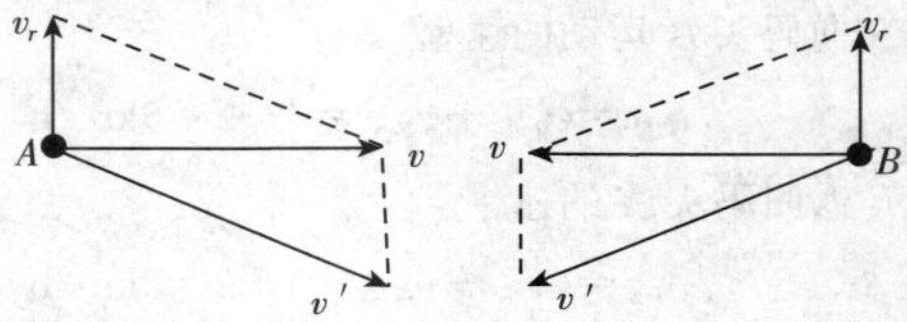

解 1—22 图

即 $\boldsymbol{v}=\boldsymbol{v}'+\boldsymbol{v}_r$ ①

解题过程 (1)当空气静止即 $\boldsymbol{v}_r=0$ 时，由①式得

$$\boldsymbol{v}=\boldsymbol{v}'$$

单程时间 $t_{AB}=t_{BA}=\frac{l}{v'}=\frac{l}{v}$

往返时间 $t_0=t_{AB}+t_{BA}=\frac{2l}{v'}=\frac{2l}{v}$

(2)当空气速度向东即 $\boldsymbol{v}_r$ 向东时，由①式得

往程时 $v_{AB}=v'+v_r$

往程时间 $t_{AB}=\frac{l}{v'+v_r}$

返程时 $v_{BA}=v'-v_r$

返程时间 $t_{BA}=\frac{l}{v'-v_r}$

往返时间 $t_1=t_{AB}+t_{BA}=\frac{l}{v'+v_r}+\frac{l}{v'-v_r}=\frac{t_0}{1-\left(\frac{v_r}{v'}\right)^2}$

(3)当空气速度向北即 $\boldsymbol{v}_r$ 向北时，如解1—22图所示，由速度的矢量关系得

往程时的速率 $v=\sqrt{v'^2-v_r^2}$

往程时间 $t_{AB}=\frac{l}{v}=\frac{l}{\sqrt{v'^2-v_r^2}}$

返程时间 $t_{BA}=\frac{l}{v}=\frac{l}{\sqrt{v'^2-v_r^2}}$

往返时间 $t_2=t_{AB}+t_{BA}=\dfrac{t_0}{\sqrt{1-\left(\dfrac{v_r}{v'}\right)^2}}$

1-23 分析 本题中选取不同的参数,利用速度变换原理求解.

解题过程 取河岸为参考系 K,河水为参考系 K′. 设河水相对河岸的流速为 $\boldsymbol{v}_{水岸}$,甲相对河水的速度为 $\boldsymbol{v}_{甲水}$,则甲相对岸的速度

$$\boldsymbol{v}_{甲}=\boldsymbol{v}_{甲水}+\boldsymbol{v}_{水岸}$$

甲从码头 A 向码头 B 运动的速率

$$v_{甲1}=v_{甲水}+v_{水岸}=4+2=6\text{km/h}$$

甲从码头 B 返回码头 A 的速率

$$v_{甲2}=v_{甲水}-v_{水岸}=4-2=2\text{km/h}$$

乙相对岸的速率是 $v_{乙}=4\text{km/h}$

(1)在甲、乙两人都从码头 B 返回码头 A 的过程中,乙相对甲的速率

$$v_{乙甲}=v_{乙岸}-v_{甲岸}=v_{乙}-v_{甲2}=4\text{km/h}-2\text{km/h}=2\text{km/h}$$

(2)回到码头 A 时速度方向为从 B→A

甲用时 $t_{甲}=\dfrac{L}{v_{甲1}}+\dfrac{L}{v_{甲2}}=\dfrac{1}{6}\text{h}+\dfrac{1}{2}\text{h}=\dfrac{2}{3}\text{h}=40\text{min}$

乙用时 $t_{乙}=\dfrac{2L}{v_{乙}}=\dfrac{2}{4}\text{h}=\dfrac{1}{2}\text{h}=30\text{min}$

所以,乙比甲先 10 分钟回到 A.

1-24 分析 本题对 m_1 和 m_2 作受力分析,根据牛顿运动方程求解.

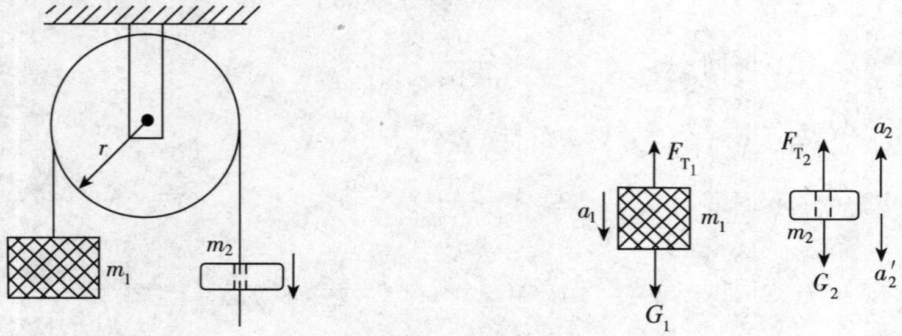

习题 1-24 图

解题过程 对 m_1 和 m_2 作受力分析如习题 1-24 图,取 m_1 相对地面的加速度为 a_1,以向下为正方向,m_2 相对地面的加速度为 a_2,向上为正方向. 设环相对绳的加速度大小为 a'_2,与 a_2 的假定方向相反,"轻绳"的质量 m 为零.

则 $$m_1g-F_{T_1}=m_1a_1 \quad ①$$

$$F_{T_2}-m_2g=m_2a_2 \quad ②$$

对"轻绳",有 $$F_{T_1}-F_{T_2}=0 \quad ③$$

m_2 与绳间摩擦力的大小等于绳的拉力

$$F_{T_2}=F_f \quad ④$$

加速度 a_1、a_2 和 a'_2 间的关系为

$$a_2=-a'_2+a_1 \quad ⑤$$

由③、④两式可知,对"轻绳"有

$$F_{T_1}=F_{T_2}=F_f$$

联立①、②、⑤式,解得

$$a_1=\frac{(m_1-m_2)g+m_2a'_2}{m_1+m_2}$$

$$a_2=\frac{(m_1-m_2)g-m_1a'_2}{m_1+m_2}$$

$$F_f=\frac{m_1m_2(2g-a'_2)}{m_1+m_2}$$

1-25 解题过程 (1)小物体沿球面运动,受到重力 G 和球面的支持力 F. 要使小物体被抛出后不与球面接触,则在顶点 P 时 $F=0$. 重心提供向心力得

$$mg=m\frac{v_0^2}{r}$$

所以 $$v_0=\sqrt{gr}$$

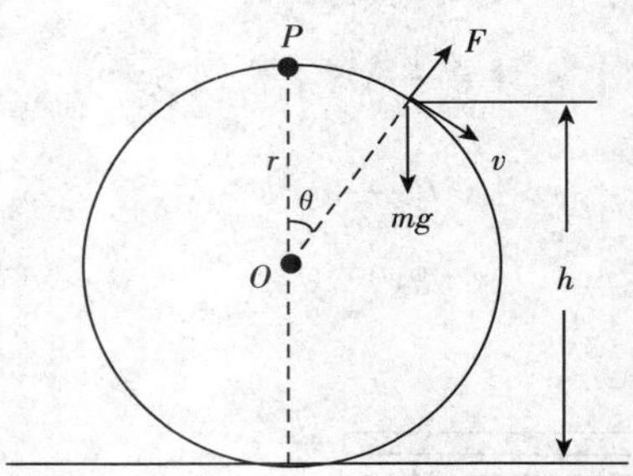

解 1—25 图

(2)小物体自 P 点自由下滑,当球面支持力 $F=0$ 时,它脱离球面后落到水平面上,如解 1—25 图所示,有

$$mg\ \cos\theta=m\frac{v^2}{r}$$

得 $$v^2=rg\ \cos\theta \quad ①$$

$$mg\ \sin\theta=m\frac{\mathrm{d}v}{\mathrm{d}t}$$

由于 $v=\frac{\mathrm{d}s}{\mathrm{d}t}=\frac{r\mathrm{d}\theta}{\mathrm{d}t}$,有 $\mathrm{d}t=\frac{r}{v}\mathrm{d}\theta$,代入上式为

$$rg\sin\theta\mathrm{d}\theta=v\mathrm{d}v$$

两边积分有 $$\int_0^{\theta} rg\sin\theta\mathrm{d}\theta=\int_0^{v} v\mathrm{d}v$$

$$v^2=2rg(1-\cos\theta) \qquad ②$$

由①、②式可得

$$\cos\theta=\frac{2}{3}$$

脱离处离水平面高度为

$$h=r(1+\cos\theta)=\frac{5}{3}r$$

1-26 **分析** 首先判断板从瓶下水平抽出时小瓶不落地的条件,然后根据牛顿运动方程求解.

解题过程 使木板能够从小瓶下面水平地抽出,板的加速度 a_1 应大于小瓶的加速度 a_2,而要使板在抽离桌面时小瓶仍留在桌面,则还应使板的位移为 L 时小瓶的位移小于 $(L-l)$. 分别对小瓶和木板作受力分析如解 1-26 图所示. 根据牛顿运动方程,可对木板和小瓶列出下列方程

$$F-F_1-F_2=m_1a_1$$
$$F_{N_1}-F_{N_2}-m_1g=0$$
$$F'_2=m_2a_2$$
$$F'_{N_2}-m_2g=0$$
$$L=\frac{1}{2}a_1t^2$$
$$L-l\geqslant\frac{1}{2}a_2t^2$$
$$a_1>a_2$$

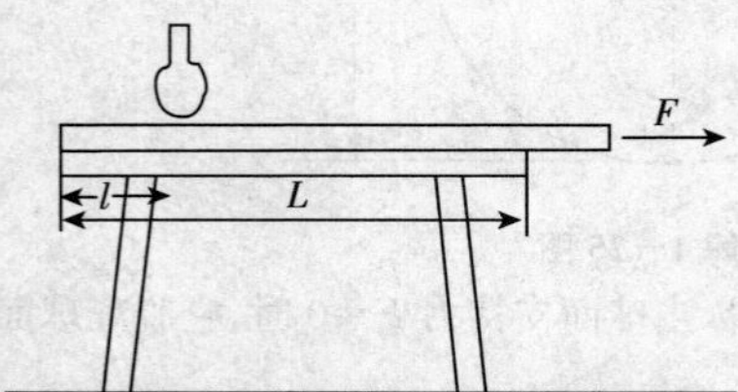

习题 1-26 图

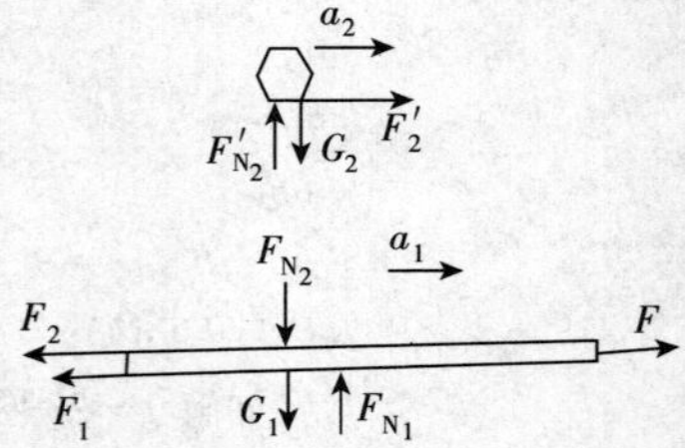

解 1-26 图

又 $$F_1=\mu F_{N_1}=\mu(m_1+m_2)g$$
$$F_2=F'_2=\mu F'_{N_2}=\mu F_{N_2}=\mu m_2g$$

解上述方程,可得

$$F\geqslant2mg\left[\frac{m_1}{2}+m_2+\frac{m_1l}{2(L-l)}\right]$$

1-27 解题过程 两个物体静止在圆盘上作圆周运动,静摩擦力和轻绳的张力的合力提供向心力,如解 1－27 图所示. 当 ω 较小时,两物体所受的静摩擦力 F_1 和 F_2 均小于最大静摩擦力 F_s,有

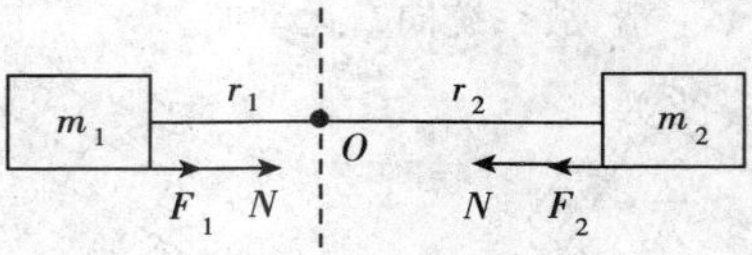

解 1－27 图

静摩擦力 $F_1=m_1r_1\omega^2$

$F_2=m_2r_2\omega^2$

张力 $N=0$

当 ω 增大时,由于 $r_2>r_1$,F_2 先到达最大静摩擦力 F_s. 此时角速度为 ω_1,有

静摩擦力 $F_2=F_s=\mu m_2 g$

$\mu m_2 g=m_2r_2\omega_1^2$

$\omega_1=\sqrt{\dfrac{\mu g}{r_2}}$

$F_1=m_1r_1\omega_1^2=\dfrac{\mu m_1 g r_1}{r_2}$

张力 $N=0$

当 ω 增大到 $\omega>\omega_1$ 且 F_1 没达到最大值时有

$N+F_s=m_2r_2\omega^2$

$N+F_1=m_1r_1\omega^2$

解得,静摩擦力 $F_2=F_s=\mu m_2 g$

$F_1=\mu m_2 g+m_1r_1\omega^2-m_2r_2\omega^2$

张力 $N=m_2r_2\omega^2-\mu m_2 g$

当 ω 继续增大使得 F_1 达到最大值时,$F_1=F_s=\mu m_1 g$,与绳子张力方向相反,有

$N+F_2=m_2r_2\omega^2$

$N-F_1=m_1r_1\omega^2$

解得,静摩擦力 $F_2=F_s=\mu m_2 g$

$F_1=m_2r_2\omega^2-m_1r_1\omega^2-\mu m_2 g$

张力 $N=m_2r_2\omega^2-\mu m_2 g$

由 $\mu m_1 g=m_2r_2\omega^2-m_1r_1\omega^2-\mu m_2 g$

得 $\omega_{\max}=\sqrt{\dfrac{\mu(m_1+m_2)g}{m_2r_2-m_1r_1}}$

1-28 解题过程 如解 1—28 图所示，(1)假设系统静止，设 A、B 对绳的拉力分别为 F_A、F_B

$$F_A=m_A g\sin\alpha, F_B=m_B g\sin\beta$$

得 $$F_A<F_B$$

则 B 下滑而 A 上滑，故系统向右运动.

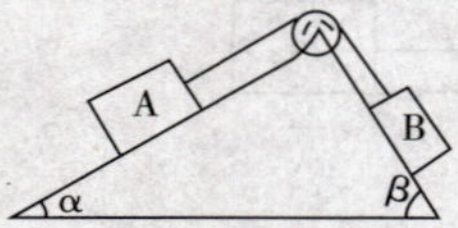

习题 1-28 图

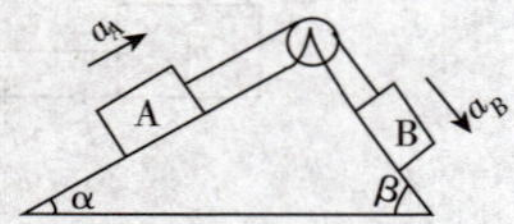

解 1-28 图

(2)由于斜面静止，设 A、B 沿斜面的加速度为 a_A、a_B，绳的张力为 F_T，由绳的约束有 $a_A=a_B$

则 $$\begin{cases}F_T-m_A g\sin\alpha=m_A a_A\\ m_B g\sin\beta-F_T=m_B a_B\end{cases}$$

得 $$a_A=a_B=\frac{m_B g\sin\beta-m_A g\sin\alpha}{m_A+m_B}=0.12\text{m/s}^2$$

(3)由上面的方程得 $F_T=\dfrac{m_A m_B g(\sin\alpha+\sin\beta)}{m_A+m_B}=502\text{N}$

1-29 解题过程 设火车刹车时加速度为 a，受力分析如解 1-29 图所示，要使货物不滑动，则 $f\leqslant f_{max}=\mu N$

又 $\begin{cases}f=ma\\ mg=N\end{cases}$ 则有 $ma\leqslant\mu mg$ 得 $a\leqslant\mu g$

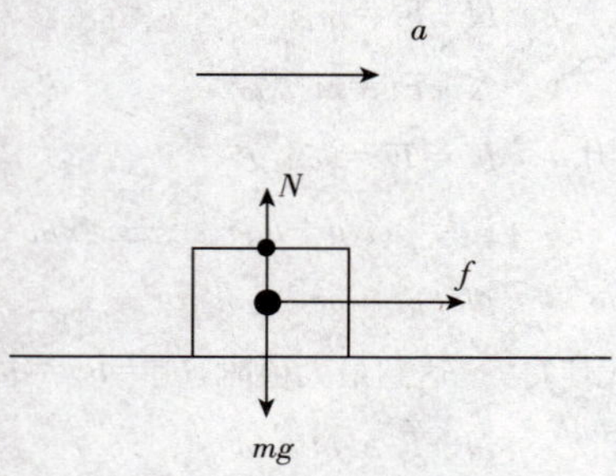

解 1-29 图

所以 $a_{max}=\mu g$ 则 $s_{min}=\dfrac{v^2}{2a_{max}}=14.17\text{m}$

1-30 分析 取砌块 m 为研究对象，设每一侧面受到的摩擦力均为 f_r，作受力分析图，如解 1-30 图所示.

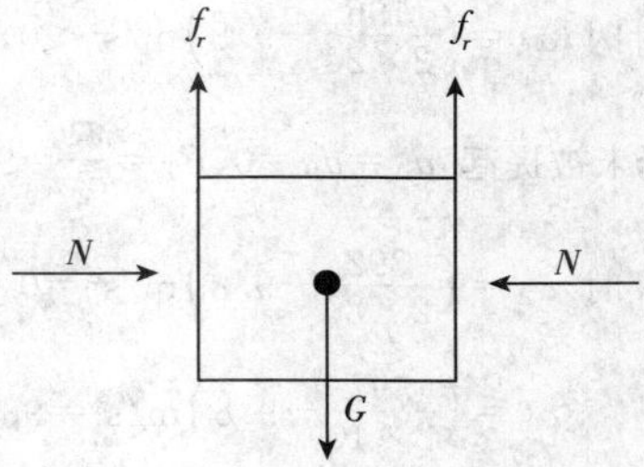

解 1-30 图

解题过程 取坐标向上为正. 设 m 以加速度 a 向上运动，由牛顿第二定律得

$$2f_r - mg = ma \quad ①$$

$$f_r = \mu N$$

得 $$N = \frac{m(g+a)}{2\mu} \quad ②$$

(1)$a=0$，由②式可得 $N = \frac{mg}{2\mu} = 613\text{N}$

(2)$a=0.2\text{m/s}^2$，由②式可得

$$N = \frac{m(g+a)}{2\mu} = 625\text{N}$$

(3)上端悬挂点突然停止运动时，砌块将绕该点在竖直面内沿半径为 $l=4\text{m}$ 的圆弧摆动. 当砌块位于垂直悬挂点时，砌块速率为 4m/s，此时所需摩擦力最大，加速度为法向加速度.

所以①式为 $$2f_r - mg = m\frac{v^2}{l}$$

由②式可得 $$N = \frac{m\left(g+\frac{v^2}{l}\right)}{2\mu} = 863\text{N}$$

1-31 **解题过程** 设物体 A、B 的加速度分别为 a_A，a_B，绳的张力为 F_T，设 a_A，a_B 方向如解 1－31 图所示，如果 A、B 能被提起，则 $a_A>0$，$a_B>0$，并且

$$\begin{cases} F_T - m_A g = m_A a_A > 0 \\ F_T - m_B g = m_B a_B > 0 \end{cases}$$

又 $F=2F_T$，所以 $a_A = \frac{F}{2m_A} - g$，$a_B = \frac{F}{2m_B} - g$

(1)$F=98\text{N}$ 时，$a_A = \left(\frac{98}{2\times 20} - 9.8\right)\text{m/s}^2 < 0$，$a_B = \left(\frac{98}{2\times 10} - 9.8\right)\text{m/s}^2 < 0$

故 A、B 根本没有被提起，$a_A = a_B = 0$，

$F_T = \frac{F}{2} = 49\text{N}$.

(2)$F=196\text{N}$ 时，$a_A=\left(\frac{196}{2\times20}-9.8\right)\text{m/s}^2<0$，$a_B=\left(\frac{196}{2\times10}-9.8\right)\text{m/s}^2=0$

此时 A、B 仍未被提起，$a_A=a_B=0$，$F_T=\frac{F}{2}=98\text{N}$.

(3)$F=392\text{N}$ 时，$a_A=\left(\frac{392}{2\times20}-9.8\right)\text{m/s}^2=0$

$$a_B=\left(\frac{392}{2\times10}-9.8\right)\text{m/s}^2=9.8\text{m/s}^2>0$$

表示 A 不动，B 被提起. $a_A=0$，$a_B=9.8\text{m/s}^2$，$F_T=\frac{F}{2}=196\text{N}$.

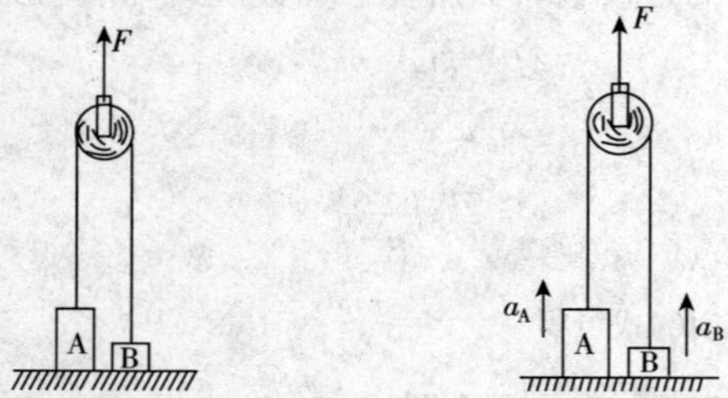

解 1—31 图

(4)$F=784\text{N}$ 时，$a_A=\left(\frac{784}{2\times20}-9.8\right)\text{m/s}^2=9.8\text{m/s}^2>0$

$$a_B=\left(\frac{784}{2\times10}-9.8\right)\text{m/s}^2=29.4\text{m/s}^2>0$$

A、B 均被提起. $a_A=9.8\text{m/s}^2$，$a_B=29.4\text{m/s}^2$，$F_T=\frac{F}{2}=392\text{N}$

本题先假设 A、B 为被提起，得出加速度的关系，然后再分别计算每种情况检验是否被提起，以确定最后状态，这是解决类似问题的有效方法.

1-32 **分析** 各物体的受力分析如解 1—32 图所示. 设 m_3 相对滑轮 B 的加速度为 a_2，方向向上，m_2 相对滑轮的加速度也为 a_2，方向向下.

m_1 对地的加速度为 a_1，方向向下.

m_2 对地的加速度为(a_2-a_1)，方向如解 1-32 图.

m_3 对地的加速度为(a_2+a_1)，方向如解 1-32 图.

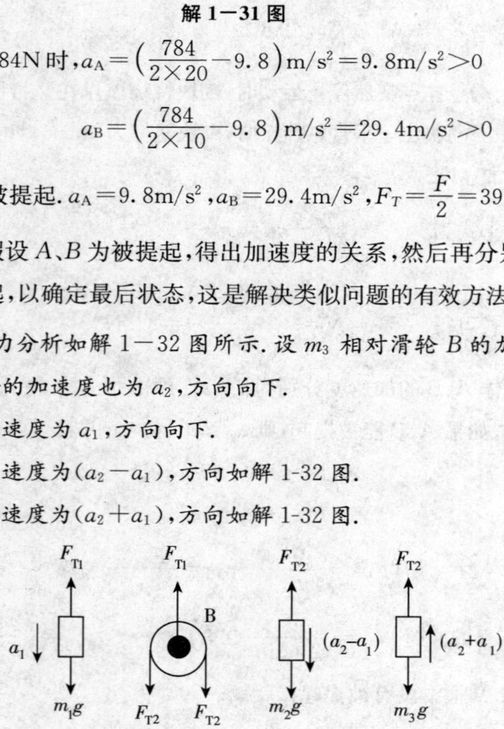

解 1-32 图

解题过程 由牛顿第二定律，列方程组得

$$\begin{cases} m_1 g - F_{T1} = m_1 a_1 \\ m_2 g - F_{T2} = m_2(a_2 - a_1) \\ F_{T2} - m_3 g = m_3(a_2 + a_1) \\ F_{T1} = 2F_{T2} \end{cases}$$

解得
$$a_1 = \frac{m_1 m_2 + m_1 m_3 - 4m_2 m_3}{m_1 m_2 + m_1 m_3 + 4m_2 m_3} g = 1.96\text{m/s}^2$$

$$a_2 = \frac{2m_1(m_2 - m_3)}{m_1 m_2 + m_1 m_3 + 4m_2 m_3} g = 3.92\text{m/s}^2$$

m_2 对地的加速度为 $(a_2 - a_1) = 1.96\text{m/s}^2$

m_3 对地的加速度为 $(a_2 + a_1) = 5.88\text{m/s}^2$

$$F_{T_1} = \frac{8m_1 m_2 m_3}{m_1 m_2 + m_1 m_3 + 4m_2 m_3} g = 1.57\text{N}$$

$$F_{T_2} = \frac{4m_1 m_2 m_3}{m_1 m_2 + m_1 m_3 + 4m_2 m_3} g = 0.785\text{N}$$

小　结　考查滑轮系统的受力分析及牛顿第二定律.

1-33 解题过程 (1)建立如解 1-33 图所示的坐标系，对小球进行受力分析，根据牛顿第二定律，

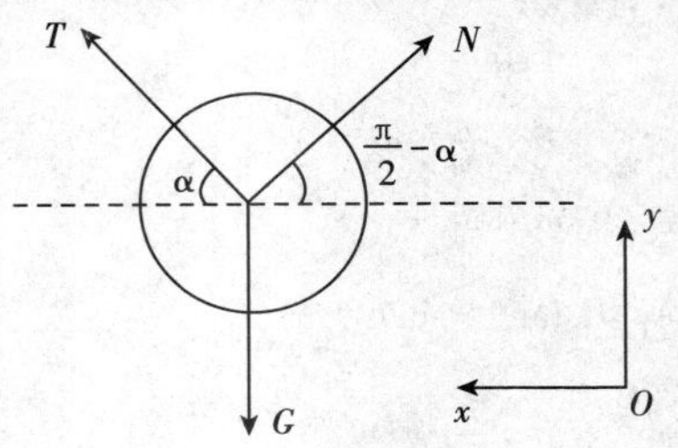

解 1-33 图

x 方向　　$T\cos\alpha - N\cos\left(\frac{\pi}{2} - \alpha\right) = ma$　　①

y 方向　　$T\sin\alpha + N\sin\left(\frac{\pi}{2} - \alpha\right) - mg = 0$　　②

联立①、②式求解得

$$T = \frac{mg}{6}(3 + \sqrt{3}) = 77.3\text{N}$$

$$N = \frac{mg}{6}(3\sqrt{3} - 1)$$
$$= 68.5\text{N}$$

(2)对①、②两式，令 $N=0$，得

$$T\cos\alpha=ma$$

$$T\sin\alpha-mg=0$$

即 $\tan\alpha=\dfrac{g}{a}$，$a=\dfrac{g}{\tan\alpha}=17.0\text{m/s}^2$

在本题中，若取斜面为参考系，对小球添加惯性力并令其相对斜面静止，同样可解.

1-34 分析 取摆球 m 为研究对象，并对其进行受力分析，如解 1-34 图所示. 摆角为 θ 时，摆球受拉力 T 和重力 G. 合力沿 x 方向，加速度为 a.

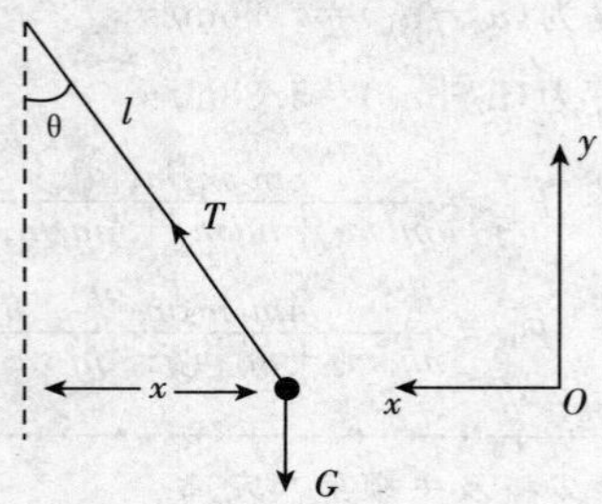

解 1-34 图

解题过程 由牛顿第二定律，得

x 方向 $T\sin\theta=ma$

y 方向 $T\cos\theta-mg=0$

求解上两式得 $mg\tan\theta=ma$

因为 θ 很小，所以 $\tan\theta\approx\sin\theta=\dfrac{x}{l}$

故 $a\approx\dfrac{x}{l}g$

在米尺上读出 x 值，即可得到车厢加速度.

1-35 解题过程 (1)发动机关闭后，快艇的运动规律为

$$-kv^2=m\frac{\mathrm{d}v}{\mathrm{d}t}$$

则 $$\frac{\mathrm{d}v}{\mathrm{d}t}=-\frac{k}{m}v^2=-k'v^2 \qquad ①$$

分离变量并积分，有

$$\int_{v_0}^{v}\frac{\mathrm{d}v}{v^2}=\int_0^t -k'\mathrm{d}t$$

得 $$v=\frac{v_0}{1+v_0k't} \qquad ②$$

(2)由 $v=\frac{dx}{dt}=\frac{v_0}{1+v_0k't}$，　$dx=\frac{v_0}{1+v_0k't}dt$

得　　$x=\int_0^t \frac{v_0}{1+v_0k't}dt=\frac{1}{k'}\ln(1+v_0k't)$　　③

(3)由式③知　　$xk'=\ln(1+v_0k't)=\ln\frac{v_0}{v}$

$$\frac{v_0}{v}=e^{k'x}$$

则　　$v=v_0e^{-k'x}$

得证.

(4)由 $\frac{1}{v}-\frac{1}{v_0}=k't$

将 $t=15s, v_0=20m/s, v=10m/s$ 代入得

$$\frac{1}{10}-\frac{1}{20}=15k'$$

$$k'=\frac{1}{300}m^{-1}$$

(5)将 k' 及 v_0 值代入式①、②、③得

$$\begin{cases} a=\frac{-v^2}{300}=-\frac{4}{3\left(1+\frac{t}{15}\right)^2} \\ v=\frac{20}{1+\frac{t}{15}} \\ x=300\ln\left(1+\frac{t}{15}\right) \end{cases}$$

画 a, v 及 x 随时间变化图如解 1-35 图所示.

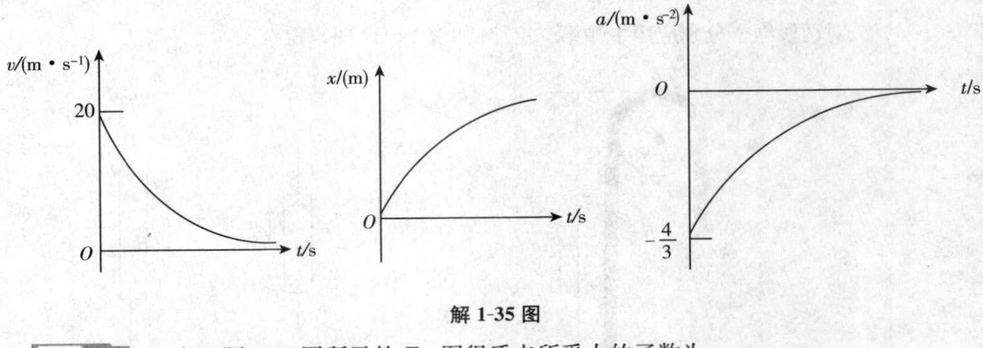

解 1-35 图

1-36 解题过程　由习题 1-36 图所示的 F-t 图得质点所受力的函数为

$$F(t)=\begin{cases}2t & (0\leqslant t\leqslant 5)\\ 10-5(t-5) & (5\leqslant t\leqslant 7)\end{cases}$$

由牛顿第二定律　$F(t)=ma(t)$

得　$a_1(t)=\dfrac{2t}{m}\qquad(0\leqslant t\leqslant 5)$

$$a_2(t)=\frac{10-5(t-5)}{m}\qquad(5\leqslant t\leqslant 7)$$

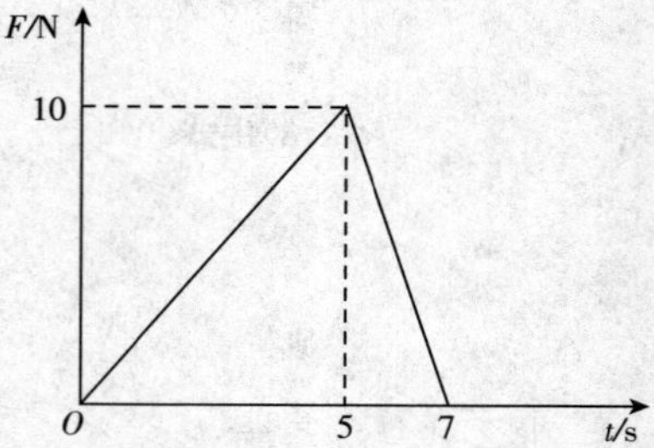

习题 1-36 图

由于质点作变加速直线运动. 由速度与加速度关系可知，t 时刻的速度为

$$v(t)=v_0+\int_0^t a(t)\mathrm{d}t \qquad ①$$

已知 $t=0$ 时 $v_0=0$，得第 5s 末的速度为

$$v_5=\int_0^5 a_1\mathrm{d}t=\frac{1}{m}\int_0^5 2t\mathrm{d}t=\frac{t^2}{m}\bigg|_0^5=25\mathrm{m/s}$$

第 7s 末的速度为　$v_7=v_5+\int_5^7 a_2\mathrm{d}t=v_5+\dfrac{1}{m}\int_5^7[10-5(t-5)]\mathrm{d}t=35\mathrm{m/s}$

结合①式，并由速度的定义，可得

$$x=x_0+\int_0^t v(t)\mathrm{d}t$$

已知 $x_0=0$　$x_5=\dfrac{1}{m}\int_0^5 t^2\mathrm{d}t=\dfrac{125}{3}\mathrm{m}$

$$x_7=x_5+\frac{1}{m}\int_5^7\left[10t-\frac{5}{2}(t-5)^2-25\right]\mathrm{d}t=105\mathrm{m}$$

1-37 证明　在任一时刻 t　$\overline{AB}=L-x$

$\overline{BC}=x$

对两段绳子分别应用牛顿第二定律（如解 1—37 图），得

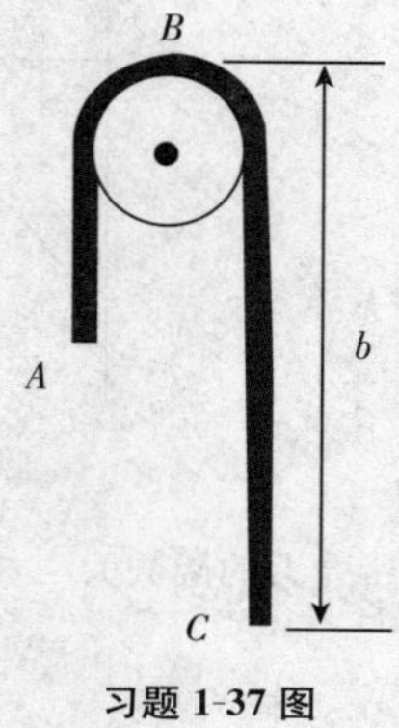

习题 1-37 图

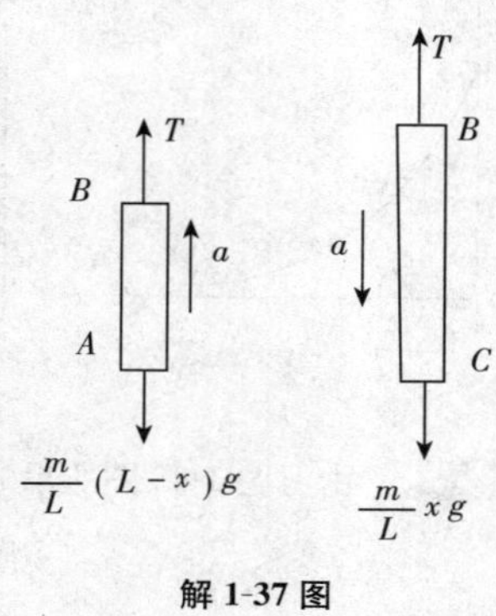

解 1-37 图

$$\begin{cases} T-\dfrac{m}{L}(L-x)g=\dfrac{m}{L}(L-x)a & ① \\ \dfrac{m}{L}xg-T=\dfrac{m}{L}xa & ② \end{cases}$$

由式①、②解得 $2xg-Lg=La$ ③

将 $x=\dfrac{2L}{3}$ 代入得 $a=\dfrac{g}{3}$

由式③得 $a=\dfrac{2x-L}{L}\cdot g=\dfrac{dv}{dt}=\dfrac{dv}{dx}\cdot\dfrac{dx}{dt}=\dfrac{dv}{dx}\cdot v$

$$\int_0^v v\,dv=\int_b^x\left(\frac{2x-L}{L}\right)g\,dx$$

$$\frac{v^2}{2}=\frac{g}{L}(x^2-Lx)\Big|_b^x=\frac{g}{L}(x^2-Lx-b^2+Lb)$$

$$v=\sqrt{\frac{2g}{L}(x^2-Lx-b^2+Lb)}$$

用 $x=\dfrac{2}{3}L$ 代入得 $v=\sqrt{\dfrac{2g}{L}\left(-\dfrac{2}{9}L^2+Lb-b^2\right)}$

得证.

1-38 解题过程 驾驶员作匀速圆周运动，其在轨道切线方向上所受合力为零. 设座位对驾驶员的支撑力为 F，与圆轨道法线方向的夹角为 φ，如解 1-38 图所示，切线方向为

$$F\cdot\sin\varphi=mg\cdot\sin\theta \quad ①$$

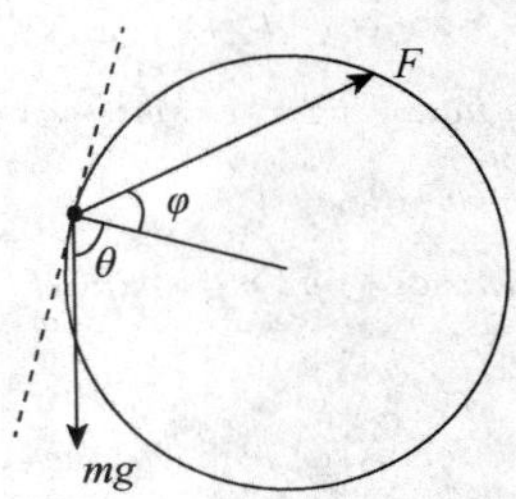

解 1-38 图

驾驶员所受向心力为重力 G 与座位对驾驶员的支撑力正下在法线方向上的合力，法线方向为

$$F\cdot\cos\varphi+mg\cdot\cos\theta=\frac{mv^2}{R} \quad ②$$

联立①②式得 $F=m\cdot\sqrt{g^2-2\dfrac{v^2}{R}g\cos\theta+\left(\dfrac{v^2}{R}\right)^2}$ ③

$$\tan\varphi=\frac{g\sin\theta}{\dfrac{v^2}{R}-g\cos\theta} \quad ④$$

由③式得，当 $\cos\theta=-1$ 时，驾驶员对座位的压力最大

当 $\cos\theta=1$ 时，驾驶员对座位的压力最小

即当 $\theta=\pi,\varphi=0$，驾驶员到达圆轨道最低点时，对应"超重"最大的情况，$F=mg+\frac{mv^2}{R}$

当 $\theta=0,\varphi=\pi$，驾驶员到达圆轨道最高点时，对应"失重"状态.

此时，如果飞机的速度 v 不能使驾驶员对座位的压力 $F\geqslant0$，则驾驶员将从座位上脱落下来.

1-39 解题过程 参考程序：

```
clear all;
close all;
m1=1.0;
m2=2.0;
m3=3.5;
mu1=0.1;
mu2=0.8;
g=9.8;
alfa_v=0:0.01:pi/2;
eq1='F1-F2=m1*g*cos(alfa)';
eq2='-mu1*F1-mu2*F2+T-m1*a1=m1*g*sin(alfa)';
eq3='F2=m2*g*cos(alfa)';
eq4='mu2*F2-m2*a2=m2*g*sin(alfa)';
eq5='-T-m3*a1=-m3*g';
[F1,F2,T,a1,a2]=solve(eq1,eq2,eq3,eq4,eq5,'F1,F2,T,a1,a2');
a1=zeros(1,length(alfa_v));
a2=zeros(1,length(alfa_v));
alfa=alfa_v;
a1=-g*(mu1*m2*cos(alfa)+mu1*m1*cos(alfa)+mu2*m2*cos(alfa)-m3+m1
*sin(alfa))/(m3+m1);
a2=mu2*g*cos(alfa)-g*sin(alfa);
plot(alfa_v*180/pi,a1,'k',alfa_v*180/pi,a2,'k')
xlabel('角度(^0)');ylabel('加速度 m/s^2')
```

运算结果如解 1-39 图所示.

当 m_1 与 m_2 的加速度在斜面倾角 $\theta=25°$时，两加速度相等，此时 m_2 与 m_1 相对静止.

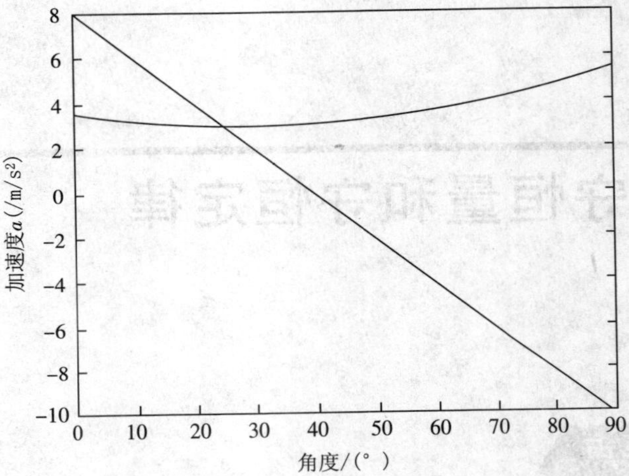

解 1-39 图

第二章 运动的守恒量和守恒定律

本章知识要点

1. 质心、功、功率、保守力的功和势能的概念.
2. 质心运动定理、动量定理和动能定理的内容及应用.
3. 动量守恒定律、角动量守恒定律和功能原理(机械能守恒定律和能量守恒定律)的内容及应用.

知识点归纳

一、动量守恒定律

1. 质心和质心运动定理

质心:质心的位置在平均意义上代表着质量分布的中心.

$$\boldsymbol{r}_c=\Sigma m_i\boldsymbol{r}_i/m \text{ 或 } \boldsymbol{r}_c=\int \boldsymbol{r}\mathrm{d}m/m$$

质心运动定理

$$\Sigma \vec{F}_i=m\boldsymbol{a}_c$$

$$\boldsymbol{v}_c=\frac{\mathrm{d}\boldsymbol{r}_c}{\mathrm{d}t}=\frac{\Sigma m_i\frac{\mathrm{d}\boldsymbol{r}_i}{\mathrm{d}t}}{\Sigma m_i}=\frac{\Sigma m_i\boldsymbol{v}_i}{\Sigma m_i}$$

$$\vec{a}_c=\frac{\mathrm{d}\boldsymbol{v}_c}{\mathrm{d}t}=\frac{\Sigma m_i\frac{\mathrm{d}\boldsymbol{v}_i}{\mathrm{d}t}}{\Sigma m_i}=\frac{\Sigma m_i\boldsymbol{a}_i}{\Sigma m_i}$$

2. 动量守恒定律

动量守恒定律:如果系统所受的外力之和为零($\Sigma\boldsymbol{F}_i=0$),则系统的总动量保持不变.

$\Sigma\boldsymbol{F}_i=0$ 时,$\Sigma m_i\boldsymbol{v}_i=m\boldsymbol{v}_c=$常值.

二、机械能守恒定律

1. 功和功率

功:作用于物体的力在位移方向上的分量与该物体位移大小的乘积.

$$\mathrm{d}A = F\cos\varphi|\mathrm{d}\boldsymbol{r}| = \boldsymbol{F}\cdot\mathrm{d}\boldsymbol{r}$$

物体从 a 点运动到 b 点,力所做功为 $A_{ab} = \int_a^b \boldsymbol{F}\cdot\mathrm{d}\boldsymbol{r}$

功率:力在单位时间内所做的功,用 P 表示

$$P = \frac{\mathrm{d}A}{\mathrm{d}t} = \frac{\boldsymbol{F}\cdot\mathrm{d}\boldsymbol{r}}{\mathrm{d}t} = \boldsymbol{F}\cdot\boldsymbol{v}$$

2. 保守力

保守力:力做功的大小只与物体的始末位置有关,而与所经历的路径无关,或者说,此力沿闭合路径所做的功等于零,这类力叫保守力.

重力、弹力、万有引力及后面讲到的静电力都是保守力.

成对力的功:任何一对作用力与反作用力所做的总功具有与参考系选择无关的不变性质,即两质点间的"一对力"所做功之和等于其中一个质点受的力沿着该质点相对于另一质点所移动的路径所做的功.

势能:由物体之间的相互作用和相对位置决定的能量.

用 $E_{\mathrm{P}a}$,$E_{\mathrm{P}b}$ 分别表示质点在始末位置的势能,用 A_c 表示始位置到末位置保守力的功,则

$$E_{\mathrm{P}b} - E_{\mathrm{P}a} = -A_c$$

3. 功能原理、机械能守恒定律和能量守恒定律

功能原理:当系统从一个状态变化到另一个状态时,它的机械能的增量等于外力的功与非保守力的功的总和.

$$A_{\mathrm{e}} + A_{\mathrm{id}} = \Delta E_{\mathrm{K}} + \Delta E_{\mathrm{P}} = \Delta E$$

机械能守恒定律:如果一个系统只有保守力做功,其他内力和一切外力都不做功,或者它们的总功为零,则系统内各物体的动能和势能可以相互转化,但机械能总值不变.

$$A_{\mathrm{e}} + A_{\mathrm{id}} = 0,\ \Delta E = 0$$

能量守恒定律:一个受外力作用的系统历经任何变化时,该系统所有能量的总和是不变的. 能量只能从一种形式转化为另一种形式,或从系统内的一个物体传给另一个物体.

三、角动量守恒定律

1. 角动量

$$\boldsymbol{L} = \boldsymbol{r}\times\boldsymbol{p}$$

2. 质点的角动量定理

质点对任一固定点的角动量的时间变化率等于外力对该点的力矩.

$$\frac{d\boldsymbol{L}}{dt}=\boldsymbol{r}\times\boldsymbol{F}$$

3. 角动量守恒定律

作用在质点上的外力对某给定点 O 的力矩($\boldsymbol{r}\times\boldsymbol{F}$)为零,则质点对 O 的角动量在运动过程中保持不变.

$\boldsymbol{r}\times\boldsymbol{F}=0$ 时 $$\frac{d\boldsymbol{L}}{dt}=0$$

复习思考题解答

2-1-1 一物体能否有质心而无重心?试说明之.

解题过程 可以,如果物体所处的位置不存在重力场,例如在外太空,物体就没有重心.但是由于物体质量的存在,质心代表质量分布的中心,所以质心仍存在.

2-1-2 人体的质心是否固定在体内?能否从体内移到体外?

解题过程 人体的质心不固定在体内,当人体形状改变时,质心可以从体内移动到体外.

2-1-3 有人说,质心是质量集中之处,因此在质心处必定要有质量.此话对吗?

解题过程 不对.质心不是质量集中之处,是代表质量分布的中心,质心处不一定要有质量.在某些情况下,可以把物体的质量等效为质心处的质量.例如,一个匀质圆环,其质心就位于圆环的中心,质心处就没有质量.

2-2-1 能否利用装在小船上的风扇搧动空气使小船前进?

解题过程 可以.因为风扇搧出的空气具有一定的速度,而且空气也是有质量的,根据动量守恒原理,可以使风扇得到向前的冲量,从而带动小船前进,这个原理跟向后划桨使船前进一样.

2-2-2 在地面的上空停着一气球,气球下面吊着软梯,梯上站着一个人.当这人沿软梯向上爬时,气球是否运动?

解题过程 当人沿软梯向上爬时,气球向下运动,把人和气球看做一个系统,此系统在竖直方向上所受合力为零.因此系统的竖直方向上的动量守恒,人向上爬,具有向上的动量,因此气球就有向下的动量,向下运动.

2-2-3 对于变质量的系统,能否应用 $\boldsymbol{F}=\frac{d(m\boldsymbol{v})}{dt}$,为什么?

解题过程 对于一个系统,质量在不断变化,那么系统所受的合外力 $\boldsymbol{F}=\frac{d\boldsymbol{p}}{dt}=\frac{d(m\boldsymbol{v})}{dt}$.但若对于一个系统总质量不变,而系统内各物体质量发生流动,如向后不断喷气的火箭,以火箭和喷出的气为系统，系统总质量没有变化，但两部分质量不断转化，此时不能用 $\boldsymbol{F}=\frac{\mathrm{d}(m\boldsymbol{v})}{\mathrm{d}t}$. 对于这类问题，用动量定理可以推出其动力学方程，对火箭，动力学方程是 $\frac{\mathrm{d}(m\boldsymbol{v})}{\mathrm{d}t}-\boldsymbol{v}\frac{\mathrm{d}m}{\mathrm{d}t}=\boldsymbol{F}$. 其中 $\boldsymbol{v}$ 表示喷出气体对地速度，$\boldsymbol{F}$ 为系统所受合外力. 总之，求解这类问题，动量定理是关键，要熟练掌握.

2-2-4 物体 m 被放在斜面 m' 上，如把 m 与 m' 看成一个系统，问在下列何种情形下系统的水平方向分动量是守恒的？

(1) m 与 m' 间无摩擦，而 m' 与地面间有摩擦.

(2) m 与 m' 间有摩擦，而 m' 与地面间无摩擦.

(3) 两处都没有摩擦.

解题过程 将 m 和 m' 看成一个系统，考虑系统水平方向的动量问题，不需要考虑 m 与 m' 之间的相互作用，这属于系统的内力，只需要考虑地面与 m 水平方向的作用力，即 m' 与地面之间的摩擦力，只要 m' 与地面之间没有摩擦力，系统的动量就在水平方向上守恒，否则不守恒.

故(1)不守恒；(2)守恒；(3)守恒.

2-2-5 用手压钉，很难把钉压入木块，如用锤击钉，钉就很容易进入木块，这是为什么？

解题过程 钉子进入木块要受到很大的阻力，因此必须给钉子施加足够的压力，而手直接压，产生的压力比较小，很难把钉压入木块. 用锤击打时，因为 $F=\frac{\Delta p}{\Delta t}$，挥锤击打时，锤在极短时间内速度由很大降至零，动量变化大，从而钉子给了锤很大的作用力. 由作用力与反作用力关系知锤对钉的压力很大，因此容易进入木块.

2-2-6 用细线把球挂起来，球下系一同样的细线. 拉球下细线，逐渐加大力量，哪段细线先断？为什么？如用较大力量突然拉球下细线，哪段细线先断，为什么？

解题过程 逐渐加大力量拉线，上面的线先断. 因为逐渐加大力量，作用力会传到上面的线，上面的线比下面的线多承受了球的重力，因此先断. 而如果用较大的力量突然拉球下的细线，则下面的线先断，因为突然用力拉线，作用力很大，时间短，力不足以传到上面的线，所以下面的线先断.

2-2-7 有两只船与堤岸的距离相同，为什么人从小船跳上岸比较难，而从大船跳上岸却比较容易？

解题过程 假定人跳上岸时所用的力相等，即人给船的作用力大小相等. 小船质量小，产生的加速度大，大船质量大，加速度小，因此对小船而言人蹬船的作用时间较短，获得的冲量较小，动量较小，也就不容易上岸. 而对大船而言，人蹬船的作用时间较长，能得到较大的冲量，动量较大，比较容易上岸.

2-3-1 一物体可否具有机械能而无动量？一物体可否只有动量而无机械能？试举例说明.

解题过程 一个物体可以只有机械能而无动量，也可以只有动量而无机械能. 因为机械能包含动能和势能两部分，无动量说明没有动能，但是可以有势能，从而有机械能；一物体有动量，则物体具有动能 E_k，而势能零点可以任意选取，因而可以找到一个势能零点使物体势能 $E_p=-E_k$，则机械能 $E=E_k+E_p=0$. 如在地面上以速度 v 运动的物体，动能 $E_k=\frac{1}{2}mv^2=\frac{1}{2}m\left(\frac{p}{m}\right)^2=\frac{p^2}{2m}$，$p=\sqrt{2mE_k}$，选离地面上高度为 h 处为势能零点且使 $h=\frac{E_k}{mg}$，则地面上该物体势能 $E_p=-mgh=-E_k$，机械能 $E_p+E_k=0$，物体只有动量而无机械能.

2-3-2 两质量不等的物体具有相等的动能，哪个物体的动量较大？两质量不等的物体具有相等的动量，哪个物体的动能较大？

解题过程 由 $E_k=\frac{1}{2}mv^2=\frac{1}{2}m\left(\frac{p}{m}\right)^2=\frac{p^2}{2m}$ 可知 $p=\sqrt{2mE_k}$，当两物体具有相同的动能时，质量大的物体动量大，两质量不等的物体，具有相同的动量，质量小的物体动能较大.

2-3-3 一物体沿粗糙斜面下滑，试问在这个过程中哪些力作正功？哪些力作负功？哪些力不做功？

解题过程 力与运动方向夹角小于 90°，做正功，大于 90°做负功，等于 90°不做功. 物体沿粗糙斜面下滑，受重力、斜面施加的支持力及摩擦力三个力的作用. 重力方向与物体运动方向夹角小于 90°，做正功，摩擦力与物体运动方向夹角大于 90°做负功，支持力方向与运动方向夹角为 90°，不做功.

2-3-4 外力对质点不做功时，质点是否一定作匀速运动？

解题过程 外力对质点不做功时，质点的动能不变，即质点的速度大小不变，而方向有可能发生改变，因此质点不一定做匀速运动. 例如做匀速圆周运动的质点，外力不做功，但是速度一直都在发生改变.

2-3-5 两个相同的物体处于同一位置，其中一个水平抛出，另一个沿光滑斜面无摩擦地自由滑下，问哪一个先到达地面？到达地面时两者速率是否相等？

解题过程 如答 2-3-5 图所示，该物体起始时刻离地面高度为 h，斜面与水平面夹角为 α，水平抛出经 t_1 到达地面，则 $\frac{1}{2}gt_1^2=h\Rightarrow t_1=\sqrt{\frac{2h}{g}}$

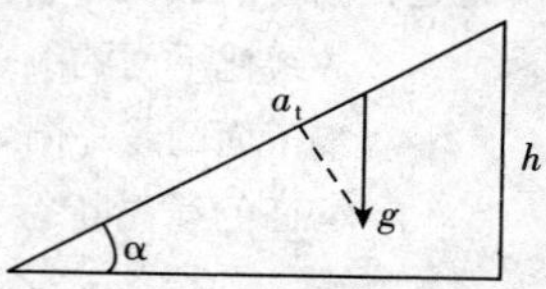

答 2-3-5 图

沿斜面经 t_2 到达地面，则 $\frac{1}{2}a_tt_2^2=\frac{h}{\sin\alpha}$

其中物体沿斜面的加速度 $a_t=g\sin\alpha$

故 $t_2=\sqrt{\frac{2h}{g\sin^2\alpha}}$　所以 $t_2>t_1$

到达地面时的速率为 v_1、v_2，则由机械能守恒有（设水平抛出物体速度为 v_0）

$$\begin{cases}\frac{1}{2}mv_1^2=mgh+\frac{1}{2}mv_0^2\\\frac{1}{2}mv_2^2=mgh\end{cases}$$

故 $v_1>v_2$，二者速率不相等，水平抛出时，到达地面速率较大.

2-4-1 非保守力作的功总是负的，对吗？举例说明之.

解题过程 不对. 非保守力做功不一定是负的. 例如，摩擦力是非保守力，而很多场合，摩擦力做正功. 例如在马路上奔驰的汽车，驱动轮摩擦力做正功.

2-4-2 为什么重力势能有正负，弹性势能只有正值，而引力势能只有负值？

解题过程 势能是我们引入的物理概念，只有相对意义，必须在选定了势能零点后才能确定一个物体的势能. 对于重力势能一般选取地面为势能零点，因此高于地面的物体重力势能为正，而低于地面的物体重力势能为负. 对于弹性势能，选取弹性形变为零时为势能零点，因此弹性势能总为正. 而对于引力势能，选取无穷远处为引力势能零点，所以引力势能总为负.

2-4-3 回答下列问题：

(1)重力势能是怎样认识的？又是怎样计算的？重力势能的量值是绝对的吗？

(2)引力势能是怎样认识的？又是怎样计算的？引力势能的量值是绝对的吗？

(3)重力是引力的一个特例. 你能从引力势能公式推算出重力势能的公式吗？

(4)物体在高空中时，势能到底是正值还是负值呢？

解题过程 (1)由于物体和地球间的万有引力，具有质量的物体在高处能够做功，因此具有能量，称为重力势能. 一般选择地面为势能零点，重力势能计算公式为 $E_p = mgh$ ，h 表示物体高于地面的高度，重力势能的量是相对的，不是绝对的，与势能零点的选取有关.

(2)引力势能是由于两个物体间的引力作用形成的，包括万有引力、电荷间引力等，一般选择无穷远处引力势能为零，引力势能的量值也是相对的.

(3)可以从引力势能公式推出重力势能的公式.

设地球质量为 M，物体质量为 m，地球半径为 R，物体高出地面 h

则物体在地球表面时的引力势能

$$E_{p1}=-\frac{G_0Mm}{R}$$

物体在高出地面 h 处的引力势能

$$E_{p2}=-\frac{G_0Mm}{R+h}$$

取地球表面为势能零点，则物体的势能

$$E_p=E_{p2}-E_{p1}=\frac{G_0Mm}{R(R+h)}h=\frac{G_0M}{R^2+Rh}mh$$

由于 $h\ll R$，所以 $$E_p=\frac{G_0M}{R^2}mh$$

令 $\frac{G_0M}{R^2}=g$，则 $E_p=mgh$.

(4)势能的量值是相对的，如果势能零点的选择高于该物体，则其势能为负，如果势能零点的选择在物体下面，则势能为正.

2-4-4 两个质量相等的小球,分别从两个高度相同、倾角不同的光滑斜面的顶端由静止滑到底部,它们的动量和动能是否相同?

解题过程 两个质量相等的小球在相同的高度具有的重力势能 $E_p = mgh$ 相等,而斜面光滑,在下滑过程中没有能量的增减,根据能量守恒原理,滑到底部时,重力势能全部转化为动能,两者动能相等,由 $E_k = \dfrac{p^2}{2m}$ 知,二者动量也相等.

2-5-1 功能原理与动能定理的区别是什么?

解题过程 如果计算是包含了保守内力所做的功,则使用动能定理;如果不计算保守内力所做的功而考虑势能变化,则采用功能原理.

2-5-2 试举例说明系统内非保守内力做功 $A_{ni}>0$,机械能增大;$A_{ni}<0$,机械能减小的情况.

解题过程 将物体静止放于表面粗糙的水平加速带上,物体随加速带一起运动,在此过程中,静摩擦力做功 $A_{ni}>0$,机械能增加;物体以速度 v 冲上表面粗糙的斜面,并最终静止于斜面上,在此过程中,动摩擦力做功 $A_{ni}<0$,机械能减小.

2-5-3 在光滑桌面上有一弹簧振子系统,对地面观察者来说,以弹簧和质点为系统,桌面的支持力和重力不做功,桌端的弹簧连接点没有位移,桌子对弹簧的作用力也不做功,系统内无非保守内力,因此,系统的机械能守恒. 如果我们从相对地面以水平速度 v 做匀速直线运动的汽车为参考系来观察,系统的机械能是否守恒,为什么?

解题过程 守恒. 以水平速度 v 作匀速直线运动的汽车为参考系观察,相对于汽车由弹簧和质点组成的系统以速度 v 沿汽车运动反方向作匀速直线运动,桌面的支持力和重力不做功,系统内无非保守内力做功,所以系统机械能守恒.

2-5-4 一物体在粗糙的水平面上,用力 $\boldsymbol{F}$ 拉它作匀速直线运动,问物体的运动是否满足机械能守恒的条件?

解题过程 不满足机械能守恒条件. 因为外力 F 做功,但是该物体的动能未发生变化,外力做功被摩擦力做功抵消掉了. 系统内有非保守内力做功,所以系统机械能不守恒.

2-5-5 试比较机械能守恒和动量守恒的条件,判断下列说法的正误,并说明理由:(1)不受外力的系统必定同时满足动量守恒和机械能守恒;(2)合外力为零,内力中只有保守力的系统,机械能必然守恒;(3)仅受保守内力作用的系统必定同时满足动量守恒和机械能守恒.

解题过程 (1)不对. 因为机械能守恒除了要求外力做功为零,还要求非保守内力做功也为零.

(2)正确. 因为系统内力只有保守力,无非保守内力做功且合外力为零也不做功,所以机械能守恒.

(3)正确. 因为仅受保守内力,外力为零满足动量守恒,其他内力和外力都不做功,满足机械能守恒.

2-7-1 在匀速圆周运动中,质点的动量是否守恒? 角动量呢?

解题过程 在匀速圆周运动中,质点的动量不守恒,角动量守恒. 质点做匀速圆周运动,速度方向时刻变化，所以动量不守恒. 由于向心力恒指向圆心，对圆心的力矩为零，所以质点对圆心的角动量守恒.

2-7-2 质点的动量守恒与角动量守恒的条件各是什么？质点动量与角动量能否同时守恒？试说明之.

解题过程 质点的动量守恒条件是：质点不受外力或质点所受合外力为零. 质点角动量守恒的条件是：质点所受外力对某固定点的力矩为零，或不受外力，质点动量与角动量可以同时守恒. 如不受外力自由运动的质点，二者同时守恒.

习题全解

2-1 **解题过程** 设前、中、后三只船记为 A、B、C，质量为 M，抛出物体质量为 m，从中间船上抛向 A、C 的抛出物体相对地面速度分别为 $v_{A'}$、$v_{C'}$，则

$$v_{A'}=v+u,\ v_{C'}=v-u$$

抛出物体后，三船的速度分别为 v_A、v_B、v_C.

由动量守恒有：

对 A 船及接收的球：$mv_{A'}+Mv=(M+m)v_A$，得 $v_A=v+\dfrac{m}{M+m}u$

对 B 船及抛出的球：$(M+2m)v=Mv_B+mv_{A'}+mv_{C'}$，得 $v_B=v$

对 C 船及接收的球：$mv_C{}'+Mv=(M+m)v_C$，得 $v_C=v-\dfrac{m}{M+m}u$

2-2 **解题过程** 设小球作圆周运动的角速度为 ω，则

$$F=m\omega^2R,\ v_0=\omega R$$

则
$$\boldsymbol{F}=-m\omega^2R\cos\omega t\boldsymbol{i}-m\omega^2R\sin\omega t\boldsymbol{j}$$

由 $I=\int_0^t F\mathrm{d}t$，知 $\Delta p=I=\int_0^t F\mathrm{d}t$

(1)当 $t=\dfrac{\pi}{2\omega}$ 时，

$$\Delta p=\int_0^{\pi/2\omega}(-m\omega^2R\cos\omega t\boldsymbol{i}-m\omega^2R\sin\omega t\boldsymbol{j})\mathrm{d}t$$
$$=-m\omega R\boldsymbol{i}-m\omega R\boldsymbol{j}=-mv_0\boldsymbol{i}-mv_0\boldsymbol{j}$$
$$|\Delta\boldsymbol{p}|=\sqrt{2}mv_0$$

(2)当 $t=\dfrac{\pi}{\omega}$ 时，

$$\Delta p=\int_0^{\pi/\omega}(-m\omega^2R\cos\omega t\boldsymbol{i}-m\omega^2R\sin\omega t\boldsymbol{j})\mathrm{d}t=-2mv_0\boldsymbol{j}$$

(3)当 $t=\dfrac{3\pi}{2\omega}$ 时，

$$\Delta p=\int_0^{3\pi/2\omega}(-m\omega^2R\cos\omega t\boldsymbol{i}-m\omega^2R\sin\omega t\boldsymbol{j})\mathrm{d}t=mv_0\boldsymbol{i}-mv_0\boldsymbol{j}$$

(4)当 $t=\dfrac{2\pi}{\omega}$时，

$$\Delta p=\int_0^{2\pi/\omega}(-m\omega^2R\cos\omega t\boldsymbol{i}-m\omega^2R\sin\omega t\boldsymbol{j})\mathrm{d}t=0$$

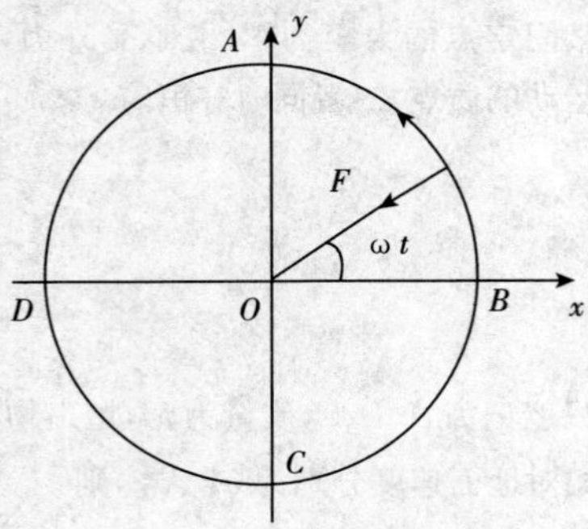

解 2-2 图

2-3 分析　在 Δt_1 时间内，以 $A+B$ 为研究对象，在 Δt_2 时间内，以 B 为研究对象，应用动量定理进行求解.

解题过程　在 Δt_1 时间内，A 和 B 一起作加速运动. 子弹穿入 B 后，子弹对 B 的摩擦力使 B 继续加速运动，而 A 则以子弹穿出 A 时的速度在光滑水平面上作匀速直线运动. 经时间 Δt_2 子弹穿出 B 后，B 也将以大于 A 的速度作匀速直线运动，设子弹穿出 A 时，A 和 B 的运动速度为 v_1，根据动量定理，在 Δt_1 时间内有

$$F\Delta t_1=(m_1+m_2)v_1$$

得 $$v_1=\frac{F\Delta t_1}{m_1+m_2}$$

对木块 B，在 Δt_2 时间内有

$$F\Delta t_2=m_2v_2-m_2v_1$$

得 $$v_2=\frac{F\Delta t_2}{m_2}+v_1=F\left(\frac{\Delta t_2}{m_2}+\frac{\Delta t_1}{m_1+m_2}\right)$$

2-4 解题过程　根据动量定理，有

$$\boldsymbol{I}=\boldsymbol{p}_B-\boldsymbol{p}_A=m\boldsymbol{v}_B-m\boldsymbol{v}_A$$

则 $$\begin{cases}I_x=-mv_B-mv_A\cos45^\circ\\I_y=0-mv_A\sin45^\circ\end{cases}$$

总冲量为 $$\begin{aligned}\mathrm{I}&=\sqrt{I_x^2+I_y^2}\\&=\sqrt{(mv_B+mv_A\cos45^\circ)^2+(mv_A\sin45^\circ)^2}\end{aligned}$$

$$=m\sqrt{v_A^2+v_B^2+\sqrt{2}v_Av_B}$$

$$=0.02\times\sqrt{20^2+20^2+\sqrt{2}\times 20^2}\ \text{N}\cdot\text{s}=0.739\text{N}\cdot\text{s}$$

总冲量与 x 轴夹角为

$$\theta=180°+\arctan+\frac{Iy}{Ix}$$

$$=202.5°$$

2-5 解题过程 (1)由已知作 $F-t$ 图，如解 2-5 图所示. 可知外力随时间线性衰减.

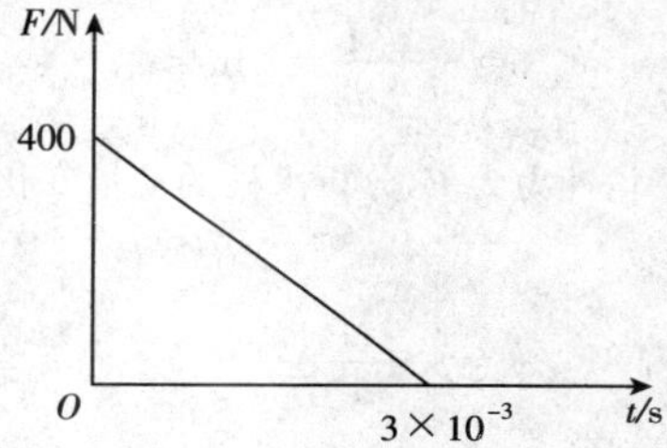

解 2-5 图

(2)子弹在枪口时 $F=400-\frac{4\times10^5}{3}t=0$

得 $t=3\times10^{-3}\text{s}$

(3)子弹所受冲量为

$$I=\int_0^{0.003}(400-\frac{4\times10^5}{3}t)\mathrm{d}t=0.6\text{N}\cdot\text{s}\Big/I=F-t\text{图面积}=0.6\text{N}\cdot\text{s}$$

(4)子弹的质量为

$$m=\frac{I}{\Delta v}=\frac{I}{v-v_0}=\frac{0.6}{300}\ \text{kg}=2\times10^{-3}\ \text{kg}$$

2-6 解题过程 (1)$F-t$ 图如解 2-6 图所示.

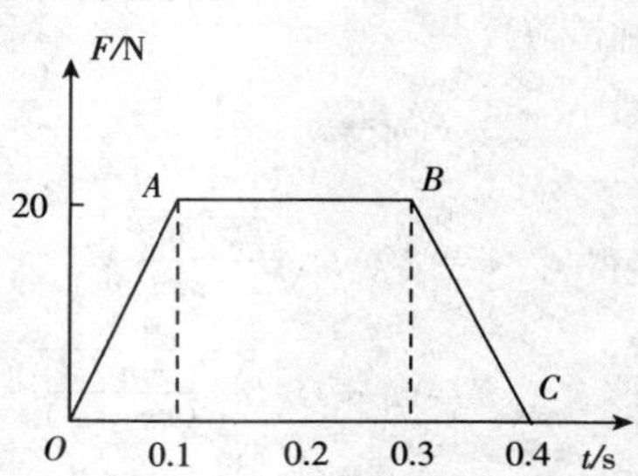

解 2-6 图

(2)这段时间内力 F 的冲量 $I=\int F\mathrm{d}t$，

则 I=四边形 $OABC$ 的面积$=\frac{1}{2}(0.2+0.4)\times 20\text{N}\cdot\text{s}$

$$=6\text{N}\cdot\text{s}$$

平均力 $\overline{F}=\frac{I}{\Delta t}=\frac{6}{0.4}\text{N}=15\text{N}$

(3)当力变为 0 时,物体速度为 v,由于 v_0 方向与力 F 一致,故 v 的方向也与力 F 一致.

由动量定理有 $\Delta p=I$,即 $mv-mv_0=I$

所以 $$v=v_0+\frac{I}{m}=3\ \text{m/s}$$

2-7 解题过程 设煤对水柱的平均冲力为 F,分析水柱的动量变化. 在 Δt 时间内,射到煤层上的水的质量

$$m=\rho v\frac{\pi D^2}{4}\Delta t$$

这些水由于受煤层的作用力 F,在 Δt 时间内,速度由 v 变成了零.

故由动量定理 $\Delta p=I$ 有 $-mv=F\Delta t$ 即 $-\rho v^2\frac{\pi D^2}{4}\Delta t=F\Delta t$

所以 $$F=\frac{-1}{4}\rho v^2\pi D^2=\frac{-1}{4}\times 10^3\times 56\times 56\times\pi\times(30\times 10^{-3})^2\text{N}$$

$$=-2.22\times 10^3\text{N}$$

故水柱对煤层平均冲力为 $2.22\times 10^3\text{N}$.

2-8 解题过程 在光滑水平面上,两物体和弹簧组成的系统动量守恒,有

$$mv-m'v'=0$$

得 $$v'=\frac{m}{m'}v$$

系统的机械能守恒,有

$$\frac{1}{2}k(l_0-l)^2=\frac{1}{2}mv^2+\frac{1}{2}m'v'^2$$

将 v' 代入上式,得 $$v=(l_0-l)\sqrt{\frac{km'}{m(m+m')}}$$

$$v'=(l_0-l)\sqrt{\frac{km}{m'(m+m')}}$$

质点 m 对质点 m' 的相对速度为

$$v_{mm'}=v+v'=(l_0-l)\sqrt{\frac{k(m+m')}{mm'}}$$

2-9 解题过程 链条下落过程中只有重力,由动能定理有

$$A_G=\frac{1}{2}mv^2$$

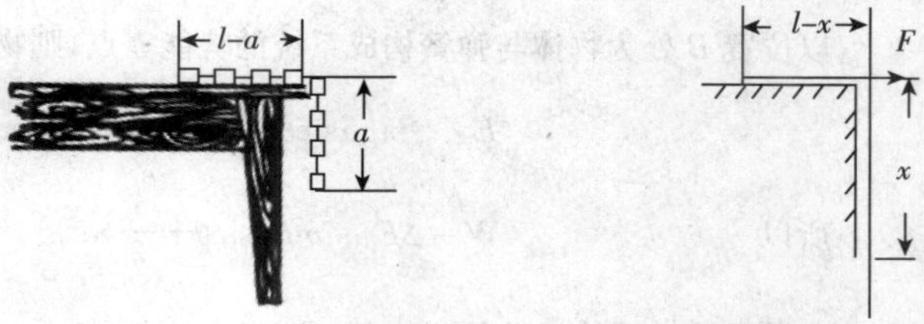

解 2-9 图

设链条线密度为 λ，链条下垂为 x，增量 dx，重力做功 dA_G，如解 2－9 图所示.

$$dA_G=\lambda xg\,dx$$

全过程重力做功

$$A_G=\int_a^l dA_G=\int_a^l \lambda gx dx=\frac{1}{2}\lambda g(l^2-a^2)$$

代入动能定理 $\frac{1}{2}\lambda g(l^2-a^2)=\frac{1}{2}\lambda lv^2$ 得

$$v=\sqrt{\frac{g}{l}(l^2-a^2)}$$

2-10 解题过程 设铁钉进入木板深 x 时受的阻力 $f=kx$，k 为常量

第一次击铁钉，锤对铁钉做功

$$W_1=\int_0^{x_1} kx dx=\frac{kx_1^2}{2}$$

设第二次击打时，铁钉进入深度为 x_2，则

$$W_2=\int_{x_1}^{x_2} kx dx=\frac{k(x_2^2-x_1^2)}{2}$$

又两次击打时锤速度相同，锤具有相等的动能 $W_1=W_2$，且 $x_1=1$ cm

所以 $$\frac{kx_1^2}{2}=\frac{k(x_2^2-x_1^2)}{2}$$

解得 $x_2=1.414$ cm，所以 $\Delta x=x_2-x_1=0.414$ cm

第二次能击入 0.414 cm 深.

2-11 解题过程 由于圆柱表面光滑，所以整个过程中摩擦力 f 不计. 受力图如解 2-11 图所示.

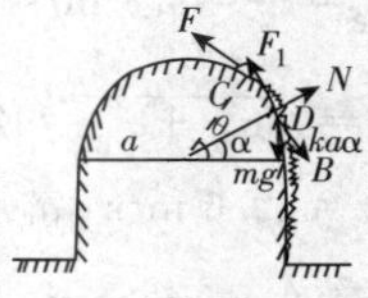

解 2-11 图

而物体又极缓慢地滑动，故物体到达 C 时速度可忽略，即物体动能为零.

由能量转化关系有力 F 做的功 $W=\Delta E_p$

以位置 B 处为物体与弹簧构成系统的势能零点，则物体到达 C 点时，系统势能

$$E_{pC}=mga\sin\theta+\frac{1}{2}k(a\theta)^2=mga\sin\theta+\frac{1}{2}ka^2\theta^2$$

所以
$$W=\Delta E_p=mga\sin\theta+\frac{1}{2}ka^2\theta^2$$

本题可用做功的定义 $W=\int \boldsymbol{F}\cdot d\boldsymbol{x}$ 来求，方法如下：

设力 F 沿圆柱切线的分量为 F_1、法向分量为 F_2，显然 $\int F_2 dx=0$

设物体在任意位置 D 点时与圆心连线与水平线成 α 角，则

$$F_1-mg\cos\alpha-ka\alpha=ma_t$$

又物体缓慢滑动 $a_t=0$，有 $F_1=mg\cos\alpha+ka\alpha$

所以
$$W=\int_B^C \boldsymbol{F}\cdot d\boldsymbol{x}=\int_0^\theta (mg\cos\alpha+ka\alpha)ad\alpha=mga\sin\theta+\frac{1}{2}ka^2\theta^2$$

2-12 解题过程 (1)由机械能守恒有 $\frac{1}{2}mv^2=mgl\sin\alpha$

得
$$v=\sqrt{2gl\sin\alpha}$$

当 $\alpha=\theta=30°$时，$v_B=\sqrt{2gl\sin30°}=3.13\ \text{m/s}$

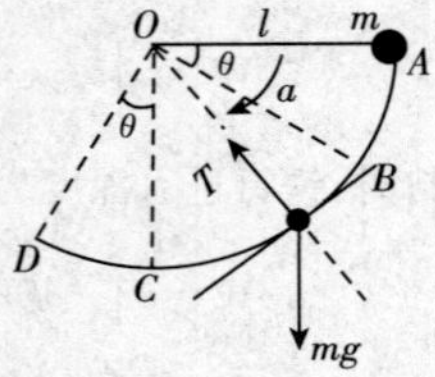

解 2-12 图

当 $\alpha=90°$时，$v_C=\sqrt{2gl\sin90°}=4.43\ \text{m/s}$

当 $\alpha=90°+\theta$时，$v_D=\sqrt{2gl\sin120°}=4.12\ \text{m/s}$

(2)$a_n=\frac{v^2}{l}$，$a_t=\frac{dv}{dt}=\frac{dv}{d\alpha}\frac{d\alpha}{dt}=\frac{v}{l}\frac{dv}{d\alpha}=g\cos\alpha$

所以
$$a_{n_B}=\frac{v_B^2}{l}=9.8\ \text{m/s}^2,\ a_{t_B}=8.49\ \text{m/s}^2$$

$$a_B=\sqrt{a_{n_B}^2+a_{t_B}^2}=12.96\ \text{m/s}^2$$

$$a_{nC}=19.6\ \text{m/s}^2,\ a_{tC}=0\rightarrow a_c=a_n=19.6\text{m/s}^2.$$

$a_{n_D}=16.97\ \text{m/s}^2$，$a_{t_D}=4.9\ \text{m/s}^2$，$a_D=\sqrt{a_{n_D}^2+a_{t_D}^2}=17.7\ \text{m/s}^2$

(3)设绳的张力为 F_T，则由受力见解 2-12 图有

$$\begin{cases} F_T - mg\sin\alpha = ma_n = 2mg\sin\alpha \\ mg\cos\alpha = ma_t \end{cases}$$

得 $F_T = 3mg\sin\alpha$

所以 $F_{TB} = 8.82\times10^{-2}\text{N}, F_{TC} = 0.176\text{N}, F_{TD} = 0.153\text{N}$

2-13 解题过程 依题意，牵引力做功为

$$A = \int \boldsymbol{F}\cdot \mathrm{d}\boldsymbol{s} = \int F\mathrm{d}s$$

由图 2-13 可得牵引力随距离变化的函数关系为

$$F = \begin{cases} 100\sqrt{s(8-s)}\,\text{N} & (0\leqslant s\leqslant 4\text{ m}) \\ 4\times10^2\,\text{N} & (4\text{ m}\leqslant s) \end{cases}$$

故 $A = \int F\mathrm{d}s = \int_0^4 100\sqrt{s(8-s)}\,\mathrm{d}s + \int_4^7 4\times10^2\,\mathrm{d}s$

$= 400\pi\text{ J} + 1200\text{ J} = 2.46\times10^3\text{ J}$

2-14 解题过程

$$\begin{aligned} \mathrm{d}A &= \boldsymbol{F}\cdot\mathrm{d}\boldsymbol{r} = \boldsymbol{F}\cdot(\mathrm{d}x\boldsymbol{i} + \mathrm{d}y\boldsymbol{j}) \\ &= (3\boldsymbol{i} + 5\boldsymbol{j})\cdot(\mathrm{d}x\boldsymbol{i} + \mathrm{d}y\boldsymbol{j}) \\ &= 3\mathrm{d}x + 5\mathrm{d}y \end{aligned}$$

把质点从原点移到 $\boldsymbol{r} = (2\boldsymbol{i} - 3\boldsymbol{j})$m 处，此力做功 A

$$\text{A} = \int \mathrm{d}A = \int_0^2 3\mathrm{d}x + \int_0^{-3} 5\mathrm{d}y = -9\text{J}$$

由 $\mathrm{d}A = 3\mathrm{d}x + 5\mathrm{d}y$ 知，做功与路径无关.

质点动能变化 ΔE_k，则 $\Delta E_k = A = -9$ J，即质点动能减少了 9 J.

2-15 解题过程 由 $F-x$ 图可得 $F(x)$ 函数：

$$F(x) = \begin{cases} 2x\text{N} & (0\leqslant x\leqslant 5\text{m}) \\ 10\text{N} & (5\text{m}\leqslant x\leqslant 10\text{m}) \\ (30-2x)\text{N} & (10\text{m}\leqslant x\leqslant 15\text{m}) \end{cases}$$

根据动能定理 $A = \int_{r_1}^{r_2} \boldsymbol{F}\cdot\mathrm{d}\boldsymbol{r} = \Delta E_k$

当 $x = 5$ m 时，有

$$A_1 = \int_0^5 2x\mathrm{d}x = 25 = \frac{1}{2}mv_5^2 - 0$$

得 $v_5 = 5$ m/s

当 $x = 10$ m 时，有

$$\begin{aligned} A_2 &= \int_0^5 2x\mathrm{d}x + \int_5^{10} 10\mathrm{d}x = 25\text{J} + 50\text{J} = 75\text{J} \\ &= \frac{1}{2}mv_{10}^2 - 0 \end{aligned}$$

得 $$v_{10}=8.66\ \text{m/s}$$

当 $x=15$ m 时，有 $$A_3=A_2+\int_{10}^{15}(30-2x)\mathrm{d}x$$

$$=25\text{J}+50\text{J}+25\text{J}=100\text{J}=\frac{1}{2}mv_{15}^2-0$$

得 $$v_{15}=10.0\ \text{m/s}$$

2-16 **分析** 本题中，万有引力做正功，使陨石—地球系统的引力势能转化为陨石的动能. 首先根据万有引力定律及功的定义求解做功情况，再由动能定理求速度.

解题过程 (1)陨石所受的万有引力为

$$\boldsymbol{F}=-G\frac{m'm}{(R+r)^2}\boldsymbol{e}_r$$

式中 $\boldsymbol{e}_r$ 是由地球中心指向陨石的单位矢量，r 为陨石离地面的高度.

取陨石落向地面的微小位移为 $\mathrm{d}\boldsymbol{r}'$，与 $\boldsymbol{e}_r$ 的方向相反，$\mathrm{d}r'=-\mathrm{d}r$，则万有引力做的功为

$$A=\int_h^0\boldsymbol{F}\cdot\mathrm{d}\boldsymbol{r}'=-\int_h^0 Gm'm\frac{\mathrm{d}r}{(R+r)^2}$$

$$=Gm'm\frac{1}{(R+r)}\bigg|_h^0=\frac{Gm'mh}{R(R+h)}$$

(2)由动能定理得 $$A=\Delta E_k=\frac{1}{2}mv^2-0$$

陨石落地时的速度为$v=\sqrt{\dfrac{2Gm'h}{R(R+h)}}$

2-17 **解题过程** (1)质点从 0 位置运动到 x 处，保守力做功 $A'=\int_0^x\boldsymbol{F}\cdot\mathrm{d}\boldsymbol{x}=\int_0^x(-Ax+Bx^2)\mathrm{d}x$

得 $$A'=-\frac{A}{2}x^2+\frac{B}{3}x^3$$

由于保守力做的功等于势能增量的负值，故质点在 x 处的势能为

$$E_p=\frac{A}{2}x^2-\frac{B}{3}x^3$$

(2)质点在 $x=2$ m 处的势能 $$E_p=2A-\frac{8}{3}B$$

在 $x=3$ m 处势能 $$E'_p=\frac{9}{2}A-9B$$

所以 $$\Delta E_p=E'_p-E_p=\frac{5}{2}A-\frac{19}{3}B$$

2-18 **解题过程** (1)$x=a\cos\omega t$，$y=b\sin\omega t$

从两式中消去 t 得轨迹方程

$$\left(\frac{x}{a}\right)^2+\left(\frac{y}{b}\right)^2=1$$

轨迹为椭圆曲线运动.

(2) $v_x=\frac{dx}{dt}=-a\omega\sin\omega t,\ v_y=\frac{dy}{dt}=b\omega\cos\omega t$

在 A 点　　$\omega t=0,\ v_x=0,\ v_y=b\omega$

在 B 点　　$\omega t=\frac{\pi}{2},\ v_x=-a\omega,\ v_y=0$

在这两点的动能分别为

$$E_{kA}=\frac{1}{2}mv_y^2=\frac{1}{2}mb^2\omega^2$$

$$E_{kB}=\frac{1}{2}mv_x{}^2=\frac{1}{2}ma^2\omega^2$$

(3) $\boldsymbol{a}=\frac{d\boldsymbol{v}}{dt}=-a\omega^2\cos\omega t\boldsymbol{i}-b\omega^2\sin\omega t\boldsymbol{j}$

$$\begin{aligned}\boldsymbol{F}=m\boldsymbol{a}&=-ma\omega^2\cos\omega t\boldsymbol{i}-mb\omega^2\sin\omega t\boldsymbol{j}\\&=-m\omega^2(a\cos\omega t\boldsymbol{i}+b\sin\omega t\boldsymbol{j})=-m\omega^2\boldsymbol{r}\end{aligned}$$

此式表明此力永远指向坐标原点,而并不指向椭圆的焦点.

$$F_x=-m\omega^2x,\ F_y=-m\omega^2y$$

从 A 点到 B 点,两分力的功分别为

$$A_x=\int_a^0F_x\,dx=\int_a^0-m\omega^2x\,dx=\frac{1}{2}ma^2\omega^2$$

$$A_y=\int_a^bF_y\,dy=\int_0^b-m\omega^2y\,dy=-\frac{1}{2}mb^2\omega^2$$

(4)这两式表明两分力的功只决定于做功的起点与终点,而与路径无关,所以该力是一保守力.保守力做功的结果导致机械能守恒,势能转换为动能.

2-19 **分析**　弹簧静止时,由平衡条件

$$F-mg=k\Delta l-mg=0$$

$$\Delta l=2l_0-l_0=l_0=R$$

得　　$k=\frac{mg}{\Delta l}=\frac{mg}{R}$　　①

对重物进行受力分析如解 2-19 图所示.重物的运动方程为

切向　　$mg\sin2\theta-F\sin\theta=ma_t$　　②

法向　　$N+F\cos\theta-mg\cos2\theta=ma_n$　　③

$$a_n=\frac{v^2}{R}$$

解题过程　(1)重物在 B 点所受弹性力

$$F=kx=k(1.6R-l_0)=0.6mg$$

而 $v_B=0$,故 $a_t=g\sin2\theta-0.6g\sin\theta=5.88\text{m/s}^2$

$$a_n=0$$

由③式得 $N=mg\cos2\theta-0.6mg\cos\theta=-0.20mg$

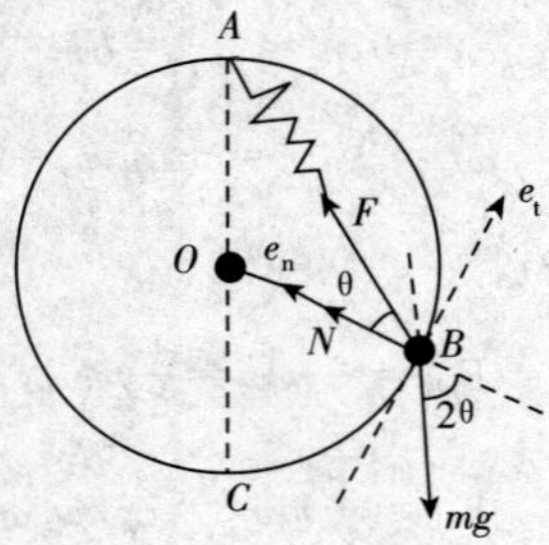

解 2-19 图

其中,"—"号表示方向与图示方向相反.

重物在 B 点的加速度 $a=\sqrt{a_t^2+a_n^2}=a_t=5.88\text{m/s}^2$

重物对圆环的正压力 $N'=-N=0.20mg\text{N}$

方向沿圆环径向指向环心.

(2)重物在 C 点时,由解 2-19 图可知,$\theta=0$,同时 $F=k(2R-l_0)=mg$,代入②、③两式,得

$$a_t=0,N=m\frac{v_C^2}{R} \quad ④$$

对重物 m、地球和弹簧系统,分别以重物在 B、C 点为始末态,根据机械能守恒有

$$E_{kB}+E_{pB}=E_{kC}+E_{pC}$$

取 C 点为重力势能零点,上式为

$$0+\frac{1}{2}k(1.6R-l_0)^2+mg(2R-1.6R\cos\theta)=\frac{1}{2}mv_C^2+\frac{1}{2}k(2R-l_0)^2 \quad ⑤$$

由④、⑤两式得 $N=0.8mg,v_C=\sqrt{0.8gR}$

$$a_n=\frac{v_C^2}{R}=0.8g=7.84\text{ m/s}^2$$

重物在 C 点的加速度 $a=\sqrt{a_t^2+a_n^2}=a_n=7.84\text{ m/s}^2$

方向指向环心.

重物对圆环的正压力 $N'=-N=-0.80mg\text{ N}$

方向与 N 相反,竖直向下.

小　结　重物位移变化,引起动能(速度)变化、弹力变化、加速度变化,并最终影响圆环正压力,合理应用运动学规律,找出它们之间的对应关系可求解.

2-20 解题过程 (1)把弹簧从 $x=0.50$ 拉到 $x=1.00$,弹簧弹力做功

$$A'=\int_{0.5}^{1.0}\boldsymbol{F}\cdot\mathrm{d}\boldsymbol{x}=-\int_{0.5}^{1.0}(52.8x+38.4x^2)\mathrm{d}x$$

$$=-(26.4x^2+12.8x^3)\Big|_{0.5}^{1.0}=-31\ \mathrm{J}$$

所以外力克服弹簧力做的功 $A=-A'=31\ \mathrm{J}$

(2)由(1)知弹簧从 $x=1.00$ 到 $x=0.50$ 弹簧弹力做功 $W=-A'=31\ \mathrm{J}$

由功能原理有 $\frac{1}{2}mv^2=W$

所以 $v=\sqrt{\frac{2W}{m}}=\sqrt{\frac{2\times 31}{2.17}}=5.35\ \mathrm{m/s}$

2-21 证明 设物体在 x 处的速度为 v_x,动能 $E_k=\frac{1}{2}mv_x^2$.

又 $E_k+E_p(x)=E$

所以 $\frac{1}{2}mv_x^2=E-E_p(x),v_x=\sqrt{\frac{2[E-E_p(x)]}{m}}$

又 $v_x=\frac{\mathrm{d}x}{\mathrm{d}t}$, $\mathrm{d}t=\frac{\mathrm{d}x}{v_x}=\frac{\mathrm{d}x}{\sqrt{\frac{2}{m}[E-E_p(x)]}}$

所以 $t=\int_0^t\mathrm{d}t=\int_0^x\frac{\mathrm{d}x}{\sqrt{\frac{2}{m}[E-E_p(x)]}}$

2-22 解题过程 (1)令 $\frac{\mathrm{d}E_p(r)}{\mathrm{d}r}=0$,可得

$$r=r_0$$

(2)当 $r=r_0$ 时,得分子势能极小值为

$$E_p(r)|_{r=r_0}=-E_0$$

(3)解方程 $E_p(r)=0$,得 $r=r_0/\sqrt[6]{2}$

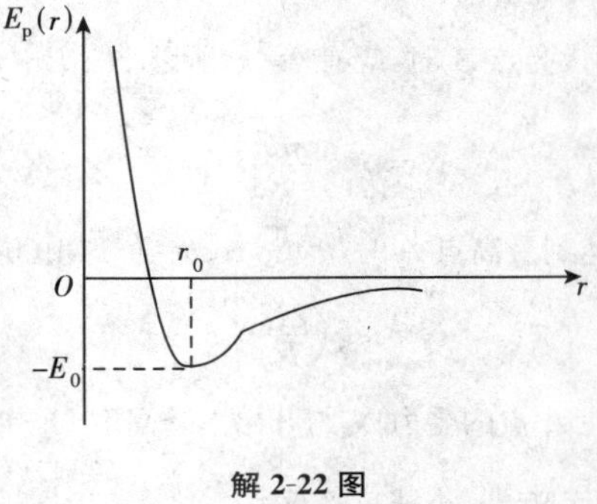

解 2-22 图

(4)根据下列数据作图,可确定势能曲线的变化趋势如解 2-22 图所示.

r/m	$r\to0$	$r=r_0/\sqrt[6]{2}$	$r=r_0$	$r\to+\infty$
$E_p(r)$/J	$E_p(r)\to+\infty$	$E_p(r)=0$	$E_p(r)=-E_0$	$E_p(r)\to0$

2-23 解题过程 (1)如解 2-23 图所示,设小球在圆形轨道上任意点为 B,由于轨道光滑,小球在运动过程中满足系统机械能守恒定律,其重力势能转化为动能,以圆形轨道最低点 C 为势能零点,得小球在圆形轨道上任意点 B 的运动方程为:$mgH-mg(R-R\cos\theta)=\dfrac{mv^2}{2}$ ①

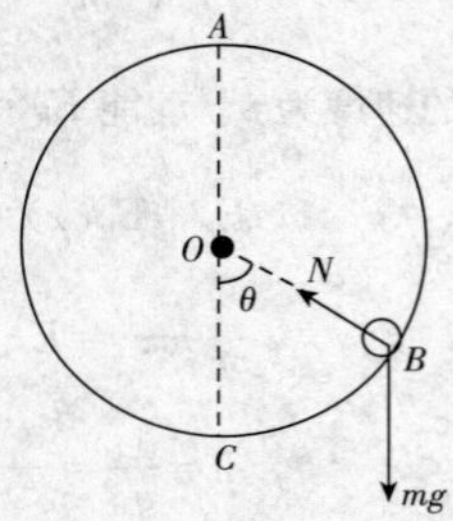

解 2-23 图

小球在任意点 B 所受向心力为:

$$N-mg\cos\theta=\frac{mv^2}{R} \qquad ②$$

联立①②得:

$$N=mg\left(\frac{2H}{R}-2+3\cos\theta\right) \qquad ③$$

要使小球沿圆形轨道运动一周而不脱离轨道,则需满足

$$N\geqslant0 \qquad ④$$

由③④得:

$$H\geqslant R-\frac{3}{2}R\cos\theta \qquad ⑤$$

当小球到达最高点 A 时,应有 $\theta=\pi$,所以 $H\geqslant R+\dfrac{3}{2}R=\dfrac{5}{2}R$

$$N=0,\quad \frac{mv^2}{R}=mg$$

(2)当小球达到最高点 A 时,$\theta=\pi$,$\cos\theta=-1$,由③式得

$$N=mg\left(\frac{2H}{R}-5\right)$$

可知,小球在 A 点的受力 N 与开始下降高度 H 有关

当 $H=\dfrac{5R}{2}$时,$N=0$,小球只受重力

当 $H>\frac{5R}{2}$时，$N>0$，小球受重力和方向竖直向下的支持力

当 $H<\frac{5R}{2}$时，小球将无法到达 A 点.

(3)当 $H=2R$ 时，小球将在某点脱离轨道作抛体运动，此时轨道受力 $N=0$，将 $H=2R$，$N=0$ 代入③式得：

$$\cos\theta=-\frac{2}{3}$$

所以 $\theta=131.8°$

由②式得，小球脱离轨道的速率为 $v=\sqrt{\frac{2Rg}{3}}$

2-24 解题过程 (1)把物体托住慢慢下放，物体的速度可忽略不计，设其平衡时弹簧最大伸长 x_0，弹性力 F_0，则

$$\begin{cases}F_0=kx_0\\F_0-mg=0\end{cases}\text{，得 } F_0=mg,\ x_0=\frac{mg}{k}$$

(2)将物体突然放手，物体的速度较大，需要考虑其动能与势能的转化，物体达到最低位置时，弹簧伸长 x_{max}，弹性力 F_{max}

由机械能守恒有 $\frac{1}{2}kx_{max}{}^2=mgx_{max}$

得 $x_{max}=\frac{2mg}{k}$ $\quad F_{max}=kx_{max}=2mg$

设物体经过平衡位置时速度为 v，则由机械能守恒有$\frac{1}{2}mv^2+\frac{1}{2}kx_0^2=mgx_0$

所以 $v=g\sqrt{\frac{m}{k}}=\sqrt{gx_0}$

2-25 解题过程 不计水的阻力，则小船与船上的人构成的系统水平方向不受力. 由动量守恒定律知，系统在水平方向动量守恒，设人相对水的速度 $\boldsymbol{v}_1$，船相对于水的速度 $\boldsymbol{v}_2$，则

$$m_{人}\boldsymbol{v}_1+m_{船}\boldsymbol{v}_2=0$$

所以 $\boldsymbol{v}_2=-\frac{m_{人}}{m_{船}}\boldsymbol{v}_1=-\frac{1}{2}\boldsymbol{v}_1$，$\boldsymbol{v}_2\,\mathrm{d}t=-\frac{1}{2}\boldsymbol{v}_1\,\mathrm{d}t$

设人从船尾走到船头，人相对于水面的位移 $\boldsymbol{x}_1$，船相对水面的位移 $\boldsymbol{x}_2$，则

$$\boldsymbol{x}_2=\int\boldsymbol{v}_2\,\mathrm{d}t=\int-\frac{1}{2}\boldsymbol{v}_1\,\mathrm{d}t=-\frac{1}{2}\boldsymbol{x}_1$$

得 $\boldsymbol{x}_1=-2\boldsymbol{x}_2$

上式中的负号表示人移动的方向与船相反.

所以 $x_1+x_2=l=3.6\ \mathrm{m}, x_1=2.4\ \mathrm{m}, x_2=1.2\ \mathrm{m}$

故船头移动了 1.2m，向船尾的方向移动.

2-26 解题过程 设将杆 OA 与竖直方向夹角由 60°转到 30°时，重物相对地面的水平方向速度分量为 $\boldsymbol{v}_1$，浮吊相对地面的速度为 $\boldsymbol{v}_2$

由于不计阻力，重物和浮吊在水平方向动量守恒，则

$$m\boldsymbol{v}_1+m_0=0$$

所以 $\boldsymbol{v}_1=-\dfrac{m_0}{m}\boldsymbol{v}_2=-10\boldsymbol{v}_2$，则 $\int \boldsymbol{v}_1\,\mathrm{d}t=-\int 10\boldsymbol{v}_2\,\mathrm{d}t$

即 $$\boldsymbol{x}_1=-10\boldsymbol{x}_2$$

其中，$\boldsymbol{x}_1$、$\boldsymbol{x}_2$ 表示重物、浮吊相对地面的位移，负号表示二者移动的方向相反. 而二者相对位移 $x=l\sin60°-l\sin30°=2.93\ \mathrm{m}$

又 $$x=x_1+x_2=11x_2$$

所以 $x_2=0.266\ \mathrm{m}$，向岸方向移动.

2-27 解题过程 取炮弹系统，建立坐标系 Oxy，设爆炸前炮弹的速度为 v'_0，爆炸后，B、C 两块速度的大小均为 v，并分别与 x 轴成 α 角和 θ 角，如解 2-27 图所示. 三块碎片的质量均为 m. 爆炸前后炮弹的动量守恒，可得

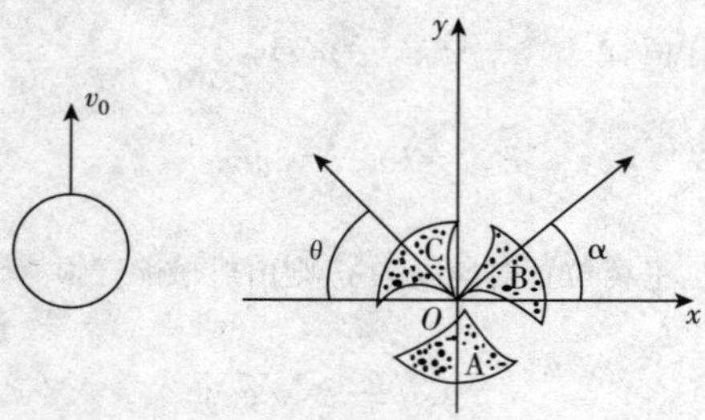

爆炸前　　爆炸后

解 2-27 图

x 方向 $$0=mv\cos\alpha-mv\cos\theta$$

y 方向 $$3mv'_0=mv\sin\alpha+mv\sin\theta$$

$$v'_0=v_0-gt$$

则 $$v=\frac{3(v_0-gt)}{2\sin\alpha}, \theta=\alpha$$

2-28 分析 取 A、B 两粒子为系统，建立坐标系 Oxy，如解 2-28 图所示. 设碰前 A 的质量为 M，速度为 $\boldsymbol{v}_{A0}$，沿 x 轴正方向，碰后的速率为 $\boldsymbol{v}_A$，与 x 轴正方向的夹角为 α，碰后 B 的质量为 m，速度为 $\boldsymbol{v}_B$，与 x 轴正方向夹角为 β.

解题过程 由动量守恒定律

x 方向 $$Mv_{A0}=mv_B\cos\beta+Mv_A\cos\alpha \quad ①$$

y 方向 $$0=Mv_A\sin\alpha-mv_B\sin\beta \quad ②$$

由机械能守恒定律

$$\frac{1}{2}Mv_{A0}^2=\frac{1}{2}mv_B^2+\frac{1}{2}Mv_A^2 \quad ③$$

由③式,得 $$v_B^2=\frac{M(v_{A0}^2-v_A^2)}{m} \quad ④$$

联立①、②、④式,可得

$$\cos\alpha=\frac{(M+m)v_A^2+(M-m)v_{A0}^2}{2Mv_{A0}v_A},\sin\beta=\frac{Mv_A}{mv_B}\sin\alpha$$

由已知,并且 $m=\frac{1}{2}M$,得

$$v_B=4.69\times10^6\ \text{m/s}$$

$$\cos\alpha=0.925,\sin\beta=0.8094$$

$$\alpha=22°20',\beta=54°4'$$

2-29 分析 取中子 A 和原子核 B 为系统. 建立坐标系 Oxy. 设碰前中子的速度为 $\boldsymbol{v}_{A0}$,沿 x 轴正方向,碰后的速度为 $\boldsymbol{v}_A$,与 x 轴正方向的夹角(散射角)为 α,碰后原子核的速度为 $\boldsymbol{v}_B$,与 x 轴正方向的夹角为 β,如解 2-29 图所示.

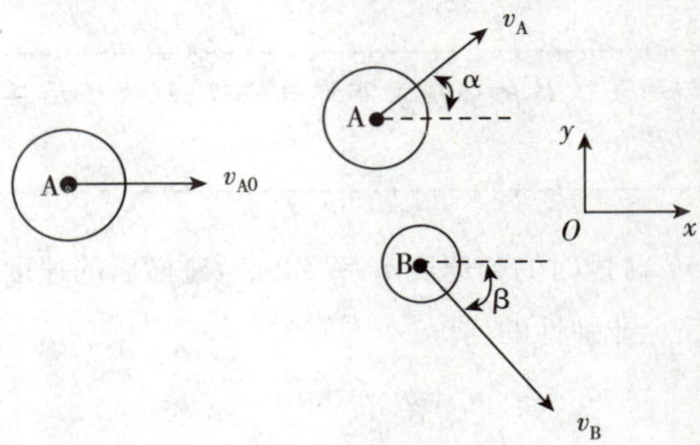

解 2-29 图

解题过程 由动量守恒定律

x 方向 $$mv_{A0}=m'v_B\cos\beta+mv_A\cos\alpha \quad ①$$

y 方向 $$0=mv_A\sin\alpha-m'v_B\sin\beta \quad ②$$

根据机械能守恒定律得

$$\frac{1}{2}mv_{A0}^2=E_0=\frac{1}{2}m'v_B^2+\frac{1}{2}mv_A^2 \quad ③$$

由于碰撞,中子动能损失

$$\Delta E_{km}=\frac{1}{2}m(v_{A0}^2-v_A^2)=E_0-\frac{1}{2}mv_A^2 \quad ④$$

由①、②、③式,可得

$$v_A^2-\frac{2\sqrt{2mE_0}}{m+m'}v_A\cos\alpha+2\frac{m-m'}{m(m+m')}E_0=0$$

将上式变换为

$$v_A^2-Bv_A\cos\alpha+C=0 \qquad ⑤$$

其中 $$B=\frac{2\sqrt{2mE_0}}{m+m'},C=2\frac{m-m'}{m(m+m')}E_0$$

在⑤式中,令$\frac{dv_A}{d\alpha}=0$,可得 $\sin\alpha=0$,据题意应取

$$\alpha=\pi$$

因$\left.\frac{d^2v_A}{d\alpha^2}\right|_{\alpha=\pi}>0$,所以 v_A 有极小值. 由④式可知,此时中子动能损失 ΔE_{km} 为最大.

将 $\alpha=\pi$ 代入②式,得 $\beta=0$

也就是说对心碰撞时 ΔE_{km} 为最大,碰撞后中子沿原入射方向被散射回去.

由⑤式可得

$$v_A=\frac{m'-m}{m'+m}\sqrt{\frac{2E_0}{m}}$$

代入④式即可得证.

小　结　注意中子 A 与原子核 B 的碰撞为非弹性碰撞,且碰撞后二者速度并不一定在同一直线上.

2-30 证明　设物体 m 与 m' 碰撞时的初速度 $v_0=\sqrt{2gh}$,碰撞后的速度为 v.

由于碰撞是完全非弹性的,有

$$(m'+m)v=mv_0$$

$$v=\frac{m}{m'+m}v_0$$

当弹簧压缩量最大时,对地面压力最大. 设最大压缩量为 Δl_{max},初始压缩量 $\Delta l=\frac{m'g}{k}$

以弹簧处于原长时为重力势能零点,由机械能守恒有

$$\frac{1}{2}(m'+m)v^2-(m'+m)g\Delta l+\frac{1}{2}k\Delta l^2$$

$$=\frac{1}{2}k\Delta {l_{max}}^2-(m'+m)g\Delta l_{max}$$

解得 $$\Delta l_{max}=\frac{(m'+m)g+mg\sqrt{1+\frac{2kh}{(m'+m)g}}}{k}$$

故弹簧对地的最大压力

$$F_{\max}=k\Delta l_{\max}=(m'+m)g+mg\sqrt{1+\frac{2kh}{(m'+m)g}}$$

2-31 证明 (1)小球第一次落地前的速度为 v_{10}，回跳的速度为 v_1，对于地面碰撞前后速度均为零，即

$$v_2=v_{20}=0$$

$$v_{10}=\sqrt{2gh}$$

设第一次碰撞后回跳的高度为 h_1

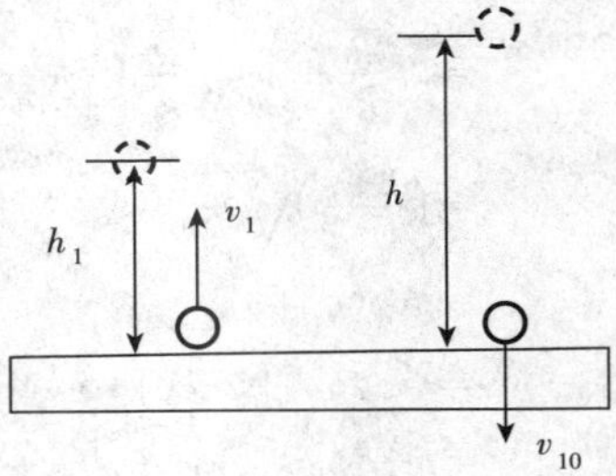

解 2-31 图

$$v_1=\sqrt{2gh_1}$$

恢复系数根据定义有 $e=\frac{v_2-(-v_1)}{v_{10}-v_{20}}=\frac{v_1}{v_{10}}$

式中 v_1 取负值，是因为 v_1 与 v_{10} 方向相反(如解 2-31 图)

$$v_1=ev_{10}$$

$$\sqrt{2gh_1}=e\sqrt{2gh}$$

故 $e^2h=h_1$

第一次回跳的来回时间为

$$2t_1=2\sqrt{\frac{2h_1}{g}}=2e\sqrt{\frac{2h}{g}}$$

设第二次回跳的高度为 h_2，同理有

$$\sqrt{2gh_2}=e\sqrt{2gh_1}$$

$$e^2h_1=h_2=e^4h$$

第二次回跳的来回时间为

$$2t_2=2\sqrt{\frac{2h_2}{g}}=2e^2\sqrt{\frac{2h}{g}}$$

由此类推，以后几次回跳来回时间分别为

$$2e^3\sqrt{\frac{2h}{g}},2e^4\sqrt{\frac{2h}{g}},\cdots$$

总的时间为

$$\begin{aligned}t&=t_0+2t_1+2t_2+\cdots\\&=\sqrt{\frac{2h}{g}}+2e\sqrt{\frac{2h}{g}}+2e^2\sqrt{\frac{2h}{g}}+\cdots\\&=\sqrt{\frac{2h}{g}}+2e\sqrt{\frac{2h}{g}}(1+e+e^2+\cdots)\\&=\sqrt{\frac{2h}{g}}+2e\sqrt{\frac{2h}{g}}\sum_{n=1}^{\infty}e^{n-1}\\&=\sqrt{\frac{2h}{g}}+2e\sqrt{\frac{2h}{g}}\left(\frac{1}{1-e}\right)\\&=\left(\frac{1+e}{1-e}\right)\sqrt{\frac{2h}{g}}\end{aligned}$$

(2)

$$\begin{aligned}s&=h+2h_1+2h_2+\cdots\\&=h+2he^2+2he^4+\cdots\\&=h+2he^2(1+e^2+e^4+\cdots)\\&=h+2he^2\sum_{n=0}^{\infty}e^{2n}\\&=h+2he^2\left(\frac{1}{1-e^2}\right)=\frac{1+e^2}{1-e^2}h\end{aligned}$$

2-32 **解题过程** 设释放处坐标为 y_0，t 时刻球与电梯底板在 y 处相碰. 球的位移为

$$y-y_0=-\frac{1}{2}gt^2$$

设初始时刻电梯位于 y'_0，则有

$$y-y'_0=v_0t$$

据题意有 $$y_0-y'_0=H=6.4\ \text{m}$$

小球与电梯底板碰撞前的速度为

$$v_{10}=-gt$$

碰撞前后电梯的速度不变

$$v_{20}=v_2=v_0=1.5\ \text{m/s}$$

碰撞满足关系 $$v_2-v_1=e(v_{10}-v_{20})$$

其中 v_1 为球的回跳速度.

设球回跳的高度为 y_2，根据机械能守恒定律，则

$$mgy_2=\frac{1}{2}mv_1^2+mgy$$

第一次回跳的最高点与释放处间距为

$$\Delta H=y_0-y_2$$

联立上述方程求解,可得

$$t=1\ \text{s}, v_1=7.15\ \text{m/s}$$

$$\Delta H=\frac{1}{2}gt^2-\frac{1}{2g}v_1^2\approx 2.3\ \text{m}$$

2-33 解题过程 设子弹的速度为 v_0,射入木块后的速度为 v,由动量守恒有

$$mv_0=(m'+m)v, \text{得 } v=\frac{m}{m'+m}v_0$$

此后木块向左滑动,弹簧压缩,设其最大压缩量为 l,则在此过程中摩擦力做功

$$W_f=-\mu(m'+m)gl$$

由功能原理有 $$-\mu(m'+m)gl=\frac{1}{2}kl^2-\frac{1}{2}(m'+m)v^2$$

整理后可得 $$v_0^2=\frac{\frac{1}{2}kl^2+\mu(m'+m)gl}{\frac{1}{2}\left(\frac{m^2}{m'+m}\right)}$$

$$v_0=\frac{1}{m}\sqrt{kl^2(m'+m)+2\mu(m'+m)^2gl}$$

代入数据得 $v_0=319$ m/s.

2-34 解题过程 如解 2-34 图所示,设铁块滑到劈尖底端时铁块相对于劈尖速度为 v_1,劈尖相对于地面速度为 v_2.

则铁块相对地面的速度 $v_x=v_1\cos\alpha-v_2$, $v_y=v_1\sin\alpha$.

由于系统水平方向不受外力,则水平方向动量守恒,

则 $m_0v_2=mv_x$,有 $v_1=\dfrac{m_0+m}{m\cos\alpha}v_2$.

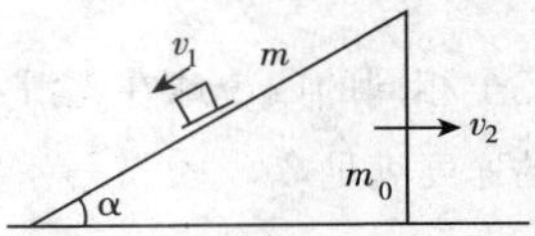

解 2-34 图

整个过程中由机械能守恒有

$$\frac{1}{2}m_0v_2^2+\frac{1}{2}m(v_x^2+v_y^2)=mgh$$

其中 $v_x=v_1\cos\alpha-v_2=\dfrac{m_0}{m}v_2$, $v_y=v_1\sin\alpha=\dfrac{m_0+m}{m}\tan\alpha v_2$

故可得 $$v_2=\sqrt{\frac{2m^2gh}{m_0(m+m_0)+(m_0+m)^2\tan^2\alpha}}$$

$$=m\cos\alpha\sqrt{\frac{2gh}{(m_0+m)(m_0+m\sin^2\alpha)}}$$

$$\left(\text{其中利用公式：}a+(a+b)\tan^2\alpha=\frac{(a+b\sin^2\alpha)}{\cos^2\alpha}\right)$$

2-35 解题过程 设 A 第一次与 B 碰撞后，B 的速度为 v_B，碰前 A 的速度为 v_A；第二次碰后，A、B 的速度分别为 v'_A、v'_B

由动量守恒有
$$\begin{cases}m_1v_A=m_2v_B\\m_2v_B=m_1v'_A+m_2v'_B\end{cases}$$

恢复系数
$$e=\frac{v_B-0}{v_A-0}=\frac{v_B}{v_A}=\frac{m_1}{m_2}=0.8$$

可得 $v'_A=v_B$，$v'_B=0.2v_B$

对于 A 球，由机械能守恒有
$$\begin{cases}m_1gl(1-\cos\theta_1)=\dfrac{1}{2}m_1v_A^2\\m_1gl(1-\cos\theta_2)=\dfrac{1}{2}m_1v'^2_A\end{cases}$$

又 $v_A'=v_B=0.8v_A$，且 $\theta_1=40°$

所以 $1-\cos\theta_2=0.64(1-\cos\theta_1)$，得 $\theta_2=31.8°$

2-36 解题过程 弹簧被压缩到最大时，m_1 和 m_2 以相同速度运动.

在整个压缩过程中，m_1、m_2 和弹簧组成的系统动量守恒、机械能守恒. 有

$$m_1v_0=(m_1+m_2)v$$

$$\frac{1}{2}m_1v_0^2=\frac{1}{2}(m_1+m_2)v^2+\frac{1}{2}kx^2$$

由以上两式解得

$$x=v_0\sqrt{\frac{m_1m_2}{k(m_1+m_2)}}$$

2-37 解题过程 大小相同，质量不完全相同的四个球在光滑水平面上，相邻两球之间发生完全弹性碰撞，碰撞前后的速度满足

$$v_1=\frac{(m_1-m_2)v_{10}+2m_2v_{20}}{m_1+m_2}$$

$$v_2=\frac{(m_2-m_1)v_{20}+2m_1v_{10}}{m_1+m_2}$$

对于 1、2 两球碰撞，$m_1=m_2=2m$，$v_{10}=v$，$v_{20}=0$，得 $v_1=0$，$v_2=v$，1、2 两球发生速度交换.

对于 2、3 两球碰撞，$m_2=2m$，$m_3=m$，$v_2=v$，$v_3=0$，得 $v_2=\dfrac{v}{3}$，$v_3=\dfrac{4}{3}v$.

对于 3、4 两球碰撞，$m_3=m_4=m$，$v_3=\dfrac{4}{3}v$，$v_4=0$，得 $v_3=0$，$v_4=\dfrac{4}{3}v$，3、4 两球发

生速度交换.

2、3两球将再次相碰，$m_2=2m, m_3=m, v_2=\frac{v}{3}, v_3=0$，得 $v_2=\frac{v}{9}, v_3=\frac{4}{9}v$.

以后满足 $v_1<v_2<v_3<v_4$，不会再发生相碰，所以各球的最终速度为

$$v_1=0, v_2=\frac{v}{9}, v_3=\frac{4}{9}v, v_4=\frac{4}{3}v.$$

2-38 **分析** 取坐标系 Ox，向下为正，原点位于地面. 设桩的侧面是 4 个矩形，进入地下 x 深度时，侧面积为$S_2=4x\sqrt{S_1}$，S_1 为桩的横截面积，桩所受阻力为

$$F=kS_2=4kx\sqrt{S_1}$$

解题过程 (1)桩依靠自重下沉 x_1 深度时，可认为在缓慢下沉过程中，桩所受的重力与泥土对它的阻力大小相等，方向相反，阻力所做的功在数值上与重力所做的功相等. 设桩的质量为 M，有

$$A_{重}=Mgx_1 \quad ①$$

桩下沉 x_1 深度时阻力做功的大小为

$$A_{阻}=\left|-\int_0^{x_1} F\mathrm{d}x\right|=\int_0^{x_1} 4kx\sqrt{S_1}\,\mathrm{d}x=2k\sqrt{S_1}\,x_1^2 \quad ②$$

$$A_{重}=A_{阻} \quad ③$$

得

$$x_1=\frac{Mg}{2k\sqrt{S_1}}=8.89\ \mathrm{m}$$

(2)设锤的质量为 m，打击速度为 v_{10}，对锤与地球系统，机械能守恒，则

$$mgh=\frac{1}{2}mv_{10}^2 \quad ④$$

设桩和锤作完全非弹性碰撞后，共同运动速度为 v，根据动量守恒定律，得

$$mv_{10}=(m+M)v \quad ⑤$$

设桩运动至 x_2 处静止，对锤和桩系统运用动能定理，有

$$A_{重}+A_{阻}=\Delta E_k=0-E_k \quad ⑥$$

其中

$$A_{阻}=-\int_{x_1}^{x_2} F\mathrm{d}x=-2k\sqrt{S_1}\,(x_2^2-x_1^2)$$

$$A_{重}=(m+M)g(x_2-x_1)$$

$$E_k=\frac{1}{2}(m+M)v^2$$

联立④、⑤、⑥式，可得

$$x_2=9.07\ \mathrm{m}$$

一锤能打下的深度为

$$\Delta x=x_2-x_1=0.18\ \mathrm{m}$$

(3)锤以反跳速度 v_1 反跳到高度 h_2 的过程中,根据机械能守恒定律,得

$$mgh_2=\frac{1}{2}mv_1^2 \qquad ⑦$$

设锤可提起的高度为 h,锤的打击速度为 v_{10},则高度为

$$h=40\ \text{m}-(38.5-35)\ \text{m}=36.5\ \text{m}$$

h 和 v_{10} 的关系仍可由④式表示.

设锤击后桩的速度为 v_2,根据动量守恒定律,得

$$mv_{10}=-mv_1+Mv_2 \qquad ⑧$$

桩由 $x_2=35$ m 运动到 x_3 深处,对桩根据动能定理,有

$$Mg(x_3-x_2)-2k\sqrt{S_1}(x_3^2-x_2^2)=-\frac{1}{2}Mv_2^2 \qquad ⑨$$

联立④、⑦、⑧、⑨式,得 $x_3=35.98$ m

一锤能打下的深度为

$$\Delta x=x_3-x_2=0.98\ \text{m}$$

若锤的提起高度仍为 $h=1$ m,则可得

$$x'_3=35.04\ \text{m},\Delta x'=x'_3-x_2=0.04\ \text{m}$$

2-39 解题过程 设火箭从地面竖直向上发射.取坐标系 Oy 竖直向上,原点 O 在地面上.取 t 时刻的火箭及其携带的喷射物为研究对象,质量分别为 M 和 $\mathrm{d}M$.

设 v 为物体系统在 t 时刻的绝对速度,u 为喷射物的绝对速度,则喷射物"从尾部喷出的速度"是相对速度 v',有

$$u=v'+v \quad 即 \quad v'=-(u+v)$$

t 时刻,物体系统的动量为

$$p(t)=(M+\mathrm{d}M)v$$

$t+\Delta t$ 时刻,物体系统的动量为

$$p(t+\Delta t)=M(v+\mathrm{d}v)-u\mathrm{d}M$$

在 Δt 时间内,物体系统所受合外力即重力为

$$F=-(M+\mathrm{d}M)g$$

根据动量定理 $F\mathrm{d}t=\mathrm{d}p$,得

$$M\mathrm{d}v-(u+v)\mathrm{d}M+Mg\mathrm{d}t+g\mathrm{d}M\mathrm{d}t=0$$

略去高阶小量 $\mathrm{d}M\mathrm{d}t$,火箭的加速度为

$$a=\frac{\mathrm{d}v}{\mathrm{d}t}=\frac{u+v}{M}\frac{\mathrm{d}M}{\mathrm{d}t}-g=-\frac{v'}{M}\frac{\mathrm{d}M}{\mathrm{d}t}-g$$

由于 $\frac{\mathrm{d}M}{\mathrm{d}t}<0$,所以 $a=\frac{v'}{M}\left|\frac{\mathrm{d}M}{\mathrm{d}t}\right|-g=26.2\ \text{m/s}^2$

2-40 解题过程 设电子质量为 m,绕氢核作匀速率圆周运动的速度为 v,基态的电子轨道半径为 r,

则电子对氢核的角动量为 $L=mvr$

而电子的角动量是量子化的，即

$$L=n\frac{h}{2\pi}$$

基态 $n=1$，故 $$v=\frac{h}{2\pi mr}$$

电子绕核运动的角速度为

$$\omega=\frac{v}{r}=\frac{h}{2\pi mr^2}=4.13\times10^{16}\text{ rad/s}$$

2-41 证明 由于质点所受合外力矩为

$$\boldsymbol{M}=0$$

$$\boldsymbol{L}=\boldsymbol{L}_0=\text{恒量} \qquad ①$$

即角动量的大小和方向都不变.

建立坐标系 $Oxyz$，取力心为坐标原点(解 2-41 图). 取 $\boldsymbol{L}$ 方向指向 z 轴正方向，则质点运动轨迹在 Oxy 平面内. 设质点的质量为 m，某时刻 t，位矢为 $\boldsymbol{r}$，速度为 $\boldsymbol{v}$，两者间的夹角为 α.

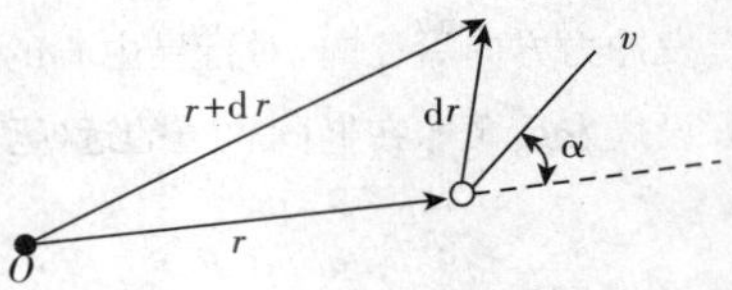

解 2-41 图

质点对力心的角动量为

$$L_z=|\boldsymbol{r}\times m\boldsymbol{v}|=mrv\sin\alpha \qquad ②$$

位矢扫过的面积速度为

$$\frac{dS}{dt}=\frac{1}{2}\frac{|\boldsymbol{r}\times d\boldsymbol{r}|}{dt}=\frac{1}{2}|\boldsymbol{r}\times\boldsymbol{v}| \qquad ③$$

根据①、②、③式，可得$\frac{dS}{dt}=\frac{L_z}{2m}=$恒量.

问题得证.

2-42 解题过程 地球绕太阳运动，而太阳对地球有万有引力，此力恒指向太阳，为向心力，故地球对太阳的角动量守恒.

(1)设地球在近日点时的速度为 v_2，远日点的速度为 v_1，则

$$m\boldsymbol{r}_2\times\boldsymbol{v}_2=m\boldsymbol{r}_1\times\boldsymbol{v}_1$$

又 $\boldsymbol{r}_2$ 的方向与 $\boldsymbol{v}_2$ 垂直，$\boldsymbol{r}_1$ 的方向与 $\boldsymbol{v}_1$ 垂直，则

$$mr_2v_2=mr_1v_1$$

所以 $$v_2=\frac{r_1 v_1}{r_2}=3.03\times10^4\ \text{m/s}$$

(2)设近日点和远日点处角速度分别为 ω_2、ω_1,则

$$\omega_2=\frac{v_2}{r_2}=\frac{3.03\times10^4}{1.47\times10^{11}}\text{rad/s}=2.06\times10^{-7}\text{rad/s}$$

$$\omega_1=\frac{v_1}{r_1}=\frac{2.93\times10^4}{1.52\times10^{11}}\text{rad/s}=1.93\times10^{-7}\text{rad/s}$$

2-43 **分析** 设行星质量为 M.

解题过程 (1)引力 $\boldsymbol{F}_1$ 提供飞船在作圆周运动时的向心力,则

$$|\boldsymbol{F}_1|=G\frac{Mm}{R_0^2}=m\frac{v_0^2}{R_0}$$

即 $$GM=v_0^2R_0 \quad ①$$

飞船在椭圆轨道运行时,仍受行星的引力 $\boldsymbol{F}$,有

$$|\boldsymbol{F}|=G\frac{Mm}{r^2} \quad ②$$

将①式代入②式即可得证.

(2)飞船所受爆发冲力方向沿径向,对行星中心的外力矩为零,因此爆发前后飞船的角动量守恒.设爆发后飞船在椭圆轨道的近(远)星点的矢径大小为 r,速度为 v,则

$$L=mR_0v_0=mrv \quad ③$$

爆发后飞船在椭圆轨道运动,飞船、行星系统的机械能守恒,有

$$\frac{1}{2}mv^2-G\frac{Mm}{r}=\frac{1}{2}m(v_0^2+v_r^2)-G\frac{Mm}{R_0} \quad ④$$

在①、③、④式中消去 M、v,得

$$v_0^2R_0^2\left(\frac{1}{r}\right)^2-2v_0^2R_0\cdot\frac{1}{r}+({v_0}^2-v_r^2)=0 \quad ⑤$$

求解⑤式,得近星点矢径大小为

$$r_1=\frac{R_0v_0}{v_0+v_r}$$

远星点矢径大小为 $r_2=\dfrac{R_0v_0}{v_0-v_r}$

飞船椭圆轨道的半长轴为

$$a=\frac{r_1+r_2}{2}=\frac{R_0v_0^2}{v_0^2-v_r^2}$$

半焦距为 $$c=\frac{r_2-r_1}{2}=\frac{R_0v_0v_r}{v_0^2-v_r^2}$$

半短轴为 $$b=\sqrt{a^2-c^2}=\frac{R_0 v_0}{\sqrt{{v_0}^2-v_r^2}}$$

将 a、b 代入椭圆方程 $\frac{x^2}{a^2}+\frac{y^2}{b^2}=1$，得

$$\frac{x^2}{\left(\frac{R_0\ {v_0}^2}{v_0^2-v_r^2}\right)^2}+\frac{y^2}{\frac{R_0^2 v_0^2}{v_0^2-v_r^2}}=1$$

2-44 解题过程 取相互碰撞的两粒子为系统. 建立坐标系 Oxy. 设碰前 m_0 的速度沿 x 轴正方向，碰后的速度为 $\boldsymbol{v}_A$，与 x 轴正方向的夹角为 α. 碰后 $2m_0$ 的速度为 $\boldsymbol{v}_B$，与 x 轴正方向的夹角为 β. 根据动量守恒定律

x 方向 $$m_0 v_0=m_0 v_A\cos\alpha+2m_0 v_B\cos\beta \quad ①$$

y 方向 $$0=m_0 v_A\sin\alpha-2m_0 v_B\sin\beta \quad ②$$

其中 $$v_A=\frac{1}{2}v_0,\ \alpha=45°$$

联立①、②两式，得

$$v_B=\frac{v_0}{4}\sqrt{5-4\cos\alpha}=0.368v_0$$

$$\sin\beta=\frac{v_0}{4v_B}\sin\alpha=0.480$$

由于 β 在第四象限，所以 $|\beta|=28°41'$

2-45 解题过程 卫星在轨道的机械能为动能和势能的总和，即

$$E=E_k+E_p$$

设地球质量为 M，人造卫星的速度为 v，则 $L=mvr$

其中，势能为 $$E_p=\frac{-GmM}{r}=-\frac{L^2}{mr^2}$$

动能为 $$E_k=\frac{1}{2}mv^2=\frac{1}{2}m\cdot\left(\frac{L}{mr}\right)^2=\frac{L^2}{2mr^2}$$

所以 $$E=E_k+E_p=-\frac{L^2}{2mr^2}$$

2-46 分析 本题中，卫星对地球中心的角动量守恒，地球—卫星系统的机械能守恒，联合开普勒第二定律求得地球同步卫星沿椭圆轨道运动的周期.

解题过程 (1)设地球质量为 M，卫星质量为 m，卫星在椭圆轨道的近地点距地球中心为 r_1，速度为 v_1，远地点距地球中心为 r_2，速度为 v_2，卫星在这两处的速度均垂直于这两处的矢径，由卫星—地球系统的机械能守恒定律，有

$$\frac{1}{2}mv_1^2-G\frac{Mm}{r_1}=\frac{1}{2}mv_2^2-G\frac{Mm}{r_2} \quad ①$$

由卫星对地球中心的角动量守恒定律，有

$$L=mv_1r_1=mv_2r_2 \quad ②$$

由开普勒第二定律，有 $\frac{\mathrm{d}s}{\mathrm{d}t}=\frac{L}{2m}=\frac{v_1r_1}{2}=\frac{v_2r_2}{2}$ ③

将③代入①，消去 v_1，v_2 得

$$\left(\frac{\mathrm{d}s}{\mathrm{d}t}\right)^2=\frac{1}{2}GM\left(\frac{r_1r_2}{r_1+r_2}\right) \quad ④$$

设 $a=\frac{1}{2}(r_1+r_2)$，$b=\sqrt{r_1r_2}$，则椭圆面积为 $S=\pi ab$，设卫星运动一周的时间为 T，有

$$\frac{\mathrm{d}s}{\mathrm{d}t}=\frac{S}{T}=\frac{\pi ab}{T} \quad ⑤$$

由地球表面物体所受向心力得

$$m_0g=G\frac{Mm_0}{R^2}$$

即 $GM=R^2g$ ⑥

将⑥代入⑤得 $T=\frac{2\pi a^{2/3}}{R\sqrt{g}}=\frac{\pi(r_1+r_2)^{3/2}}{R\sqrt{2g}}$ ⑦

其中，$R=6371\text{km}$，$r_1=6371\text{km}+190\text{km}=6561\text{km}$，$r_2=42871\text{km}$

所以 $T=\frac{3.14\times(6561\times10^3+42871\times10^3)^{3/2}}{6371\times10^3\times\sqrt{2\times9.8}}$

(2)设圆形轨道半径为 x，另知地球同步卫星的运动周期为 24h，由式⑦得

$$x=a=\left(\frac{TR\sqrt{g}}{2\pi}^{2/3}\right)=\left(\frac{24\times3600\times6371\times10^3\times\sqrt{9.8}}{2\times3.14}\right)^{2/3}$$

$$=42222\ \text{km}$$

即地球同步卫星离地球表面高度为

$$h=x-R=35851\ \text{km}$$

同步卫星绕地球运动速率为

$$v=\frac{2\pi x}{T}=\frac{2\times3.14\times4.22\times10^7}{24\times3600}\text{m/s}=3.07\times10^3\text{m/s}$$

第三章
刚体和流体的运动

本章知识要点

1. 自由度、转动惯量的定义及定轴转动定律的内容及应用.
2. 定轴转动中的功能关系.
3. 刚体的定轴转动中的角动量定理及角动量守恒定律的内容及应用.

知识点归纳

一、刚体绕定轴转动的运动学描述

1. 自由度

自由度指决定某个系统在空间的位置所需要的独立坐标的数目.

2. 转动惯量

$$J=\sum_i \Delta m_i r_i^2 \text{ 或 } J=\int r^2\,\mathrm{d}m$$

刚体转动惯量不仅与刚体的总质量、刚体质量相对转轴的分布有关,还与转轴的位置有关.

3. 刚体绕定轴转动的转动定律

刚体所受的外力对转轴的力矩之和等于刚体对该轴的转动惯量与刚体的角加速度的乘积,即

$$M=J\alpha=J\frac{\mathrm{d}\omega}{\mathrm{d}t}$$

式中,M 是对某定轴的合外力矩,在定轴转动的情况下是代数量,其方向可用±表示,J,ω,α 也均是对该定轴而言.

二、刚体绕定轴转动的功和能

1. 刚体转动动能

刚体绕定轴转动时,各质点动能的总和就是刚体的转动动能.

$$E_k=\frac{1}{2}J\omega^2$$

2. 力矩的功

$$A=\int_{\theta_1}^{\theta_2}M\mathrm{d}\theta$$

3. 刚体绕定轴转动的动能定理

合外力矩所做的功等于刚体转动动能的增量.

$$\int_{\theta_1}^{\theta_2}M\mathrm{d}\theta=\frac{1}{2}J\omega_2^2-\frac{1}{2}J\omega_1^2$$

4. 刚体的重力势能

刚体的重力势能决定于刚体重心距势能零点的高度.

$$E_p=mgh_C$$

三、刚体绕定轴转动的角动量

1. 刚体的角动量

刚体绕定轴转动时,各质点对轴的角动量总和就是刚体的角动量,即

$$L=J\omega$$

2. 刚体的角动量定理

对一固定轴的合外力矩等于刚体对该轴的角动量对时间的变化率,即

$$M=\frac{\mathrm{d}L}{\mathrm{d}t}=\frac{\mathrm{d}}{\mathrm{d}t}(J\omega)$$

3. 角动量守恒定律

系统(包括刚体)对某定轴的合外力矩为零时,系统对该轴的角动量守恒,即当 $M=0$ 时

$$J\omega=\text{常量}$$

4. 刚体进动的角速度公式

外力矩为 M,自转角动量为 L,则进动角速度为

$$w=\frac{M}{L}$$

四、流体的伯努利方程

$$p_1+\frac{1}{2}\rho v_1^2+\rho gh_1=p_2+\frac{1}{2}\rho v_2^2+\rho gh_2$$

或
$$\frac{p}{\rho g}+\frac{v^2}{2g}+h=常量$$

复习思考题解答

3-1-1 火车在拐弯时所作的运动是不是平动?

解题过程 火车在拐弯时所作的运动不是平动. 平动要求物体上所有点的运动速度相同. 而火车在拐弯时,每一点的运动速度是不同的.

3-1-2 地球自西向东自转,它的自转角速度矢量指向什么方向?

解题过程 地球沿地轴由西向东转动,根据右手螺旋法则可知,角速度方向由南极指向北极,如答3-1-2图所示.

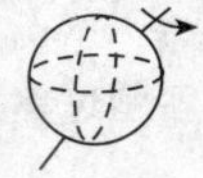

答 3-1-2 图

3-2-1 假定一次内部爆炸在地面上开出巨大的洞穴,它的表面被向外推出,这对地球绕自身轴的转动和绕太阳的转动有何影响?

解题过程 地球绕太阳转动时,由于地球尺寸远远小于地球与太阳间的距离,因此在考虑地球公转时,可把地球看做质点处理,因此即使地球表面发生某些质量分布的改变,对质点模型也不会有影响,地球公转的周期不会有明显的改变.

3-2-2 对静止的刚体施以外力作用,如果合外力为零,刚体会不会运动?

解题过程 对刚体施加外力作用,如果合外力为零,若刚体开始时处于运动状态,刚体会一直运动;如果刚体开始处于静止状态,刚体也有可能运动. 因为如果合外力的作用不在同一条直线上,则对刚体上的某点,刚体的合外力矩不一定为零,刚体可能运动. 例如,在光滑水平面上,一匀质杆的两端各施加一垂直于杆的大小相等、方向相反的力,杆将绕质心轴转动.

3-2-3 如果刚体转动的角速度很大,那么(1)作用在它上面的力是否一定很大?(2)作用在它上面的力矩是否一定很大?

解题过程 刚体转动时,作用在它上面的力与质心的加速度 a_C 有关,力矩与刚体转动的角加速度 α 有关,而转动的角速度 ω 很大,并不能推出 a_C 与 α 很大,由刚体转动时的动力学方程为 $\sum F_i=ma_C$, $\sum M_i=J\frac{\mathrm{d}\omega}{\mathrm{d}t}=J\alpha$ 知,不能推出作用在它上面的力与力矩一定很大.

3-2-4 为什么在研究刚体转动时,要研究力矩的作用? 力矩和哪些因素有关?

解题过程 刚体转动时,刚体上任一点对转轴的速度 $v_i=\omega\times r_i$,加速度 $a_i=\alpha\times r_i$,显然刚体上各点对转轴的速度、加速度不相同,刚体对转轴的角动量 $L_z=J\omega$,则 $\frac{\mathrm{d}L_z}{\mathrm{d}t}=J\frac{\mathrm{d}\omega}{\mathrm{d}t}=\sum m_i r_i^2\alpha$.
经过推导又得出 $\frac{\mathrm{d}L_z}{\mathrm{d}t}\sum F_i\times r_i=\sum M_i$,因此要研究刚体的转动,必须研究对转轴的力

矩.由上面给出的力矩计算式知,力矩不仅与各外力的大小、方向有关,还与作用点到转轴的位矢有关.

3-3-1 对刚体定轴转动,若用积分$\int \boldsymbol{M}\cdot\boldsymbol{\omega}\mathrm{d}t$来计算外力矩做功时,因为力矩$\boldsymbol{M}$和角速度$\boldsymbol{\omega}$与转轴有关,所以做功也与转轴有关,你认为对吗?为什么?

解题过程 不对.由公式$\boldsymbol{M}\cdot\boldsymbol{\omega}=(\boldsymbol{r}\times\boldsymbol{F})\cdot\boldsymbol{\omega}=(\boldsymbol{\omega}\times\boldsymbol{r})\cdot\boldsymbol{F}=-\boldsymbol{v}\cdot\boldsymbol{F}$可以得出做功与转轴无关.

3-3-2 刚体作定轴转动时,其动能的增量只取决于外力对它所做的功,而与内力的作用无关.对于非刚体是否也是这样?为什么?

解题过程 对于非刚体不是这样.因为只有对于刚体,各质点的相对距离始终不变,内力不做功;而对于非刚体,质点之间相对距离可能会发生变化,其动能的增量也与内力有关.

3-3-3 对于定轴转动时的刚体,计算了转动动能,是否还要计算平动动能?

解题过程 不需要.因为将物体看做一个整体,该物体绕定轴转动,位移没有发生变化,没有平动动能的变化,故不需要计算平动动能.

3-3-4 一根均匀细棒绕其一端在铅直平面内转动,如从水平位置转到铅直位置时,其势能变化多少?

解题过程 设均匀细棒长度为l,当细棒在水平位置时,质心位于l高度,当转动到铅直位置时质心位于$l/2$处,则势能变化为$\frac{1}{2}mgl$.

3-4-1 两个同样大小的轮子,质量也相同.一个轮子的质量均匀分布,另一个质量主要集中在轮缘.问:

(1)如果作用在它们上面的外力矩相同,哪个轮子转动的角加速度较大?

(2)如果它们的角加速度相等,作用在哪个轮子上的力矩较大?

(3)如果它们的角动量相等,哪个轮子转得快?

解题过程 (1)由转动惯量定义$J=\int r^2\mathrm{d}m$知,质量均匀分布的轮子转动惯量J_1小于质量分布在轮缘的转动惯量J_2,即$J_1<J_2$.若两个轮子的力矩相等,即$M_1=M_2$,又因为$M=J\alpha$,所以$J_1\alpha_1=J_2\alpha_2$,得$\alpha_1>\alpha_2$,即质量均匀分布的轮子角加速度较大.

(2)两个轮子的角加速度相等$\alpha_1=\alpha_2$,则$M_1=J_1\alpha_1<J_2\alpha_2=M_2$,即质量分布在轮缘的轮子所受力矩较大.

(3)两轮的角动量相等,即$L_1=L_2$,又$L=J\omega$,则$J_1\omega_1=J_2\omega_2$,可得$\omega_1>\omega_2$,即质量均匀分布的轮子角速度较大.

3-4-2 一个转动着的飞轮,如不供给它能量,最终将停下来.试用转动定律解释这个现象.

解题过程 一个转动着的飞轮,如果不供给它能量,最终必将停止.因为飞轮转动过程中受到摩擦阻力及空气阻力,这些阻力对飞轮做负功.由动能定理知,飞轮的动能不断减小,由$E_k=$

$\frac{1}{2}J\omega^2$ 知飞轮的转速不断减小,最终停止转动.

3-4-3 将一个生鸡蛋和一个熟鸡蛋放在桌上分别使其旋转,如何判定哪个是生的,哪个是熟的?为什么?

解题过程 将一个生鸡蛋和一个熟鸡蛋放在桌子上分别使其旋转,很快停止转动的是生鸡蛋,转动时间较长并且转动相对稳定的是熟鸡蛋.因为熟鸡蛋内部凝结成固态,可看做刚体,转动起来后,对质心轴的转动惯量可以认为是不变的常量,其角速度减小比较缓慢,因此可以长时间转动.而对于生鸡蛋,由于其内部是非均匀分布的流体,旋转后,会使内部晃动,转轴不稳定,转动惯量也不断变化,这是因为内摩擦的损耗使动能迅速减小,很快就停了下来.

3-4-4 两个同样的小孩,分别抓住跨过定滑轮绳子的两端,一个人用力往上爬,另一个不动,问哪一个先到达滑轮处?如果小孩重量不相等,情况又如何?

解题过程 将两个小孩、定滑轮、绳子取为系统,对此系统分析角动量与外力矩的关系.设两个小孩质量分别为 m_1、m_2,定滑轮半径为 R,系统所受外力只有两个小孩的重力,因此系统所受合外力矩为 $M_{外}=m_1gR-m_2gR$(对滑轮中心的外力矩),则系统对滑轮中心的角动量 $L=m_2v_2R-m_1v_1R$,v_1 和 v_2 分别为两小孩相对地面沿绳向上运动的速度.由于两小孩质量相等,$m_1=m_2$,所以 $M_{外}=0$.又 $M_{外}=\frac{dL}{dt}$知 L 为常量,而最初时刻,两小孩子均静止,而 $v_{10}=v_{20}=0$,得 $L_0=0$,故 $L=0$,由此可得 $v_1=v_2$,即任何时刻两小孩速度相等.故两小孩同时到达,若两小孩质量不等,不妨设 $m_1>m_2$,则 $M_{外}>0$,即$\frac{dL}{dt}>0$.又我们知道 $L_0>0$,所以 $L_1>0$,$v_2>v_1$,即质量为 m_2 的小孩的速度任何时刻比质量为 m_1 的大,故先到达.结论是质量较轻的小孩先到达滑轮.

3-4-5 直升机的尾部装有一个尾桨,试问它起什么作用?

解题过程 直升机的立旋翼顺时针转动,对机身产生逆时针方向的反扭力,尾桨用来产生顺时针方向的推力,以抵消主旋翼的反扭力.

3-5-1 骑自行车拐弯时,譬如想向左转,骑车人只需把身体的重心偏向左边,无需向左转动车把,试解释之.如果骑车人只向左转动车把,将出现什么情况?

解题过程 骑自行车左转时,只需把身体的重心偏向左边是因为重力的分力会提供一个向左的向心力,使车向左转.如果只转动车把,没有转弯需要的向心力,人会摔倒.

习题全解

3-1 解题过程 (1)当时间到达 $t=0.50\text{s}$ 时,轮的角速度 $\omega=2\pi n=20\pi\text{rad/s}$

由于轮均匀加速,不妨设其角加速度为 α,则 $\omega=\alpha t$

由此可得 $\alpha=\dfrac{\omega}{t}=40\pi\text{rad/s}^2=1.26\times10^2\text{ rad/s}^2$

设飞轮在这段时间转过的角度为 θ，则由 $\theta=\dfrac{1}{2}\alpha t^2$

得 $\theta=5\pi\text{rad}$，故飞轮转过的转数 $N=\dfrac{\theta}{2\pi}=2.5$ 转.

(2)飞轮绕过中心转轴的转动惯量 $J=\dfrac{1}{2}mR^2$

由 $M_{外}=FR=J\alpha$

得 $F=\dfrac{J\alpha}{R}=\dfrac{1}{2}mR\alpha=\left(\dfrac{1}{2}\times5.0\times0.15\times40\pi\right)\text{N}=47.12\text{N}$

由动能定理，有 $W=\Delta E_k=\dfrac{1}{2}J\omega^2=\dfrac{1}{4}mR^2\omega^2=111.03\text{J}$.

(3)当 $t'=10\text{s}$ 时，飞轮的角速度

$$\omega'=\alpha t'=400\pi\text{rad/s}=1.26\times10^3\text{ rad/s}$$

轮缘上一点的速度 $v=\omega' R=60\pi\text{m/s}=1.89\times10^2\text{ m/s}$

切向加速度 $a_t=R\alpha=6\pi\text{m/s}^2=18.9\text{m/s}^2$，法向加速度 $a_n=\omega'^2R=2.38\times10^5\text{ m/s}^2$.

总加速度 $a=\sqrt{a_t^2+a_n^2}=2.38\times10^5\text{ m/s}^2$

3-2 解题过程

$$J=mR^2=m\frac{d^2}{4}=60\times\frac{0.5^2}{4}=3.75\text{kg}\cdot\text{m}^2$$

$$n_0=1000\text{r/min}=\frac{1000}{60}\text{r/s}=\frac{50}{3}\text{r/s}$$

$$\omega_0=2\pi n_0=2\pi\times\frac{50}{3}=104.7\text{rad/s}$$

当 $t=5\text{s}$ 时

$$\alpha=\frac{\omega-\omega_0}{\Delta t}=\frac{0-104.7}{5-0}=-20.9\text{rad/s}^2$$

选择顺时针方向为转动正方向(如解 3-2 图)，分别对制动杆及飞轮应用转动定律，得到

$$F(l_1+l_2)-Nl_1=0 \quad ①$$

$$-fR=J\alpha \quad ②$$

而 $$f=\mu N \quad ③$$

白①、②、③式解得

$$F=-\left(\frac{l_1}{l_1+l_2}\right)\frac{J\alpha}{\mu R}=\left(\frac{-0.5}{0.5+0.75}\right)\times\frac{3.75\times(-20.9)}{0.4\times0.25}=314\text{N}$$

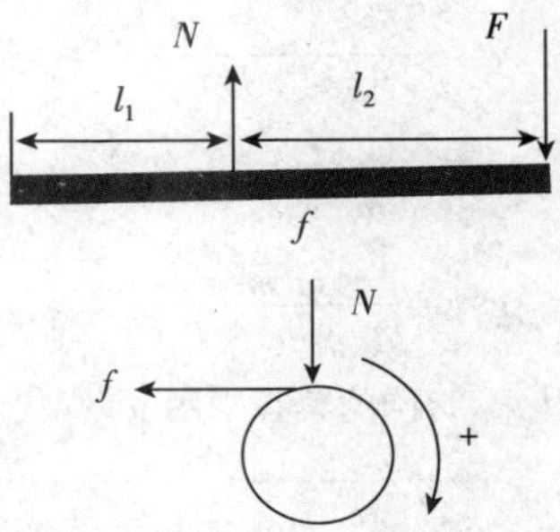

解 3-2 图

3-3 分析 选取物体 1、2 和滑轮为研究对象，分别应用牛顿第二定律，列方程求解.

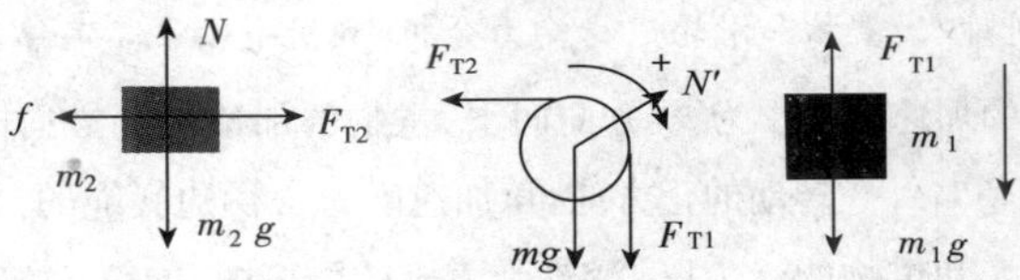

解 3-3 图

解题过程 (1)对物体 1、2 分别应用牛顿第二定律(解 3-3 图)，得到

$$\begin{cases} m_1g-F_{T_1}=m_1a \\ F_{T_2}-f=m_2a \\ N-m_2g=0 \end{cases}$$

对滑轮应用转动定律

$$F_{T_1}r-F_{T_2}r=J\alpha$$

$$f=\mu N$$

$$a=r\alpha$$

从上面六式解得 $a=\dfrac{m_1g-\mu m_2g}{m_1+m_2+J/r^2}$

$$F_{T_1}=\frac{m_1g(m_2+\mu m_2+J/r^2)}{m_1+m_2+J/r^2}$$

$$F_{T_2}=\frac{m_2g(m_1+\mu m_1+\mu J/r^2)}{m_1+m_2+J/r^2}$$

(2)当 $\mu=0$ 时，上面的方程变为

$$\begin{cases} m_1g-F_{T_1}=m_1a \\ F_{T_2}=m_2a \\ F_{T_1}r-F_{T_2}r=J\alpha \\ a=r\alpha \end{cases}$$

解得
$$a=\frac{m_1 g}{m_1+m_2+J/r^2}$$

$$F_{T_1}=\frac{m_1 g(m_2+J/r^2)}{m_1+m_2+J/r^2}$$

$$F_{T_2}=\frac{m_1 m_2 g}{m_1+m_2+J/r^2}$$

这一结果也可以从第(1)问的解答中用 $\mu=0$ 代入得到.

小　结　从解答中可以看到，m_1、m_2 和 J/r^2 具有相同的量纲，J/r^2 可以看做是将转动惯性转换成平动惯性的等效质量.

3-4 分析　本题分别对人、重物和滑轮进行受力分析，利用牛顿第二定律求解.

解题过程　设人的加速度大小为 a，方向向下，重物的加速度 a 方向向上. 设定滑轮的半径为 R，以逆时针为转动的正方向，角加速度为 α. 两边轻绳的拉力分别为 F_{T_1} 和 F_{T_2}，分别作人和重物的受力图、滑轮受力矩的隔离图，如解 3-4 图所示. 根据牛顿第二定律，对人、重物和滑轮分别有

$$mg-F_{T_1}=ma$$

$$F_{T_2}-\frac{m}{2}g=\frac{m}{2}a$$

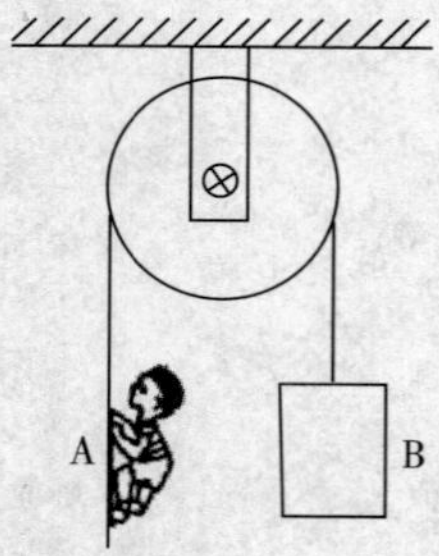

习题 3-4 图

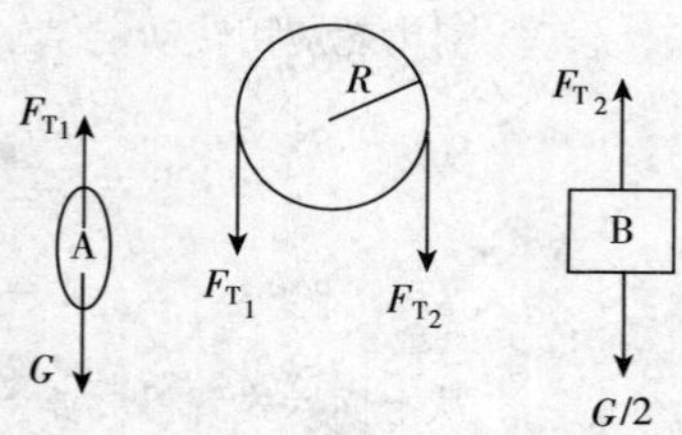

解 3-4 图

$$RF_{T_1}-RF_{T_2}=J\alpha\left(J=\frac{m}{4}R^2\right)$$

$$a=R\alpha$$

解上述方程可得　$a=\dfrac{2}{7}g$

3-5 解题过程　受力分析如解 3-5 图所示，A 和 B 两物体加速度不同，设 A 的加速度大小为 a_A，B 的加速度大小为 a_B，圆盘顺时针转动，角加速度为 α.

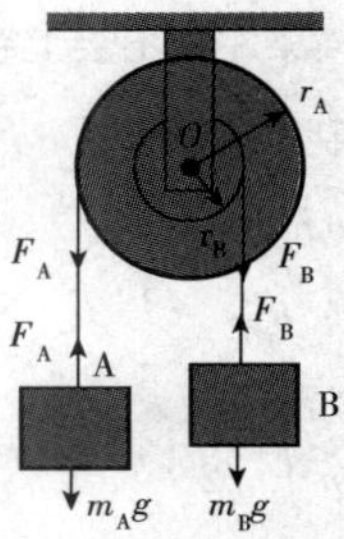

解 3-5 图

对 A 有：　$F_A - m_A g = m_A a_A$

对 B 有：　$m_B g - F_B = m_B a_B$

对圆盘有：　$r_B F_B - r_A F_A = J\alpha$

$$\alpha = \frac{a_A}{r_A} = \frac{a_B}{r_B}$$

由以上 4 式解得　$m_B = \dfrac{J a_A + m_A r_A^2 (g + a_A)}{r_A r_B g - r_B^2 a_A}$

3-6 解题过程 已知横梁对固定轴的支撑力为 F_N，则固定轴对横梁的反作用力为 F'_N，有 $F_N = F'_N$

对圆盘有　$F_N = mg + F$

根据转动定律有　$J\dfrac{d\omega}{dt} = rF - \alpha F_N$

可得　$\dfrac{d\omega}{dt} = \dfrac{rF - \alpha F_N}{J} = \dfrac{rF - \alpha(mg + F)}{mr^2/2}$

对横梁有　$F'_N = F_{NL} + F_{NR} = F_N = mg + F$

对横梁右端，根据受力矩平衡有

$$aF'_N = \alpha F_N + 2aF_{NL}$$

同理，对横梁左端，有　$aF'_N = 2aF_{NR} - \alpha F_N$

由上述两式得　$F_{NR} = \dfrac{1}{2}(F + mg)\left(1 + \dfrac{\alpha}{a}\right)$

$$F_{NL} = \frac{1}{2}(F + mg)\left(1 - \frac{\alpha}{a}\right)$$

如果逐渐增大 F，对圆盘转动仍有

$$J\frac{d\omega}{dt} = rF - \alpha F_N > 0,\text{即 } rF > \alpha F_N$$

若横梁左端上翘，对横梁右端有

$$rF > \alpha F_N > \alpha F'_N = aF_N = a(F + mg)$$

因为 $\alpha > r$，故上式不成立.

所以,如果逐渐增大 F,横梁左端不会上翘.

3-7 解题过程 (1)受力分析如解 3-7 图所示,有

$$mg-F=ma$$

$$RF=J\alpha$$

$$a=R\alpha$$

$$J=m_0R^2/2$$

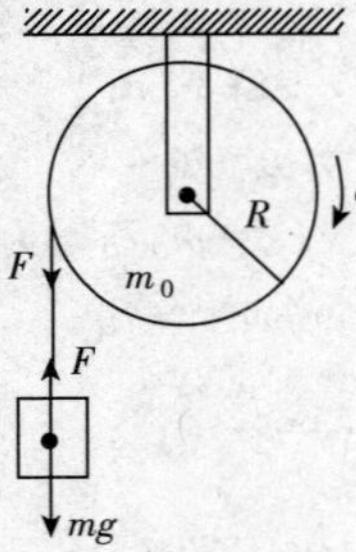

解 3-7 图

由以上方程解得

$$\alpha=\frac{mgR}{mR^2+J}=\frac{2mg}{2mR+m_0R}$$

$$=\frac{2\times5.00\times9.8}{2\times5.00\times0.10+2.00\times0.10}\text{rad/s}^2$$

$$=81.67\text{rad/s}^2$$

(2)定滑轮作匀角加速度运动,有

$$\omega=\omega_0-\alpha t$$

得 $$t=\frac{\omega_0-\omega}{\alpha}=\frac{10-0}{81.67}\text{s}=0.122\text{s}$$

定滑轮转过的角度为 $\theta=\omega_0t-\frac{1}{2}\alpha t^2=10\times0.122-\frac{1}{2}\times81.67\times0.122^2\text{ rad}$

$$=0.61\text{rad}$$

物体上升高度为 $h=R\theta=0.1\times0.61\text{m}=6.1\times10^{-2}\text{m}=6.1\text{cm}$

(3)当物体回到原来位置时,定滑轮的角速度为

$$\omega=\sqrt{2\alpha\theta}=\sqrt{2\times81.67\times0.61}\text{ rad/s}=10\text{rad/s}$$

3-8 解题过程 对圆柱进行受力分析,如解 3-8 图所示. 设圆柱体质量均匀分布,质心的线加速度为 a_C,角加速度为 α,并设两绳的张力均为 T.

圆柱体相对两绳作纯滚动 $a_C=R\alpha$

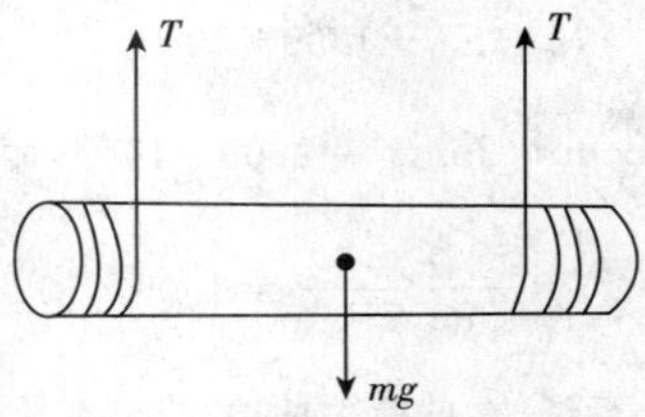

解 3-8 图

根据质心运动定理，得 $mg-2T=ma_C$

根据转动定律，得　$2TR=J\alpha$

其中，J 为对质心轴的转动惯量，$J=\dfrac{1}{2}mR^2$，则

$$T=\frac{mg}{6}$$

$$a_C=\frac{mg-2T}{m}=\frac{2}{3}g$$

3-9 解题过程　当其转速为 $n_1=30\text{r/min}$ 时，其角速度 $\omega_1=\dfrac{2n_1\pi}{60}=\pi\text{rad/s}$

动能　$E_{k1}=\dfrac{1}{2}J\omega_1^2=1.97\times10^4\text{J}$

当转速 $n_2=10\text{r/min}$ 时，其角速度 $\omega_2=\dfrac{2n_2\pi}{60}=\dfrac{\pi}{3}\text{rad/s}$

动能　$E_{k2}=\dfrac{1}{2}J\omega_2^2=2.19\times10^3\text{J}$

则外力对飞轮做的功　$A=\Delta E=E_{k2}-E_{K1}=-1.75\times10^4\text{J}$

故飞轮对外力做的功　$A'=1.75\times10^4\text{J}$

3-10 解题过程　(1)设脉冲星的角速度为 $\omega=2.1\pi\text{n}$，动能 $E_k=\dfrac{1}{2}J\omega^2$，球体的转动惯量 $J=\dfrac{2}{5}mr^2$

有 $E_k=\dfrac{1}{5}mr^2\omega^2$，$\dfrac{\mathrm{d}E_k}{\mathrm{d}t}=\dfrac{2}{5}mr^2\omega\dfrac{\mathrm{d}\omega}{\mathrm{d}t}$

又角速度 $\omega=2\pi n$，则$\dfrac{\mathrm{d}\omega}{\mathrm{d}t}=2\pi\dfrac{\mathrm{d}n}{\mathrm{d}t}$

所以　$\dfrac{\mathrm{d}E_k}{\mathrm{d}t}=\dfrac{2}{5}mr^2\cdot2\pi n\cdot2\pi\dfrac{\mathrm{d}n}{\mathrm{d}t}=\dfrac{8\pi^2}{5}mr^2n\dfrac{\mathrm{d}n}{\mathrm{d}t}$

代入数据可得　$\dfrac{\mathrm{d}E_k}{\mathrm{d}t}=-1.99\times10^{25}\text{J/s}$

(2)如果这一变化率保持不变，则$\dfrac{\mathrm{d}E_k}{\mathrm{d}t}=-1.99\times10^{25}\text{J/s}$

两边同时积分，得$\displaystyle\int_{E_{k0}}^{E_k}\mathrm{d}E_k=\int_0^t-1.99\times10^{25}\,\mathrm{d}t$

则 $E_k-E_{k0}-1.99\times10^{25}t$

初始动能 $E_{k0}=\frac{1}{5}mr^2(2\pi n_0)^2=2.09\times10^{40}\text{J}$，而 $E_k=0$

故可得 $t=\frac{E_{k0}}{1.99\times10^{25}}\text{s}=1.05\times10^{15}\text{s}$

3-11 解题过程 取球和球拍为一系统，在球撞击球拍前后，系统对球拍质心的角动量守恒.

$$mvh=J_C\omega-mv'h$$

$$\omega=\frac{mh(v+v')}{J_C}$$

3-12 解题过程 根据系统角动量守恒定律，人站在盘边缘时的角动量与人走到盘心时的角动量相同，设人到盘心时的系统角速度为 ω'，则

$$J\omega+mR^2\omega=J\omega'$$

得 $\omega'=\frac{mR^2+J}{J}\omega$

角速度的变化为 $\Delta\omega=\omega'-\omega=\frac{mR^2}{J}\omega$

系统动能的变化为 $\Delta E_k=\frac{1}{2}J\omega'^2-\frac{1}{2}(J+mR^2)\omega^2$

$$=\frac{1}{2}\frac{(mR^2+J)}{J}mR^2\omega^2$$

3-13 解题过程 根据系统角动量守恒定律，人站在静止的圆盘上和人以半径 R_2 在圆盘上匀速走动时的系统的角动量相同，均为 0，设人对地的角速度为 ω'，此时圆盘的角速度为 ω

系统角动量为 $L=J\omega+mR_2^2\omega'=0$

其中 $J=\frac{1}{2}mR_1^2,\omega'-\omega=\frac{v}{R_2}$

所以 $\omega=-\frac{2R_2}{R_1^2+2R_2^2}v$

“－”表示人走动的方向与圆盘转动的方向相反.

3-14 解题过程 取转台和落下的砂粒为一系统，此系统在转动平面内的角动量守恒.

在 t 时刻，落下砂粒的质量为

$$m=kt,k=0.001\text{kg/s}$$

根据角动量守恒定律，得

$$J\omega_0=(J+mr^2)\omega$$

$$t=\frac{J(\omega_0-\omega)}{kr^2\omega}=5\text{s}$$

3-15 解题过程 本题的解法与习题 3-12、3-13 类似，取人、圆盘为系统时，系统的角动量守恒.

初始时刻，系统静止，$L_0=0$，故在整个过程中 $L=0$.

设人相对于地的角速度为 ω_1，盘相对于地的角速度为 ω_2，则

$$L=\frac{1}{2}mR^2\omega_2+m'R^2\omega_1=0$$

得 $$\omega_2=-\frac{2m'}{m}\omega_1$$

即 $$\frac{\mathrm{d}\theta_2}{\mathrm{d}t}=-\frac{2m'}{m}\frac{\mathrm{d}\theta_1}{\mathrm{d}t}$$

上式任何时刻均成立，得

$$\theta_2=-\frac{2m'}{m}\theta_1 \quad \theta_1=-\frac{m}{2m}\theta_2$$

人沿边缘走一周，则$\theta_2-\theta_1=2\pi$，得

$$\theta_2=\frac{2m'}{m+2m'}\times 2\pi=\frac{4m'\pi}{m+2m'}$$

式中 θ_2、θ_1 表示圆盘、人相对地转过的角度.

3-16 解题过程 以转盘和夯锤作为系统，由于转盘和夯锤相互作用时冲击力很大，可以忽略碰撞瞬时夯锤的重力. 因此对圆盘转轴而言，系统在碰撞时不受外力，系统角动量守恒. 设碰后转盘的角速度为 ω，则 $J\omega_0=J\omega+mR^2\omega$，得 $\omega=\frac{J}{J+mR^2}\omega_0$

所以夯锤的速度 $v=\omega R=\frac{JR}{J+mR^2}\omega_0$

3-17 解题过程 以人和竹筏为系统，在人跳离竹筏的过程中，系统中水平面内不受外力作用，因此系统水平方向动量守恒. 同时对竖直面内的质心轴合外力矩为零，系统角动量守恒. 如解 3-17 图所示，设人的位置在 A 点，竹筏质心为 B，则系统质心为 C，由于系统水平方向动量守恒，而初始时刻系统静止，质心速度 $v_C=0$，因此整个过程中质心静止. 该人起跳时相对于质心的速度为 v_1，竹筏相对 C 转动的角速度为 ω. 设 BC 间距离为 d，则

$$m\left(\frac{l}{2}-d\right)=m'd$$

得 $$d=\frac{ml}{2(m'+m)}=0.54\mathrm{m}$$

则竹筏对质心 C 的转轴转动惯量为

$$J=J_B+m'd^2=\frac{1}{12}m'l^2+m'd^2$$

$$=4311.3\mathrm{kg}\cdot\mathrm{m}^2$$

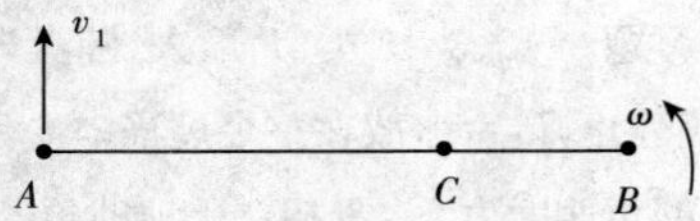

解 3-17 图

由于系统角动量守恒,则

$$J\omega - m\left(\frac{l}{2}-d\right)v_1 = 0$$

得
$$\omega = \frac{m\left(\frac{l}{2}-d\right)}{J}v_1$$

又人相对于岸的起跳速度 $v_1=3\text{m/s}$,所以 $\omega=0.186\text{rad/s}$

方向与人跳离竹筏的方向相反.

3-18 **分析** 两人接触相当于一弹性碰撞过程,速度大小未变,拉力提供向心力,两人开始作圆周运动,应用定轴运动相关原理可解.

解题过程 设 C 点为系统的质心(如解 3-18 图)

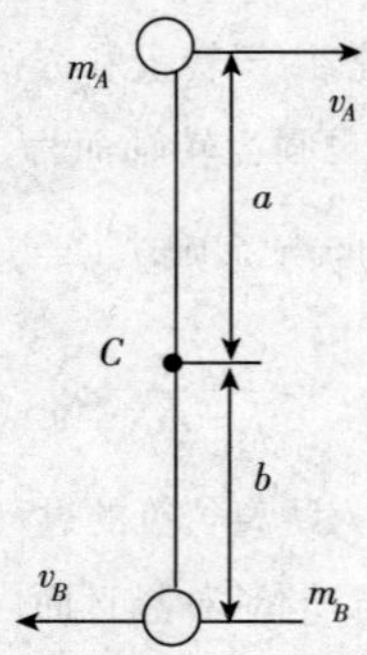

解 3-18 图

(1)
$$m_A a = m_B b, \frac{m_A}{m_B} = \frac{b}{a}$$

$$\frac{m_A}{m_A+m_B} = \frac{b}{a+b}$$

$$b = \frac{m_A}{m_A+m_B}(a+b) = \frac{60}{60+70}\times 1.5 = 0.69\text{m}$$

系统的总角动量为

$$m_A a v_A + m_B b v_B = 60\times 0.81\times 7 + 70\times 0.69\times 6$$
$$= 6.30\times 10^2\,\text{kg}\cdot\text{m}^2/\text{s}$$

(2)系统对质心的转动惯量为

$$J_C = m_A a^2 + m_B b^2 = 60\times 0.81^2 + 70\times 0.69^2 = 72.7\text{kg}\cdot\text{m}^2$$

由角动量守恒

$$J_C\omega=m_A a v_A+m_B b v_B$$

$$\omega=\frac{m_A a v_A+m_B b v_B}{J_C}=\frac{6.30\times10^2}{72.7}=8.67\text{rad/s}$$

(3)拉手前的总动能

$$E_{k1}=\frac{1}{2}m_A v_A^2+\frac{1}{2}m_B {v_B}^2=\frac{1}{2}\times60\times7^2+\frac{1}{2}\times70\times6^2$$

$$=2.73\times10^3\text{J}$$

拉手后的总动能 $E_{k2}=\frac{1}{2}J_C\omega^2=\frac{1}{2}\times72.7\times8.67^2=2.73\times10^3\text{J}$

在拉手过程中手的拉力方向和人的位置方向相互垂直，拉力并不做功. 在此过程中仅仅是把两者的平动动能转化为系统的转动动能，系统机械能守恒.

小　结 当同一直线上对应两物体绕其连线上某点作匀速圆周运动时，其质量与运动半径成反比，即 $m_A a=m_B b$.

3-19 **解题过程** 绳与轮子之间无相对滑动，则摩擦力不做功，整个过程中机械能守恒.

设物体下落 h 时，其速度为 v，此时轮的角速度为 ω，弹簧伸长量为 h.

由于绳与轮之间无相对滑动，则 $v=\omega r$，得 $\omega=\frac{v}{r}$

由机械能守恒，有 $mgh=\frac{1}{2}mv^2+\frac{1}{2}J\omega^2+\frac{1}{2}kh^2$，由此可得

$$v=\sqrt{\frac{2mgh-kh^2}{m+J/r^2}}$$

代入数据可得 $v=1.51\text{m/s}$

3-20 **解题过程** 本题忽略摩擦，则取弹簧、滑轮、重物、地球为系统，系统机械能守恒.

如解 3-20 图所示，设重物下滑 l 时重物速度为 v，滑轮的角速度为 ω，弹簧伸长量为 l，由机械能守恒有

$$\frac{1}{2}mv^2+\frac{1}{2}J\omega^2+\frac{1}{2}kl^2=mgl\sin\theta$$

$$v=\sqrt{\frac{2mgl\sin\theta-kl^2}{m+J/r^2}}$$

当 $v=0$ 时，有 $2mgl\sin\theta=kl^2$，得

$$l=\frac{2mg\sin\theta}{k}=1.18\text{m}$$

故重物能下滑 1.18m.

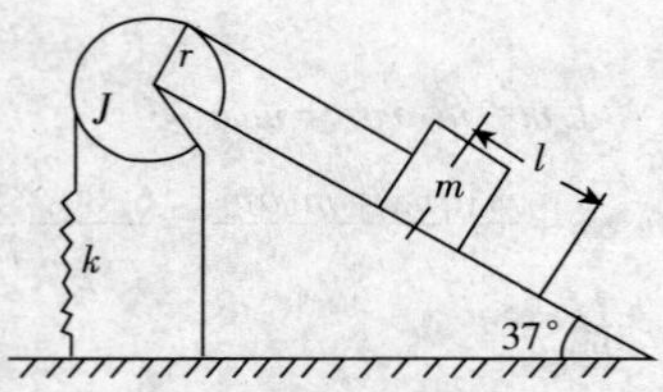

解 3-20 图

3-21 解题过程　设此时物体的速度为 v，因绳子不可伸长，且绳与滑轮间无相对滑动，轮子的角速度为

$$\omega=\frac{v}{r}$$

弹簧的伸长量即为物体下滑的距离. 以物体下落 1.00m 时的位置为重力势能零点，根据机械能守恒定律，得

$$\frac{1}{2}kl^2+\frac{1}{2}mv^2+\frac{1}{2}J\omega^2=mgl\sin\theta$$

式中 $l=1.00\text{m}$. 并代入其他数据，可得

$$v=\sqrt{\frac{2mgl\sin\theta-kl^2}{m+J/r^2}}=0.689\text{m/s}$$

3-22 解题过程　子弹射入木棒并留在木棒中，二者速率相同，由于这一过程是在极短的时间内完戎的，可以认为此时木棒没有偏转角. 当二者速率相同后，绕 O 转动.

在子弹射入木棒的瞬时，以子弹和木棒为系统，系统受重力和轴对棒的作用力. 这两个力对轴的外力矩为零，故系统角动量守恒，则

$$m\cdot\frac{3}{4}l\cdot v=J\omega_0$$

式中 $J=\frac{1}{3}m'l^2+m\cdot\left(\frac{3}{4}l\right)^2$ 为系统对轴 O 的转动惯量.

ω_0 为子弹射入后木棒和子弹绕轴 O 的角速度

$$\omega_0=\frac{3mlv}{4J}=8.89\text{rad/s}$$

(2)子弹射入后与木棒一起绕轴 O 转动，由动能定理有

$$\frac{1}{2}J\omega_0^2=mg\cdot\frac{3}{4}l(1-\cos\theta)+\frac{m'gl}{2}(1-\cos\theta)$$

式中 θ 为最大偏转角，则

$$\cos\theta=\frac{2m'gl+3mgl-2J{\omega_0}^2}{2m'gl+3mgl}=-0.076$$

得 $\theta=94.17°$.

3-23 解题过程　(1)轮绕 AB 轴转动，其自转角动量

$$L=J\omega_{自}=m\rho_{回}{}^{2}\omega_{自}=(5\times(0.25)^2\times12)\text{kg}\cdot\text{m}^2/\text{s}=3.75\text{kg}\cdot\text{m}^2/\text{s}$$

(2)作用于轴上的外力矩即重力矩

$$M_{外}=mg\cdot\frac{l}{2}=9.8\text{N}\cdot\text{m}$$

(3)从图可以看出 $M_{外}$ 的方向在 AB 轴所在水平面内且垂直向里，重力矩使系统的自转角动量发生变化，而自转角动量的大小不变，方向在不断变化. 设进动角速度为 ω

由 $\boldsymbol{M}_{外}=\frac{\mathrm{d}\boldsymbol{L}}{\mathrm{d}t}=\frac{\mathrm{d}(L\cdot\boldsymbol{i})}{\mathrm{d}t}=L\frac{\mathrm{d}i}{\mathrm{d}t}=L\boldsymbol{\omega}$（$\boldsymbol{i}$ 表示沿自转角动量方向的单位向量）得

$$\omega=\frac{M_{外}}{L}=\frac{9.8\text{N}\cdot\text{m}}{3.75\text{kg}\cdot\text{m}^2/\text{s}}=2.61\text{rad/s}$$

3-24 解题过程 设均质球的质量为 m，原半径为 r，原角速度为 ω，此时 $E_k=\frac{1}{2}J\omega^2$，其中 $J=\frac{2}{5}mr^2$

另设当半径减至 r/n 时，均质球角速度为 ω'，转动惯量为 J'

根据角动量守恒律$J\omega=J'\omega'$

其中 $$J'=\frac{2}{5}mr'^2=\frac{1}{n^2}\cdot\frac{2}{5}mr^2=\frac{1}{n^2}J$$

$$\omega'=\frac{J\omega}{J'}=n^2\omega$$

所以此时的动能为 $E'_k=\frac{1}{2}J'\omega'^2=\frac{1}{2}\cdot\frac{1}{n^2}J\cdot(n^2\omega)^2=n^2E_k$

即该球的动能增为原来的 n^2 倍.

3-25 解题过程 (1)如解 3-25 图所示，取一条流线 ab，a、b 两点处的流速分别为 v_a 和 v_b，由于水深不变，即有 $v_a=0$.

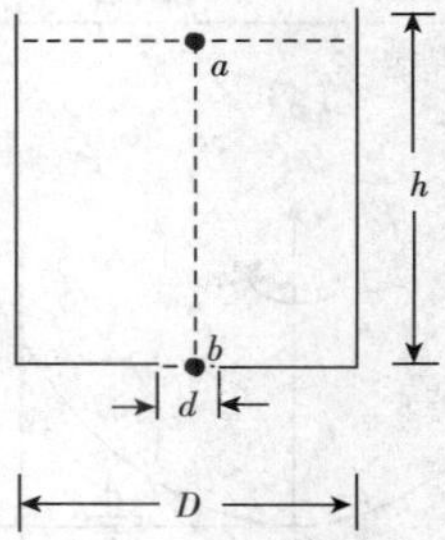

解 3-25 题

取小孔处高度为 0，在 a、b 两处的压强都是大气压 $p_a=p_b=p_0$. 由伯努利方程，有

$$p_a+\frac{1}{2}\rho v_a^2+\rho gh=p_b+\frac{1}{2}\rho v_b^2$$

$$v_b^2=2gh$$

得 $$v_b=\sqrt{2gh}$$

(2)设任意时刻水深为 h'，由伯努利方程，有

$$v_b^2-v_{h'}^2=2gh'$$

由连续性方程，有 $v_bS_b=v_{h'}S_{h'}$

$$v_b\pi\left(\frac{d}{2}\right)^2=v_{h'}\pi\left(\frac{D}{2}\right)^2$$

所以，任意时刻从小孔流出的流量为

$$q_m=\rho v_bS_b=\rho v_b\pi\left(\frac{d}{2}\right)^2=\pi\left(\frac{d}{2}\right)^2\rho\sqrt{2gh'}\frac{D^2}{\sqrt{D^4-d^4}}$$

当 $D\gg d$ 时，有 $$q_m=\pi\left(\frac{d}{2}\right)^2\rho\sqrt{2gh'}$$

3-26 **解题过程** (1)如解 3-26 图(a)所示，液面的小质元 Δm 受竖直向下重力 Δmg 和其他部分液体对小质元 Δm 的作用力 F，由于液面无相对流动，作用力 F 沿液面法向方向，而无切向分量，根据牛顿第二定律，有

$$F\sin\theta=(\Delta m)a_n$$

$$F\cos\theta=(\Delta m)g$$

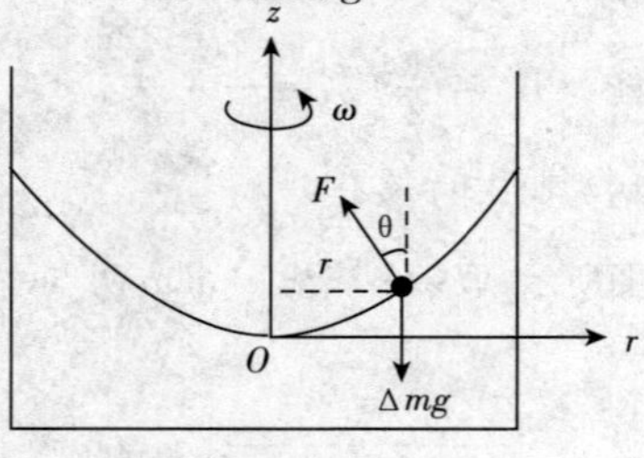

(a)

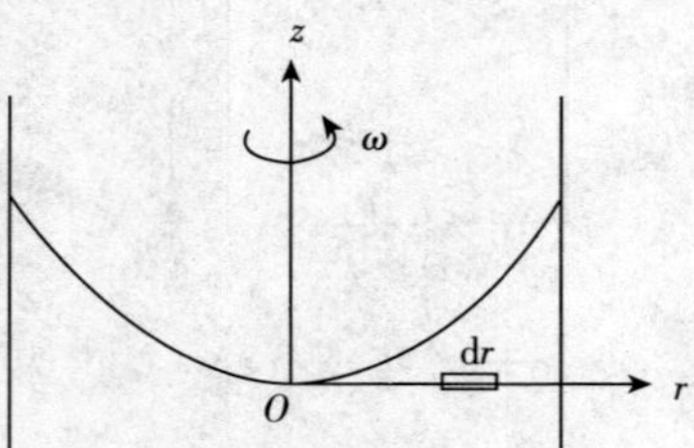

(b)

解 3-26 图

得 $\tan\theta = \frac{a_n}{g} = \frac{r\omega^2}{g}$

由几何关系有 $\tan\theta = \frac{dz}{dr}$

$$dz = \tan\theta dr = \frac{r\omega^2}{g} dr$$

两边积分有 $\int_0^z = \int_0^r dr \frac{r\omega^2}{g} dr$

$$z = \frac{\omega^2 r^2}{2g}$$

(2)取 $r=0$ 时，$p=p_0$，沿径向相距 dr 两点处受力平衡，有

$$p(r) = p_0 + \rho g z(r)$$

$$p(r+dr) = p_0 + \rho g z(r+dr)$$

两式相减，得 $dp(r) = \rho g dz$

将几何关系代入上式，有

$$dp(r) = \rho r \omega^2 dr$$

两边积分有 $\int_{p_0}^{p} dp(r) = \rho\omega^2 \int_0^r r dr$

$$p = p_0 + \frac{1}{2}\rho\omega^2 r^2$$

3-27 解题过程 设活塞处的面积为 S_1，喷嘴处的面积为 S_2，另设活塞处的速度为 v_1，喷嘴处的速度为 v_2，根据连续性方程有

$$S_1 v_1 = S_2 v_2 \quad ①$$

又根据伯努利方程有 $p_1 + \frac{1}{2}\rho v_1^2 = p_2 + \frac{1}{2}\rho v_2^2$ ②

其中 $p_1 = p_2 + \frac{F}{S_1}$

联立①②式得 $v_2 = \sqrt{\frac{2F}{\rho S_1\left(1-\frac{S_2^2}{S_1^2}\right)}} = \sqrt{\frac{2F}{\rho\pi R^2\left(1-\frac{r^4}{R^4}\right)}}$

即水的喷出速度为 $\sqrt{\frac{2F}{\rho\pi R^2\left(1-\frac{r^4}{R^4}\right)}}$

3-28 解题过程 如解 3-28 图所示，以 $O'A$ 为参考系水平面，OO' 为远处既同高又有相同流速的相邻的两点. 设大气压为 p_0，空气密度为 ρ_1，酒精密度为 ρ'，在稳定状态下，管内空气静止，有

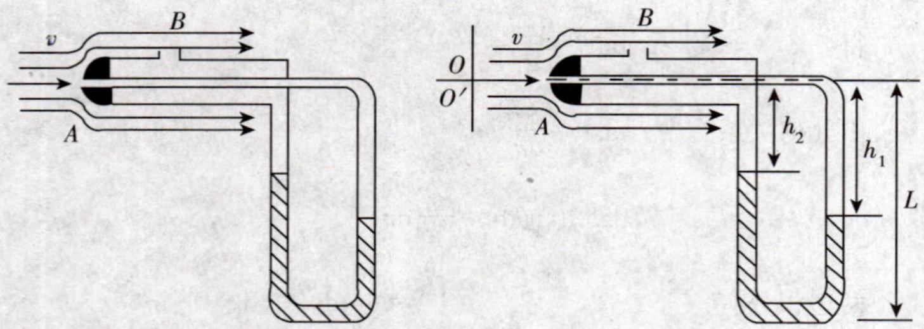

解 3-28 图

$$p_0 = p_A + h_1\rho g = p_B + h_2\rho g$$

即 $$p_B - p_A = (h_1 - h_2)\rho g$$

根据伯努利方程考察流线 $O'A$ 得

$$p_A = p_0 + \frac{1}{2}\rho v_0^2$$

考察流线 OB 得 $$p_B + \frac{1}{2}\rho v^2 = p_0 + \frac{1}{2}\rho v_0^2$$

即 $$p_B - p_A = -\frac{1}{2}\rho v^2 = (h_1 - h_2)\rho g \quad ①$$

因为酒精受力平衡,所以 $p_A + \rho' g(L - h_1) = p_B + \rho' g(L - h_2)$

即 $$(h_1 - h_2)\rho g = -(h_1 - h_2)\rho' g \quad ②$$

联立①②得 $$v = \sqrt{\frac{2(p_A - p_B)}{\rho}} = \sqrt{\frac{2\Delta p}{\rho}}$$

$$= \frac{\sqrt{2\times 0.03\times 0.78\times 10^3\times 9.8}}{1.21}\text{m/s} = 19.47\text{m/s}$$

3-29 解题过程 取虹吸管管口处 D 点为参考平面,根据伯努力方程,对于流线上 A、B 两点有

$$p_A + \frac{1}{2}\rho v_A^2 + \rho g(h_2 - h_1)$$

$$= p_B + \frac{1}{2}\rho v_B^2 + \rho g(h_2 - h_1)$$

对于流线上 B、C 两点为

$$p_B + \frac{1}{2}\rho v_B^2 + \rho g(h_2 - h_1) = p_C + \frac{1}{2}\rho v_C^2 + \rho g h_2$$

对于流线上 C、D 两点为

$$p_C + \frac{1}{2}\rho v_C^2 + \rho g h_2 = p_D + \frac{1}{2}\rho v_D^2$$

(1)当虹吸管下端被塞住时,$v_A = v_B = v_C = v_D = 0$,$p_A = p_D = p_0$,得

$$p_A = p_0, p_B = p_A = p_0, p_C = p_B - \rho g h_1 = p_0 - \rho g h_1$$

(2)当虹吸管下端开启时，$v_A \approx 0$，$v_B = v_C = v_D = v$，$p_A = p_D = p_0$，得

$$p_A = p_0, \quad p_B = p_A - \rho g(h_2 - h_1) = p_0 - \rho g(h_2 - h_1)$$

$$p_C = p_B - \rho g h_1 = p_0 - \rho g h_2$$

$$v = \sqrt{2g(h_2 - h_1)}$$

第四章 相对论基础

本章知识要点

1. 狭义相对论的基本原理以及洛伦兹变换的内容.
2. 相对论的速度变换关系.
3. “同时”的相对性理论，以及时间延缓和长度收缩的概念.
4. 狭义相对论动力学基础内容：基本方程、质量和能量的关系以及动量和能量的关系.

知识点归纳

一、狭义相对论的基本原理

1. 相对性原理

在任一惯性系中，物理学定律是相同的.

2. 光速不变原理

在任一惯性系中，真空中的光速都相等.

$$c=\frac{1}{\sqrt{\mu_0\varepsilon_0}}$$

二、洛伦兹变换

1. 时空变换

有 S,S' 两个惯性参考系，它们相应的坐标轴互相平行，且 x 轴和 x' 轴重合. 设 S' 系沿 x' 轴方向以

恒定速度 v 相对 S 运动，并且在坐标原点 O 与 O' 重合，该时刻 $t=t'=0$. 记某一事件在惯性参考系 S,S' 中的时空坐标分别为 (x,y,z,t) 和 (x',y',z',t')，则其时空坐标变换关系为

$$\begin{cases} x'=\dfrac{x-vt}{\sqrt{1-\dfrac{v^2}{c^2}}} \\ y'=y \\ z'=z \\ t'=\dfrac{t-\dfrac{v}{c^2}x}{\sqrt{1-\dfrac{v^2}{c^2}}} \end{cases} (S\text{ 系}\to S'\text{ 系}),\quad \begin{cases} x=\dfrac{x'+vt'}{\sqrt{1-\dfrac{v^2}{c^2}}} \\ y=y' \\ z=z' \\ t=\dfrac{t'+\dfrac{v}{c^2}x'}{\sqrt{1-\dfrac{v^2}{c^2}}} \end{cases} (S'\text{ 系}\to S\text{ 系})$$

2. 速度变换

$$\begin{cases} u'_x=\dfrac{u_x-v}{1-\dfrac{vu_x}{c^2}} \\ u'_y=\dfrac{u_y\sqrt{1-\dfrac{v^2}{c_2}}}{1-\dfrac{vu_x}{c^2}} \\ u'_z=\dfrac{u_z\sqrt{1-\dfrac{v^2}{c_2}}}{1-\dfrac{vu_x}{c^2}} \end{cases} (S\text{ 系}\to S'\text{ 系}),\quad \begin{cases} u_x=\dfrac{u'_x+v}{1+\dfrac{vu'_x}{c^2}} \\ u_y=\dfrac{u'_y\sqrt{1-\dfrac{v^2}{c_2}}}{1+\dfrac{vu'_x}{c^2}} \\ u_z=\dfrac{u'_z\sqrt{1-\dfrac{v^2}{c_2}}}{1+\dfrac{vu'_x}{c^2}} \end{cases} (S'\text{ 系}\to S'\text{ 系})$$

三、相对性的时空观

时空之间、时空与物质运动之间的相互联系、时空测量都与参考系相关.

1. 同时性的相对性

若两个事件在某一惯性系中为同时异地事件，则在其他惯性系中不必同时发生.

$$t'_2-t'_1=\frac{\dfrac{v}{c^2}(x_1-x_2)}{\sqrt{1-\dfrac{v^2}{c^2}}}$$

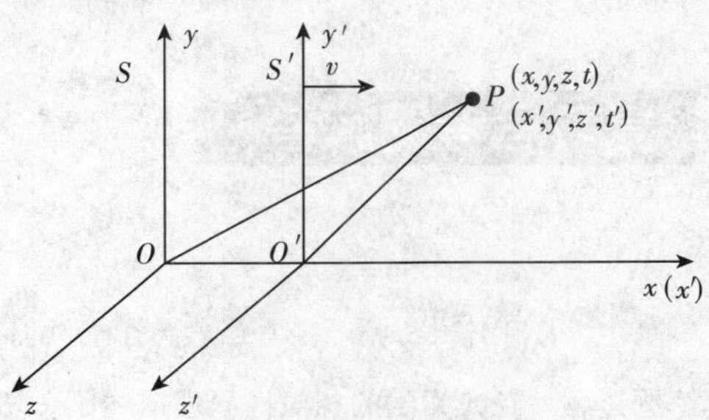

图 4-1

2. 时间延缓

对发生事件地点作相对运动的惯性系中测得的时间间隔 t（运动时间）比相对静止的惯性系测得的时间间隔 t_0（固有时间）长

$$t=\frac{t_0}{\sqrt{1-\dfrac{v^2}{c^2}}}\ (t_0\text{ 为固有时间})$$

3. 长度收缩

在相对物体运动的惯性系中测得的物体的长度 L(运动长度)比相对于物体静止的惯性系测得的长度 L_0(固有长度)短,即运动着的物体在其运动方向上的长度缩短.

$$L=L_0\sqrt{1-\frac{v^2}{c^2}}\ (L_0\ 为固有长度)$$

四、相对论动力学基础

1. 相对论质量

$$m=\frac{m_0}{\sqrt{1-\frac{v^2}{c^2}}}\ (m_0\ 为静止质量, v\ 为物体运动速度)$$

2. 相对论动量

$$\boldsymbol{p}=m\boldsymbol{v}=\frac{m_0\boldsymbol{v}}{\sqrt{1-\frac{v^2}{c^2}}}$$

3. 相对论能量

总能量 $E=mc^2$(质能关系)

静止能量 $E_0=m_0c^2$

相对论动能 $E_k=mc^2-m_0c^2$

动量和能量关系 $E^2=E_0^2+p^2c^2$

4. 相对论动力学的基本方程

$$\boldsymbol{F}=\frac{\mathrm{d}\boldsymbol{p}}{\mathrm{d}t}=\frac{\mathrm{d}}{\mathrm{d}t}\left(\frac{m_0\boldsymbol{v}}{\sqrt{1-\frac{v^2}{c^2}}}\right)$$

复习思考题解答

4-1-1 爱因斯坦的相对性与经典力学的相对性原理有何不同?

解题过程 经典力学的相对性原理描述了一切惯性系力学规律的等价性,而爱因斯坦的相对性原理把这种等价推广到包括力学定律和电磁学定律在内的一切自然规律上,是对前者的推广.

4-1-2 洛伦兹变换与伽利略变换的本质差别是什么?如何理解洛伦兹变换的物理意义?

解题过程 洛伦兹变换是狭义相对论中不同惯性系之间物理事件的时空坐标变换基本公式,在洛伦兹变换公式中,长度和时间是相对量. 而伽利略变换是经典力学中不同惯性系之间物理事件的时空坐标变换关系式，其中的长度和时间是绝对的，反映了经典力学中的绝对时空观，二者的本质差别在于对长度和时间的认识. 洛伦兹变换是狭义相对论中的基本公式，可推导出同时性的相对性、长度收缩、时间膨胀等重要结论，当相对运动速度 $v \ll c$ 时，洛伦兹变换过渡到了伽利略变换.

4-1-3 设某粒子在恒力作用下运动，根据牛顿力学，粒子的速率能否超过光速？

解题过程 可能. 根据牛顿第二定律，粒子在恒力作用下会一直加速，当加速到一定程度时就会超过光速.

4-3-1 长度的量度和同时性有什么关系？为什么长度的量度和参考系有关？

解题过程 物体长度相对于观察者为静止时与相对于观察者为运动时测出的量并不相同. 在物体相对于观察者静止时，观察者对静止物体的两个端点坐标无论是否同时进行，都不会影响测量结果，但物体相对于观察者运动时，对物体两个端点的测量必须同时进行，才能由此得出运动物体的长度，否则，先后测得的两端点坐标之差不能代表运动物体的长度. 相对于物体以速度 v 运动的参考系测得物体沿速度方向的长度 $l'=l\sqrt{1-\left(\frac{v^2}{c^2}\right)}$，故相对速度 v 不同，测得的长度不同，因此长度的量度与参考系的选择有关.

4-3-2 下面两种论断是否正确？

(1)在某个惯性系中同时、同地发生的事件，在所有其他惯性系中也一定是同时、同地发生的.

(2)在某个惯性系中有两个事件，同时发生在不同地点，而在对该系有相对运动的其他惯性系中，这两个事件却一定不同时.

解题过程 (1)在某个惯性系中同时、同地发生的事件，在所有其他惯性系中也一定是同时、同地发生的. 在一个惯性系中，事件发生的时间为 t_0，位置(x_0, y_0, z_0). 在另一相对于此惯性系速度为 v 的惯性系中，事件发生的时间为 t，则 $t=\dfrac{t_0-\dfrac{vx_0}{c^2}}{\sqrt{1-\left(\dfrac{v}{c}\right)^2}}$，发生位置为$(x, y, z)$，则

$x=\dfrac{x_0-vt}{\sqrt{1-\left(\dfrac{v}{c}\right)^2}}$，$y=y_0$，$z=z_0$，一定同时、同地发生.

(2)在某个惯性系中有两个同时，但不同地发生的事件，在对该系有相对运动的其他惯性系中，这两个事件一定不同时. 设两事件在某惯性系中发生时间为 t，位置为(x_1, y_1, z_1)和(x_2, y_2, z_2)，则在对该系速度为 v 的惯性系中两事件发生的时间为 t_1 和 t_2，则

$$t_1=\frac{t-\dfrac{vx_1}{c^2}}{\sqrt{1-\left(\dfrac{v}{c}\right)^2}},\quad t_2=\frac{t-\dfrac{v}{c^2}x_2}{\sqrt{1-\left(\dfrac{v}{c}\right)^2}}$$

本题的坐标系速度是以相对速度的方向建立 x 轴的.

4-3-3 两只相对运动的标准时钟 A 和 B,从 A 所在惯性系观察,哪个钟走得快？从 B 所在惯性系观察,又是如何呢？

解题过程 从 A 的惯性系观察,B 钟相对于观察者运动,A 钟相对于观察者静止,故 A 钟走得快.同理,从 B 所在惯性系观察,B 钟走得快.

4-3-4 相对论中运动物体长度缩短与物体线度的热胀冷缩是否是一回事？

解题过程 相对论中运动物体长度收缩与物理线度的热胀冷缩不是一回事.因为运动物体的长度收缩是一种相对论效应,是长度具有相对性的客观反映,而热胀冷缩是物体由于温度变化,内部结构发生变化引起的,两者不是一回事.

4-3-5 有一枚接近于光速相对于地球飞行的宇宙火箭,在地球上的观察者将测得火箭上的物体长度缩短,过程的时间延长,有人因此得出结论说:火箭上观察者将测得地球上的物体比火箭上同类物体更长,而同一过程的时间缩短,这个结论对吗？

解题过程 不对.火箭上的物体相对于地球上的观察者的速度为 v,由长度收缩效应知测得物体长度缩短,由时间膨胀知过程的时间延长.同样的,地球上的物体相对于火箭上的观察者的速度也是 v,所以火箭上的观察者测得地球上的物体比火箭上同类物体缩短,而同一过程的时间延长.

4-3-6 比较狭义相对论的时空观与经典力学时空观有何不同？有何联系？

解题过程 在相对论时空观中,时空的量度是相对的,因参考系选择的不同而发生变化;而经典力学的时空观是一种绝对的时空观,它可以看做是相对论时空观在低速情况下的近似.

4-4-1 化学家经常说:"在化学反应中,反应前的质量等于反应后的质量."以 2 g 氢与 16 g 氧燃烧成水为例,注意到在这个反应过程中大约放出了 2.5×10 J 热量,如考虑到相对论效应,则上面的说法有无修正的必要？

解题过程 化学家的说法不必修正.根据狭义相对论的质能关系可以得知,在物质系统的变化过程中,能量的变化都伴随着物质静止质量的变化,然而一般的化学反应能量变化相对较小,化学反应前后亏损的质量很小,可以认为不变.例如,2g 氢气与 16g 氧气合成水,放出 25J 的热量,对应质能亏损 $\Delta m=\dfrac{\Delta E}{c^2}$,算出 $\Delta m=2.8\times10^{-16}$ kg,可见化学反应前后亏损的质量很小,可忽略,认为系统质量守恒.但是在核反应中,由于放出大量能量,必须考虑相对质能关系.

4-4-2 在相对论中,对动量定义 $\boldsymbol{p}=m\boldsymbol{v}$ 和公式 $\boldsymbol{F}=\mathrm{d}\boldsymbol{p}/\mathrm{d}t$ 的理解与在牛顿力学中的有何不同？在相对论中,$\boldsymbol{F}=m\boldsymbol{a}$ 一般是否成立？为什么？

解题过程 在相对论中,物体对惯性系的动量定义为 $\boldsymbol{p}=m\boldsymbol{v}$,虽然形式与牛顿力学中相同,但由于物体的质量随运动速度变化而 $m=\dfrac{m_0}{\sqrt{1-\left(\dfrac{v}{c}\right)^2}}$,故动量 $\boldsymbol{p}=\dfrac{m_0}{\sqrt{1-\left(\dfrac{v}{c}\right)^2}}\boldsymbol{v}$,而牛顿力学中

动量定义为 $\boldsymbol{p}=m_0\boldsymbol{v}$.

在相对论中,物体对惯性系所受的力定义为动量对时间的变化率,而 $F=\frac{\mathrm{d}p}{\mathrm{d}t}=\frac{\mathrm{d}}{\mathrm{d}t}\left[\frac{m_0}{\sqrt{1-\left(\frac{v}{c}\right)^2}}\right]v$,当 v 很小,$v\ll c$ 时,上式可变化为 $F=\mathrm{d}(m_0v)=m_0\frac{\mathrm{d}v}{\mathrm{d}t}=m_0a$. 由相对论中 F 的计算式知 $F=\frac{m_0}{\sqrt{1-\left(\frac{v}{c}\right)^2}}\frac{\mathrm{d}v}{\mathrm{d}t}$一般是不成立的.

4-4-3 什么叫质量亏损?它和原子能的释放有何关系?

解题过程 由质能关系 $E=mc^2$ 得知质量为 m 的物体具有的能量为 $E=mc^2$. 在原子核中,反应前后,系统会放出大量的能量. 由质能关系得知,系统的静质量减少,称之为质量亏损. 若亏损的质量为 Δm,则放出 $\Delta E=\Delta mc^2$ 的能量. 核反应释放原子能就是利用这个原理实现的.

4-4-4 相对论的能量与动量的关系式是什么?相对论的质量与能量关系式是什么?静止质量与静止能量的物理意义是什么?

解题过程 相对论的能量和动量关系式为 $E^2=c^2p^2+m_0^2c^4$,质量和能量关系式为 $E=mc^2$,其中 E 表示质量为 m 的物体的总能量.

静止质量为 m_0 的物体的静止能量 $E_0=m_0c^2$,是物体固有能量,物体总能量与静止能量之差,即为物体动能 $E_k=E-E_0=mc^2-m_0c^2$,自然界中所有静止能量为零或静止质量为零的物体,运动速度必为光速.

习题全解

4-1 解题过程 由洛伦兹变换,有

$$x'=\frac{x-vt}{1-\left(\frac{v}{c}\right)^2}=\frac{6-0.8\times3\times10^8\times0.2\times10^{-7}}{\sqrt{1-0.8^2}}\text{m}=2\text{m}$$

$$y'=y$$

$$z'=z$$

$$t'=\frac{t-\frac{vx}{c^2}}{\sqrt{1-\left(\frac{v}{c}\right)^2}}=\frac{0.2\times10^{-7}-0.8\times6/3\times10^8}{\sqrt{1-0.8^2}}\text{s}=0.67\times10^{-8}\text{s}$$

4-2 解题过程 如解 4-2 图所示.

(1)米尺沿 Oy 轴方向放置,而观测者 A 沿 Ox 轴运动,在 A 的运动方向上米尺没

有相对运动,因此观测者 A 测得米尺长度不变,为 $L_A=1\text{m}$.

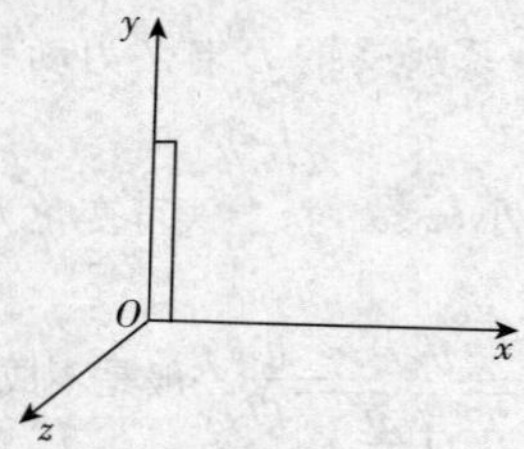

解 4-2 图

(2)观测者 B 的运动方向平行于米尺的放置方向,即米尺相对 B 沿长度方向运动,因此观测者 B 测得的结果将有“长度收缩”效应,米尺的“固有长度”$L_0=1\text{m}$.

$$L_B=L_0\sqrt{1-\frac{v^2}{c^2}}=1.0\times\sqrt{1-0.8^2}\ \text{m}=0.6\text{m}$$

(3)米尺在相对观测者 C 运动的方向上,有“固有长度”为 $L_{0//}=L_0\cos45°$,C 将测得“收缩”效应,在垂直于 C 的运动方向上,其长度为 $L_\perp=L_0\sin45°$,C 将测得长度不变. 所以

$$L_{//}=L_{0//}\sqrt{1-\frac{v^2}{c^2}}=1.0\times\cos45°\sqrt{1-0.8^2}\ \text{m}=0.6\cos45°\text{m}$$

观测者 C 测得米尺的长度为

$$L_C=\sqrt{L_{//}^2+L_\perp^2}=\sqrt{(0.6\cos45°)^2+(1.0\sin45°)^2}\ \text{m}=0.82\text{m}$$

4-3 解题过程 圆轨道相对于 K' 系静止,圆心在 K' 系坐标原点,而 K' 系相对于 K 系作匀速运动. 故 K 系中的观察者测得该轨道相对运动方向上直径会收缩,垂直运动方向长度不变,以 K' 系相对于 K 系的运动方向作坐标轴 x' 轴的正方向,K 系中的坐标轴 x 轴与 x' 轴重合,y 轴与 y' 轴平行,并且 $t=t'=0$ 时,坐标轴的原点 O 和 O' 重合. 设 t 时刻,K' 系中圆轨道上点(x',y')在 K 系中坐标为$(x、y)$,则由长度收缩有

$$\begin{cases}x-vt=x'\sqrt{1-\left(\dfrac{v}{c}\right)^2}\\ y=y'\end{cases}$$

又 $x'^2+y'^2=a^2$

故可得 $\left[\dfrac{x-vt}{\sqrt{1-\left(\dfrac{v}{c}\right)^2}}\right]^2+y^2=a^2$,化简得 $\dfrac{(x-vt)^2}{1-\left(\dfrac{v}{c}\right)^2}+y^2=a^2$

4-4 解题过程 米尺在相对静止的坐标系中测量的长度 $l_0=1.0\text{m}$. 当米尺沿长度方向运动时,由于长度收缩效应,观测者测得的长度与相对运动速度有关. 设米尺以 v 接近观测者,则

$$l=l_0\sqrt{1-\left(\frac{v}{c}\right)^2}$$

由此得 $v=c\sqrt{1-\left(\frac{l}{l_0}\right)^2}=\frac{\sqrt{3}}{2}c=2.6\times10^8\,\text{m/s}$

4-5 解题过程 由于宣传画平行贴于墙上，而列车的速度也平行于墙面，故在司机看来，即以司机为参考系，宣传画以速度 $v=2\times10^8\,\text{m/s}$ 接近自己.

沿相对运动方向，长度收缩

$$l'=l\sqrt{1-\left(\frac{v}{c}\right)^2}=3.7\text{m}$$

垂直于相对运动方向，高度不变，即 $h'=h=5.0\text{m}$.

4-6 解题过程 设此星在 K' 系的 O' 点处，接收器在 K 系的 O 点，对应坐标轴分别平行，K' 系相对 K 系沿 x 轴正向速度为 $0.8c$，x、x' 轴重合. $t=t'=0$ 时 O、O' 重合，并由 O' 发出第一个闪光.

K' 系中，从计时开始到测得第二个闪光的时间间隔是"固有时"t_0，由"时间延缓"可知在 K 系测得"运动时"为

$$t=\frac{t_0}{\sqrt{1-\beta^2}},\beta=\frac{v}{c}$$

K 系中，第二个闪光的发生地坐标为

$$x=vt=\frac{vt_0}{\sqrt{1-\beta^2}}$$

故 O 接收到两个闪光的时间间隔是

$$\Delta t=t+\frac{x}{c}=\frac{t_0}{\sqrt{1-\beta^2}}(1+\beta)=5\text{ 昼夜}$$

得 $$t_0=\frac{\sqrt{1-\beta^2}}{1+\beta}\Delta t=\frac{5}{3}\text{ 昼夜}$$

4-7 解题过程 题目中地球到月球的距离应理解为在地球上进行测量的，即相对静止时测量到的距离，令

$$l_0=3.84\times10^8\,\text{m}$$

在地球上测得的飞船飞行时间为

$$t=\frac{l_0}{v}=\frac{3.84\times10^8}{0.30\times3\times10^8}=4.27\text{s}$$

飞船相对于地球运动，所以飞船上测量这一距离时应变短，利用长度缩短公式得到飞船上测得的距离为

$$l=l_0\sqrt{1-\left(\frac{v}{c}\right)^2}=3.84\times10^8\sqrt{1-\left(\frac{0.3c}{c}\right)^2}=3.66\times10^8\,\text{m}$$

对于飞船上的观察者来说，飞船从地球出发以及后来到达月球，这两个事件都发生在飞船上，对这个观察者来说测量到的是原时. 所以根据时间膨胀公式，飞船上时钟读出的旅行时间为

$$t_0=t\sqrt{1-\left(\frac{v}{c}\right)^2}=4.27\sqrt{1-(0.3)^2}=4.07\text{s}$$

在地球上测得飞船速度和飞船上测得的地球向它靠近的速度是相同的，为 $0.3c$. 所以飞船上测得的时间为

$$\Delta t=\frac{l}{v}=\frac{3.66\times10^8}{0.30\times3\times10^8}=4.07\text{s}$$

上述两种计算得到相同的结果.

4-8 解题过程 设此两个事件在 K 系中发生的地点为 x_1、x_2，时间为 t，而在 K' 系中发生的地点为 x'_1、x'_2，时间为 t'_1、t'_2

由洛伦兹变换 $$x'_1=\frac{x_1-vt}{\sqrt{1-\left(\frac{v}{c}\right)^2}},x'_2=\frac{x_2-vt}{\sqrt{1-\left(\frac{v}{c}\right)^2}}$$

得 $$x'_2-x'_1=\frac{x_2-x_1}{\sqrt{1-\left(\frac{v}{c}\right)^2}}$$

由题意知 $$x_2-x_1=1\text{m},x'_2-x'_1=2\text{m}$$

得 $$v=\frac{\sqrt{3}}{2}c$$

由洛伦兹变换有

$$t'_1=\frac{t_1-\frac{v}{c^2}x_1}{\sqrt{1-\left(\frac{v}{c}\right)^2}},t'_2=\frac{t_2-\frac{v}{c^2}x_2}{\sqrt{1-\left(\frac{v}{c}\right)^2}}\quad 又\ t_1=t_2=t$$

则 $$\Delta t'=\left|t'_1-t'_2\right|=\frac{\frac{v}{c^2}(x_2-x_1)}{\sqrt{1-\left(\frac{v}{c}\right)^2}}=5.77\times10^{-9}\text{s}$$

4-9 解题过程 设两事件在 K 系、K' 系的位置分别是 x_1、x_2，x'_1、x'_2（x 轴建立的正方向沿相对运动速度方向），时间分别为 t_1、t_2、t'_1、t'_2，则

$$x_2=x_1,t_2-t_1=2\text{s},t'_2-t'_1=3\text{s}$$

由洛伦兹变换有

$$\begin{cases}t'_1=\left(t_1-\frac{v}{c^2}x_1\right)\Big/\sqrt{1-\left(\frac{v}{c}\right)^2}\\ t'_2=\frac{t_2-\frac{v}{c^2}x_2}{\sqrt{1-\left(\frac{v}{c}\right)^2}}\end{cases}$$

得　$t'_2-t'_1=\dfrac{t_2-t_1}{\sqrt{1-\left(\dfrac{v}{c}\right)^2}}$

即　$\Delta t'=\dfrac{\Delta t}{\sqrt{1-\left(\dfrac{v}{c}\right)^2}}$

可解出$\dfrac{v}{c}=\sqrt{1-\left(\dfrac{\Delta t}{\Delta t'}\right)^2}$，代入数据可得$\dfrac{v}{c}=\dfrac{\sqrt{5}}{3}$

由洛伦兹变换有 $x'_2=\dfrac{x_2-vt_2}{\sqrt{1-\left(\dfrac{v}{c}\right)^2}}$，$x'_1=\dfrac{x_1-vt_1}{\sqrt{1-\left(\dfrac{v}{c}\right)^2}}$

$$\Delta x'=\left|x'_2-x'_1\right|=\frac{v(t_2-t_1)}{\sqrt{1-\left(\dfrac{v}{c}\right)^2}}=6.71\times10^8\,\mathrm{m}$$

4-10 解题过程　依题意可知固有时间为　$t_0=2.6\times10^{-8}\,\mathrm{s}$

(1)在实验室中观测到 π^+ 介子的寿命为

$$t=\frac{t_0}{\sqrt{1-\left(\dfrac{v^2}{c^2}\right)}}=\frac{2.6\times10^{-8}}{\sqrt{1-0.8^2}}\,\mathrm{s}=4.33\times10^{-8}\,\mathrm{s}$$

(2)在实验室参考系中测量到 π^+ 介子的飞行距离为

$\Delta x=vt=10.4\,\mathrm{m}$

4-11 解题过程　(1)本题是考虑相对论速度的变换问题，关键是选好参考系和分析对象.

以地球为 K 系，飞船 A 为 K' 系，x 轴及 x' 轴重合，正方向为相对运动方向.

B 相对 K 系的速度　$u_x=2.0\times10^8\,\mathrm{m/s}$

K' 系相对 K 系的速度　$v=2.5\times10^8\,\mathrm{m/s}$

由相对论速度变换公式有 $u'_x=\dfrac{u_x-v}{1-\dfrac{v}{c^2}u_x}=-1.125\times10^8\,\mathrm{m/s}$

(2)以地球为 K 系，飞船 B 为 K' 系，A 为分析对象.

A 相对 K 系的速度　$u_x=2.5\times10^8\,\mathrm{m/s}$

K' 系相对 K 系的速度　$v=2.0\times10^8\,\mathrm{m/s}$

由相对论速度变换公式得 A 相对 B 的速度

$$u'_x=\frac{u_x-v}{1-\dfrac{v}{c^2}u_x}=1.125\times10^8\,\mathrm{m/s}$$

4-12 证明　以遥远的恒星为 K 系，飞船 A 为 K' 系，沿 K 系的 x 轴正方向运动，则飞船 B 相对 K 系沿 x 轴负方向运动.

B 相对 K 系的速度 $u_x=-0.8c$，K' 系相对 K 系的速度 $v=0.8c$

所以 B 相对于 A 的速度 $\qquad u'_x=\dfrac{u_x-v}{1-\dfrac{v}{c^2}u_x}=\dfrac{-1.6}{1.64}c$

用伽利略变换得 $u'_x=u_x-v=-1.6c$

4-13 解题过程 (1)以观察者为 K 系，原子核为 K' 系，x 轴与 x' 轴重合，正方向指向原子核运动方向.

则 K' 系相对 K 系的速度 $v=0.5c$

电子相对 K' 系的速度 $u'_{x1}=0.8c$

由 $u_x=\dfrac{u'_x+v}{1+\dfrac{v}{c^2}u'_x}$ 得电子相对 K 系的速度 $u_{x1}=\dfrac{u'_{x1}+v}{1+\dfrac{v}{c^2}u'_{x1}}=0.93c$

(2)由光速不变原理有对观察者而言，光子速度为 c.

4-14 解题过程 根据质速关系，当电子相对观察者运动速度为 v 时，观察者测出的电子质量为

$$m=\frac{m_0}{\sqrt{1-\dfrac{v^2}{c^2}}}=2m_0$$

可得 $$v=\frac{\sqrt{3}}{2}c=0.866c$$

4-15 解题过程 (1)设棒为 K 系，观察者为 K' 系，棒以速度 v 相对观察者沿棒长方向(x 轴)运动. 静止的棒长 l 是固有长度. 故运动长度为

$$l'=l\sqrt{1-\frac{v^2}{c^2}} \qquad ①$$

运动质量 $$m'=\frac{m}{\sqrt{1-\dfrac{v^2}{c^2}}} \qquad ②$$

则线密度 $$\rho'=\frac{m'}{l'}=\frac{m}{l\left(1-\dfrac{v^2}{c^2}\right)}=\frac{\rho}{1-\dfrac{v^2}{c^2}}$$

(2)棒在垂直长度方向上运动时，长度不变，即 $l''=l$. 运动质量仍为②式所示. 则线密度

$$\rho''=\frac{m''}{l''}=\frac{m}{l\sqrt{1-\dfrac{v^2}{c^2}}}=\frac{\rho}{\sqrt{1-\dfrac{v^2}{c^2}}}$$

4-16 解题过程 由相对论动能表达式 $E_k=mc^2-m_0c^2$ 知

电子速度 $v_1=1.0\times10^8\,\text{m/s}$ 时

$$E_{k1}=\frac{m_0c^2}{\sqrt{1-\left(\frac{v_1}{c}\right)^2}}-m_0c^2=4.96\times10^{-15}\,\mathrm{J}$$

电子速度 $v_2=2.0\times10^8\,\mathrm{m/s}$ 时

$$E_{k2}=\frac{m_0c^2}{\sqrt{1-\left(\frac{v_2}{c}\right)^2}}-m_0c^2=2.79\times10^{-15}\,\mathrm{J}$$

用经典力学公式 $E_k=\frac{1}{2}m_0v^2$

有
$$E_{k1}=\frac{1}{2}m_0v_1^2=4.55\times10^{-15}\,\mathrm{J}$$

$$E_{k2}=\frac{1}{2}m_0v_2^2=18.2\times10^{-15}\,\mathrm{J}$$

4-17 解题过程 两个氘核组成氦核，质量变换，根据相对论质能关系有

$$\Delta E=\Delta mc^2=(2m_1-m_2)c^2$$

其中 m_1、m_2 表示氘核和氦核的质量

代入数据可得

$$\Delta E=2.56\times10^{-2}\,uc^2=23.88\,\mathrm{MeV}$$

4-18 解题过程 太阳的辐射功率为

$$P=\frac{\Delta E}{\Delta t}=\frac{\Delta mc^2}{t}=4\times10^9\times(3\times10^8)^2\,\mathrm{W}=3.6\times10^{26}\,\mathrm{W}$$

4-19 解题过程 (1)碰前运动粒子总能量为

$$E_1=5m_0c^2+m_0c^2=6m_0c^2$$

由动量和能量表达式 $E^2=c^2p^2+m_0^2c^4$，有

$$p=\frac{\sqrt{E^2-m_0^2c^4}}{c}$$

碰前运动粒子总动量为 $p_1=\frac{\sqrt{E_1^2-m_0^2c^4}}{c}=\sqrt{35}\,m_0c$

碰前静止粒子动量 $p_2=0$，所以

$$p=p_1+p_2=\sqrt{35}\,m_0c$$

(2)碰前系统总能量为 $E=E_1+E_2=6m_0c^2+m_0c^2=7m_0c^2$

(3)系统碰撞前后动量守恒，有

$$p'=m'_0v=p$$

总能量守恒，有 $E'=m'_0c^2=E$

所以
$$v=\frac{p}{E}c^2=\frac{\sqrt{35}\,m_0c}{7m_0c^2}c^2=0.85c$$

(4)由动量能量关系，有 $m'^2_0c^4=E'^2-c^2p'^2=(7m_0c^2)^2-c^2(\sqrt{35}m_0c)^2=14m_0^2c^4$

$$m'_0=\sqrt{14}m_0$$

4-20 证明 设反冲原子静质量为 m'_0，动质量为 m，速度为 v，则其动量 $p_{原}=mv$. 设光子动量为 $p_{光}$，由于过程中动量守恒，有 $\boldsymbol{p}_{原}+\boldsymbol{p}_{光}=0$，则

$$p_{光}-p_{原}=0,p_{光}=mv=\frac{hr}{c}$$

由能量守恒有 $$m_0c^2=h\nu+mc^2$$

对反冲原子由动量能量关系有

$$(mc^2)^2=(mv)^2c^2+m'^2_0c^4$$

原子内能减少 $$\Delta E=m_0c^2-m'_0c^2$$

由以上几式化简可得 $$h\nu=\Delta E\left(1-\frac{\Delta E}{2m_0c^2}\right)$$

第五章 气体动理论

本章知识要点

1. 理想气体状态方程的应用.
2. 分子热运动的基本特征.
3. 气体动理论的压强公式及温度的统计意义,气体的方均根速率公式.
4. 能量均分定理的内容.
5. 理想气体内能的表达式.
6. 麦克斯韦速率分布函数的具体形式.
7. 分子平均自由程公式及应用.

知识点归纳

一、分子运动论的基本概念

(1)通常物质是由大量分子组成的,分子之间有一定的间隙.

(2)分子永不停息地作无规则的运动.

(3)分子间存在相互作用力.

二、理想气体状态方程

平衡下,质量为 m 的理想气体的状态方程

$$pV=\nu RT$$

$\nu=m/M$——气体的摩尔数.

M——气体的摩尔质量.

$R=8.31J\cdot mol^{-1}\cdot K^{-1}$——气体常量.

还可表示为

$$p=nkT$$

n——分子数密度.

k——$(R/N_A)=1.38\times10^{-23}J\cdot K^{-1}$——玻尔兹曼常量.

$N_A=6.022\times10^{23}mol^{-1}$——阿伏伽德罗常量.

三、气体运动的统计规律

1. 理想气体压强公式

$$p=\frac{2}{3}n(\frac{1}{2}m_0\overline{v^2})=\frac{2}{3}n\overline{\varepsilon_k}$$

其中$\overline{\varepsilon_k}$为理想气体分子的平均平动动能，m_0为气体分子质量，n为分子数密度.

压强是无规则热运动的大量气体分子对器壁不断连续碰撞的平均结果.

2. 温度的统计意义

$$\bar{\varepsilon}_k=\frac{3}{2}kT$$

温度是大量分子热运动的平均平动动能的量度.

3. 速率分布函数和麦克斯韦速率分布律

(1)速率分布函数 $f(v)=\frac{dN}{Ndv}$:表示气体分子速率在 v 附近，单位速率间隔内的分子数占总分子数 N 的比率.

(2)麦克斯韦速率分布律

$$f(v)=4\pi\left(\frac{m}{2\pi kT}\right)^{3/2}v^2e^{\frac{-mv^2}{2kT}}$$

(3)速率分布曲线($f(v)-v$ 曲线)——在速率 v 附近 $v\sim v+dv$ 间隔内，分子数占总分子数 N 的比率.

$\int_{v_1}^{v_2}f(v)dv=\frac{\Delta N}{N}$($v_1\sim v_2$ 曲线下面积)——在 $v_1\sim v_2$ 速率间隔内，分子数占总分子数 N 的比率.

(4)速率分布的有关统计平均值

归一化条件 $\int_0^\infty f(v)dv=1$

算术平均速率 $\bar{v}=\int_0^\infty vf(v)dv$

方均根速率 $\sqrt{\overline{v^2}}=\left[\int_0^\infty v^2f(v)dv\right]^{1/2}$

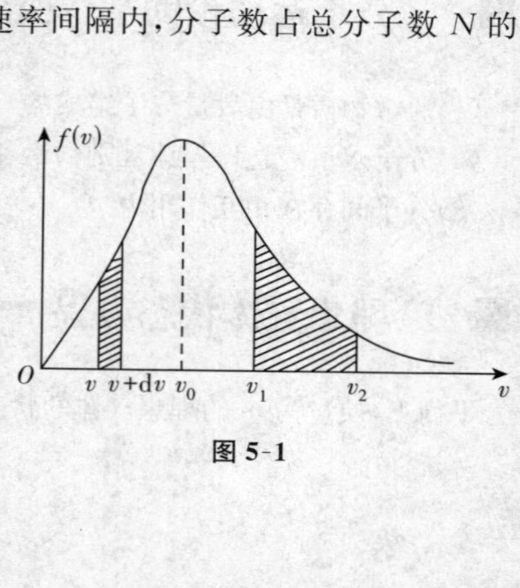

图 5-1

(5)麦克斯韦速率分布的三种特征速率

理想气体分子的最概然速率

$$v_p=1.41\sqrt{\frac{RT}{M}}$$

理想气体分子的平均速率

$$\overline{v}=1.60\sqrt{\frac{RT}{M}}$$

理想气体分子的方均根速率

$$\sqrt{\overline{v^2}}=1.73\sqrt{\frac{RT}{M}}$$

(6)玻耳兹曼分布律

分子数密度按势能分布的统计规律

$$n=n_0\mathrm{e}^{-E_p/kT}$$

式中 E_p 为分子的势能，n_0 为 $E_p=0$ 处的分子数密度. 表明平衡态下的气体分子优先占据低能量状态.

重力场中粒子按高度分布的统计规律

$$n=n_0\mathrm{e}^{-mgz/kT}\text{（}m\text{ 为气体分子质量）}$$

重力场中气体压强按高度分布

$$p=p_0\mathrm{e}^{-mgz/kT}\text{（等温气压公式）}$$

四、能量均分定理

1. 自由度

自由度确定一个物体的空间位置所需要的独立坐标数.

分子的自由度：单原子分子 $i=3$，双原子分子 $i=5$，多原子分子 $i=6$.

2. 能量均分定理

当系统处于平衡态时，分子每个自由度上具有相同的平均动能，其值为$\frac{1}{2}kT$. 一个自由度为 i 的分子所具有的平均总动能为$\overline{E}=\frac{i}{2}kT$.

3. 理想气体的内能

1mol 理想气体的内能为

$$E_{\mathrm{mol}}=\frac{i}{2}RT$$

物质的量为 ν 的理想气体的内能为

$$E=\frac{i}{2}\nu RT$$

五、分子碰撞和平均自由程

1. 平均碰撞频率

一个分子每秒钟与其他分子平均碰撞次数.

$$\overline{Z}=\sqrt{2}\pi d^2\overline{v}n$$

式中 d 为分子的有效直径，n 为分子数密度，$\overline{v}$ 为分子的平均速度.

2. 平均自由程

分子在连续两次碰撞之间飞行的平均路程.

$$\overline{\lambda}=\frac{\overline{v}}{\overline{Z}}=\frac{1}{\sqrt{2}\pi d^2 n}=\frac{kT}{\sqrt{2}\pi d^2 p}$$

六、气体的输运现象

如果气体各部分的物理性质原来是不均匀的，则由于气体分子不断地相互碰撞和相互混合，分子之间将不断地交换质量、动量和能量，分子速度的大小和方向也不断地改变，最后气体内各部分的物理性质将趋向均匀，气体状态将趋向平衡，这种现象叫做气体的输运现象.

1. 粘滞现象

流动中的气体，如果各层的流速不一样，那么相邻的两个气层之间的接触面上形成一对阻碍两气层相对运动的等值而反向的摩擦力，叫做粘性力. 气体粘性起源于气体分子的定向动量在垂直于流速的方向上向流速较小气层的净迁移.

粘性力 F 与该处的流速梯度$\frac{\mathrm{d}u}{\mathrm{d}y}$成正比，即

$$F=\pm\eta\frac{\mathrm{d}u}{\mathrm{d}y}\Delta S$$

比例系数 η 叫做动力粘度系数或粘度系数.

$$\eta=\frac{1}{3}\rho\overline{v}\overline{\lambda}$$

式中的正负号表明粘性力是成对出现的.

2. 热传导现象

气体内各部分的温度不同，从温度较高处向温度较低处将有热量的传递. 气体导热性起源于气体分子从热层到冷层出现运动能量的净迁移.

在单位时间内，从温度较高的一侧向温度较低的一侧所传递的热量与该处的温度梯度$\frac{\mathrm{d}T}{\mathrm{d}x}$和面积 ΔS 成正比，即

$$\frac{\Delta Q}{\Delta t}=-k\frac{\mathrm{d}T}{\mathrm{d}x}\Delta S$$

比例系数 k 叫做导热系数或热导率.

$$k=\frac{1}{3}\frac{C_V}{M_{mol}}\rho\overline{v}\overline{\lambda}$$

C_V 为气体的摩尔定容热容量.

式中的负号表明热量传递的方向是从高温处到低温处.

3. 扩散现象

如果窗口中部分气体的种类不同,或者同一种气体在容器中各部分的密度不同,经过一段时间后,容器中各部分气体的成分以及气体的密度都将趋向均匀一致,这种现象称为扩散现象.气体扩散现象起源于气体分子作无规则热运动的结果,气体分子从密度较大的气层到密度较小的气层质量的净迁移.

在单位时间内,从密度较大的一侧向密度较小的一侧扩散的质量与该处的密度梯度$\frac{d\rho}{dx}$和面积ΔS成正比,即

$$\frac{\Delta M}{\Delta t}=-D\frac{d\rho}{dx}\Delta S$$

比例系数 D 叫做扩散系数.

$$D=\frac{1}{3}\overline{v}\lambda$$

式中负号表明气体的扩散从密度较大处向较小处进行.

复习思考题解答

5-1-1 试解释气体为什么容易压缩,却不能无限地压缩.

解题过程 气体很容易被压缩是因为气体分子间距较大,一般远大于其限度.但是气体分子又不能无限压缩是因为不仅每个气体分子有一定体积,需要占据一定空间,而且当分子间距变小时,分子间斥力会逐渐大于分子间的引力而使分子间表现为斥力,来阻止分子间距的进一步变小.

5-1-2 气体在平衡状态时有何特征?这时气体中有分子热运动吗?热力学中的平衡与力学中的平衡有何不同?

解题过程 气体处于平衡状态时,宏观表现为热力性质包括状态参数等不随时间而变化,不和外界发生能量和物质交换,气体内部没有发生任何形式的能量转换和状态、性质等的变化,气体内部状态参数(密度、温度、压强等)处处相同.

气体分子的热运动只与温度有关,只要温度在绝对零度以上,组成气体的分子都在不停地做无规则的热运动.气体在平衡状态时,只是分子运动的总体效果是定常的,但是分子却在做热运动.

5-4-1 对一定量的气体来说,当温度不变时,气体的压强随体积的减小而增大;当体积不变时,压强随温度的升高而增大.就微观来看,它们是否有区别?

解题过程 根据分子运动论来看,气体压强的增加是因为单位时间内与容器壁碰撞的分子数增加或碰撞速度增加而使得器壁所受的平均冲击力增大,但前者对于一定量的气体,当温度不变时,体积的减小会使得单位体积内分子数目增加,这样单位时间内碰壁的次数就会增加,从而压强增加. 而后者气体体积及质量不变,分子数密度就不会变化,但是随着温度的升高,分子的热运动会加剧,运动速度加大,因而不仅单位时间内每个分子平均碰壁的次数多了,而且碰壁的平均速度也加大了,器壁受的冲击力就会加大,宏观表现就是压强增加. 由此可见,两者在宏观上的表现是相同的,就是压强增加,但是微观上机理是不同的.

5-4-2 如果气体由几种类型的分子组成,写出混合气体的压强公式.

解题过程 道尔顿分压定律告诉我们:混合气体(不发生化学变化)的总压强等于各气体的分压强之和. 分压强是假定混合气体中各组分气体单独存在,并具有与混合气体相同的温度和容积时的压强.

设混合气体各组分的质量及相应的摩尔质量分别为 $m_1,m_2,\cdots,m_n,M_1,M_2,\cdots,M_n$,由分压定律可得总压强

$$p=\sum_{i=1}^{n}p_i=\sum_{i=1}^{n}\left(\frac{m_i}{M_i}\frac{RT}{V}\right)=\frac{RT}{V}\sum_{i=1}^{n}\frac{m_i}{M_i}$$

5-4-3 对汽车轮胎打气,使达到所需要的压强. 问在夏天与冬天打入轮胎内的空气质量是否相同? 为什么?

解题过程 不相同. 夏天温度比冬天高,将空气近似为理想气体,由理想气体状态方程 $pV=\frac{m}{M_a}RT$,M_a 为空气摩尔质量,汽车在使用时,内胎中空气压强 p 和体积 V 是不变的,M_a、R 是常数,因此充气质量 m 随着温度 T 的增大而减小,所以夏天打入空气的质量比冬天少.

5-5-1 试用气体的分子热运动说明为什么大气中氢的含量极少?

解题过程 假设地球表面大气的平均温度为 10℃(283K),根据气体分子热运动理论可知,氢气分子的方均根速率

$$\sqrt{\overline{v^2}}=\sqrt{\frac{3RT}{M_{H_2}}}=\sqrt{\frac{3\times8.31\times283}{2\times10^{-3}}}\text{ m/s}=1.88\times10^3\text{ m/s}$$

物体要想挣脱地球的引力而从地球表面逃逸出去,必须有其动能与万有引力势能之和大于等于零,即

$$\frac{1}{2}mv^2+\left(-\frac{GM_Em}{R_E}\right)\geqslant0$$

m 为物体质量,M_E、R_E 分别为地球的质量和半径,G 为万有引力常量.

由此即得 $v\geqslant\sqrt{\frac{2GM_E}{R_E}}$,又因为地表物体重力大致等于其所受的万有引力,亦即 $mg=\frac{GM_Em}{R_E^2}$,所以 $GM_E=gR_E^2$,$\frac{GM_E}{R_E}=gR_E$.

代入上式，取 $R_E=6300\text{km}$，得

$$v \geqslant \sqrt{2gR_E}=\sqrt{2\times9.8\times6.3\times10^6}\ \text{m/s}=1.11\times10^4\ \text{m/s}$$

从以上两速度来看，虽然氢分子的方均根速率与最小逃逸速度差10倍的关系，但由统计规律可知还是有大量的氢分子速率大于最小逃逸速度，这样氢分子会不断地逃逸掉，因此地球大气中的氢含量极少.

5-5-2 回答下列问题：

(1)气体中一个分子的速率在 $v\sim v+\Delta v$ 间隔内的概率是多少？

(2)一个分子具有最概然速率的概率是多少？

(3)气体中所有分子在某一瞬时速率的平均值是 $\bar{v}$，则一个气体分子在较长时间内的平均速率应如何考虑？

解题过程 (1)由麦克斯韦速度分布律可知，气体分子速率分布函数为 $f(v)=\dfrac{\Delta N}{N\Delta v}$，所以气体中一个分子速率在 $v\sim v+\Delta v$ 间隔内的概率是 $f(v)\Delta v=\dfrac{\Delta N}{N}$.

(2) 一个分子的最概然速率的概率是 $f(v_p)=\dfrac{\Delta N}{N\Delta v}$.

(3) $\bar{v}=\int_0^\infty vf(v)\mathrm{d}v$ 表示气体中所有分子在某一瞬时的速率平均值. 由分布函数的意义可知，单个分子在较长时间内无规律运动的平均速率应与气体中所有分子在某一瞬时的平均速率一样，也是 $\bar{v}$.

5-5-3 气体分子的最概然速度、平均速率以及方均根速率各是怎样定义的？它们的大小由哪些因素决定？各有什么用处？

解题过程 气体分子速率分布 $f(v)$ 曲线上，有一个 $f(v)$ 的极大值，该极大值处的速率 v_p 称为最概然速率，它表示的是在一定温度下，速率与 v_p 接近的气体分子所占的比率大. 气体中所有分子速率之和再除以分子总数所得的值即 $\bar{v}$，也就是分子速率的算术平均值. 气体中所有分子的速率先平方，再求算术平均值所得 $\overline{v^2}$，再开方得到的速率 $v_{\text{rms}}=\sqrt{\overline{v^2}}$，即为方均根速率，通过计算可以得到这三个统计值 $v_p=\sqrt{\dfrac{2kT}{m}}=\sqrt{\dfrac{2RT}{M}}$；$\bar{v}=\sqrt{\dfrac{8KT}{\pi m}}=\sqrt{\dfrac{8RT}{\pi M}}$；$v_{\text{rms}}=\sqrt{\overline{v^2}}=\sqrt{\dfrac{3kT}{m}}=\sqrt{\dfrac{3RT}{M}}$. 由以上三式可以知道它们均由气体的摩尔质量和温度决定.

最概然速率可用来约化分子速率，讨论分子速率分布，平均速率用于计算与分子碰撞有关的量，比如平均自由程，方均根速率用于计算分子的平均平动动能.

5-5-4 在同一温度下，不同气体分子的平均平动动能相等. 因氧分子的质量比氢分子的大，则氢分子的速率是否一定大于氧分子的呢？

解题过程 不一定. 气体分子平均动能公式为：$\overline{w}=\frac{1}{2}m\overline{v^2}=\frac{3}{2}kT$，任何气体的分子平均动能仅取决于温度，式中 $\overline{v^2}$ 是平均速率，是一个统计量，针对大量分子而言，并非是每个分子每时每刻都是以这样的速度运动. 因此，相同温度下，由于氢分子质量小于氧分子，氢分子的方均根速率比氧分子的方均根速率大，并非每个氢分子的速率都比氧分子速率大.

5-5-5 如盛有气体的容器相对于某坐标系从静止开始运动，容器内的分子速度相对于这个坐标系也将增大，则气体的温度会不会因此升高呢？

解题过程 气体的温度不会因此而升高. 因为温度是分子热运动强度的量度而非宏观上的运动. 热运动是大量分子无规则运动，而整个容器内气体的定向运动并非是分子热运动，不能加剧分子运动，从而不会使温度升高.

5-5-6 速率分布函数的物理意义是什么？试说明下列各量的意义：(1) $f(v)\mathrm{d}v$；(2) $Nf(v)\mathrm{d}v$；(3) $\int_{v_1}^{v_2} f(v)\mathrm{d}v$；(4) $\int_{v_1}^{v_2} Nf(v)\mathrm{d}v$；(5) $\int_{v_1}^{v_2} vf(v)\mathrm{d}v$；(6) $\int_{v_1}^{v_2} Nvf(v)\mathrm{d}v$.

解题过程 速度分布函数 $f(v)=\frac{\Delta N}{N\Delta v}$ 有两方面的物理意义：①对所有的气体分子而言，表示其中速率在 v 附近单位速率间隔内的气体分子数所占的比例；②对单个分子而言，表示其速率在 v 附近单位速率间隔内的概率.

(1) $f(v)\mathrm{d}v=\frac{\mathrm{d}N}{N}$，表示速率在 $v\sim v+\mathrm{d}v$ 区域内的分子数占总分子数的百分比；或者表示单个分子速率在 $v\sim v+\mathrm{d}v$ 区域内的概率.

(2) $Nf(v)\mathrm{d}v=\mathrm{d}N$，表示速率在 $v\sim v+\mathrm{d}v$ 区域内的分子数.

(3) $\int_{v_1}^{v_2} f(v)\mathrm{d}v=\int_{v_1}^{v_2}\frac{\mathrm{d}N}{N}=\frac{1}{N}\int_{v_1}^{v_2}\mathrm{d}N$，表示速率在 $v_1\sim v_2$ 区域内的分子数所占的百分比；或者表示单个气体分子速率在 $v_1\sim v_2$ 区域内的概率.

(4) $\int_{v_1}^{v_2} Nf(v)\mathrm{d}v=\int_{v_1}^{v_2}\mathrm{d}N$，表示速率在 $v_1\sim v_2$ 区域内的分子数目.

(5) $\int_{v_1}^{v_2} vf(v)\mathrm{d}v=\frac{1}{N}\int_{v_1}^{v_2} v\mathrm{d}N$，表示速度在 $v_1\sim v_2$ 区域内所有分子速率的总和与系统总分子数 N 的商.

(6) $\int_{v_1}^{v_2} Nvf(v)\mathrm{d}v=\int_{v_1}^{v_2} v\mathrm{d}N$，表示速率在 $v_1\sim v_2$ 区域内所有分子速率的总和.

5-7-1 一定质量的气体，保持容器的容积不变. 当温度增加时，分子运动更趋剧烈，因而平均碰撞概率增多，平均自由程是否也因而减小呢？

解题过程 不会. 由理想气体状态方程 $pV=\frac{m}{M}RT$ 可知，一定质量的气体，保持容器的体积不变时，压强 p 和温度 T 成正比. 分子平均自由程计算公式为：$\overline{\lambda}=\frac{kT}{\sqrt{2}\pi d^2 p}$，因为 T 与 p 的比值不变，所以自由程也不变. 温度升高时，虽然分子运动加剧，导致平均碰撞次数增加而使得两次碰撞之间的平均时间间隔 $\Delta\bar{t}$ 减小，但是分子的平均速率 $\bar{v}$ 增加，$\Delta\bar{t}$ 与 $\bar{v}$ 的乘积不变，即分子平均自由程 $\bar{\lambda}=\bar{v}\Delta\bar{t}$ 不变. 事实上，实验表明一定量的气体，体积不变即密度一定时，分子有效碰撞直径 d 会随着温度升高而有所减小，因此虽然 $\frac{T}{p}$ 不变，分子平均自由程 $\bar{\lambda}$ 会随温度的增加而略有增大.

5-7-2 平均自由程与气体的状态以及分子本身的性质有何关系？在计算平均自由程时，什么地方体现了统计平均？

解题过程 由分子的平均自由程计算分式 $\bar{\lambda}=\dfrac{kT}{\sqrt{2}\pi d^2 p}$ 可知，平均自由程与气体的状态参数 T 和 p 有关，与温度 T 成正比，与压强 p 成反比，还与分子的有效碰撞直径 d 有关，与 d^2 成反比，d 是由分子本身的性质决定的，不同种类的气体分子的有效直径不同.

平均自由程计算式的原始式为 $\bar{\lambda}=\dfrac{\bar{v}}{\bar{Z}}$，$\bar{v}$ 为分子平均速率，$\bar{Z}$ 为单位时间平均碰撞次数，这两个量都是统计的平均值，因此计算平均自由程时，这两个量就体现出了统计平均.

5-8-1 分子热运动与分子间的碰撞在运输现象中各起什么作用？哪些物理量体现了它们的作用？

解题过程 分子热运动在运输现象中，由于分子不断相互掺和，使得原来气体中物理性质(包括密度、流速、温度等)不均匀的各部分经常交换物质、动量和能量，使得其内部各部分物理性质趋向于均匀. 分子间的碰撞使得分子间相互交换能量和动量，使得气体各部分质量和能量趋于均匀，气体状态趋向平衡.

分子的平均速率 $\bar{v}$ 体现了分子热运动的作用，分子平均自由程 $\bar{\lambda}$ 体现了分子碰撞的作用.

5-8-2 在推导迁移现象的宏观规律时，有人认为：既然分子的平均自由程是 $\bar{\lambda}$，则在 ΔS 两侧 A、B 两部的分子通过 ΔS 面前最后一次碰撞应发生在与 S 相距 $\frac{1}{2}\bar{\lambda}$ 处，这样才能保证通过 ΔS 面的分子无碰撞地通过 $\bar{\lambda}$ 的路程. 你是否同意这种看法？说明理由.

解题过程 不同意. 在 ΔS 两侧 A、B 两部分分子通过 ΔS 面前最后一次碰撞应发生在与 ΔS 相距 $\bar{\lambda}$ 处. 这是因为平均自由程是分子连续两次碰撞之间所走的平均距离，在某段时间内 ΔS 两侧的气体分子中都有一部分分子要经过最后一次碰撞而通过 ΔS 面，这些分子在发生最后一次碰撞时 ΔS 的距离有近有远，在这个距离内必须保证在最后一次碰撞之后与通过 ΔS 面之前的时间内不与其他分子发生碰撞，很显然这个距离要小于分子自由程，因而其平均值也小于分子平均自由程 $\bar{\lambda}$. 这样想好像很合理，其实是不正确的. 实际上，从微观解释推导迁移现象的宏观规律时，对微观的分子运动以及碰撞情况作了假设并且使之模型化了.

首先，将系统划分成很多微小的区域，虽然宏观上是非平衡态，但微观上认为这些小区域内的分子都处于平衡态，并且假定各区域内的分子运动是各向同性的，各分子以速率 $\bar{v}$

运动，并将这些分子等分成三队，分别沿 x,y,z 轴的方向运动. 研究时只研究沿 z 轴某一方向运动的那些分子，它们占小区域内总分子数的$\frac{1}{6}$，对于 ΔS 面两侧 A、B 两个相邻的小区域，虽然宏观参量不同，微观上分子的速率、动量等也不同，但最后它们必然变得与其他分子无从区别，即"同化"了. 因此可以这样简单设想：分子受一次碰撞就被完全"同化"，通过每两个相邻小区域间分子的碰撞和"同化"，最终使整个系统从非平衡态过渡到平衡状态.

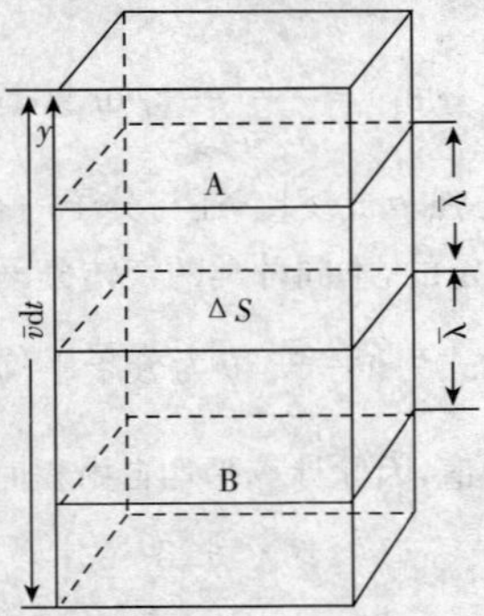

答 5-8-2 图

基于以上假设，我们可以认为 A、B 两部分如答 5-8-2 图，所交换的分子都具有通过 ΔS 面前最后一次受碰处的定向参量，它们已与本区域内其他分子做完最后一次碰撞，正沿 y 轴穿过ΔS，并与对方区域内分子作首次碰撞. 虽然各个分子最后一次受碰的位置不同，但就平均效果来讲，可以认为所有这些准备一次穿越 ΔS 面的分子均匀分布在以 ΔS 为底，$\bar{\lambda}$ 为高的柱体里. 由于有了前面的假设和理想化的模型，不能认为该柱体的高为$\frac{\lambda}{2}$，这样会遗漏一半分子数.

习题全解

5-1 **解题过程** 设氦气的压强为 p，水银柱截面积为 S，密度为 ρ. 大气压强为 p_0. l_1、l_2 分别为氦气混入前后的水银柱高，则

$$p_0S=\rho gSl_1 \quad ①$$

$$p_0S=pS+\rho gSl_2 \quad ②$$

根据①、②式得 $p=\rho g(l_1-l_2)=p_0-p'_0$ ③

式中 p'_0 为氦气混入后的水银气压计显示气压.

氦气体积为 $V=V_0+\Delta V=S(l_0+\Delta l)$ ④

其中 $\Delta l=l_1-l_2$ ⑤

由理想气体状态方程

$$pV=\frac{m}{M_{mol}}RT \tag{⑥}$$

将③、④、⑤式代入⑥式，得

$$m=M_{mol}\frac{pV}{RT}=\frac{M_{mol}(p_0-p'_0)S(l_0+\Delta l)}{RT}$$

$$=0.004\times\frac{\frac{0.76-0.60}{0.76}\times1.013\times10^5\times2\times10^{-4}(0.12+0.76-0.60)}{8.31\times(273+27)}\text{kg}$$

$$=1.92\times10^{-6}\text{kg}$$

5-2 **解题过程** 此题要应用道尔顿分压定律及理想气体状态方程.

氢气和氦气混合不发生化学反应，先计算各自的分压强，根据理想气体状态方程可得，体积为 $V=1.0\times10^{-3}\text{m}^3$，温度为 $T=(273+30)\text{K}=303\text{K}$，氦气对容器的分压强为

$$p_1=\frac{m_1}{M_1}\frac{RT}{V}=\frac{4.0\times10^{-5}\times8.31\times303}{4.0\times10^{-3}\times1.0\times10^{-3}}\text{Pa}=2.52\times10^4\text{Pa}$$

氢气对容器的分压强

$$p_2=\frac{m_2}{M_2}\frac{RT}{V}=\frac{4.0\times10^{-5}\times8.31\times303}{2.0\times10^{-3}\times1.0\times10^{-3}}\text{Pa}=5.04\times10^4\text{Pa}$$

总压强 $p=p_1+p_2$

$$=7.56\times10^4\text{Pa}$$

5-3 **分析** 平衡前后两个状态分别对两部分气体列状态方程进行分析.

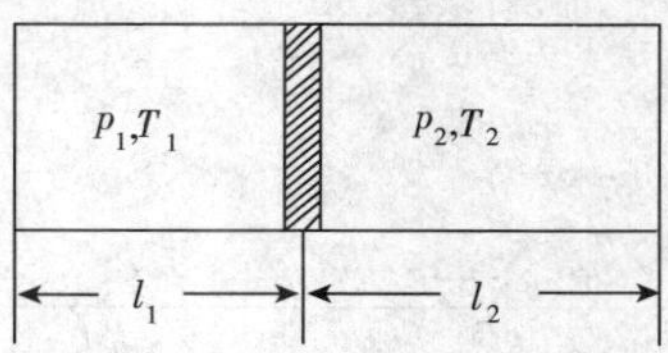

解 5-3 图

解题过程 如解 5-3 图所示，设活塞的横截面积为 S. 当两部分气体处于初始平衡状态时，它们的状态方程分别为

$$p_1l_1S=\frac{M_1}{M_{1,mol}}RT_1$$

$$p_2l_2S=\frac{M_2}{M_{2,mol}}RT_2$$

由已知 $l_1=l_2$，$M_{1,mol}=M_{2,mol}$，代入上两式得

$$\frac{M_1}{M_2}=\frac{p_1T_2}{p_2T_1}$$

当活塞处于平衡位置时,由力学平衡条件

$$p_1'=p_2'$$

由热学平衡条件

$$T_1'=T_2'$$

两部分气体达到新的平衡状态时它们的状态方程分别为

$$p_1'l_1'S=\frac{M_1}{M_{1,mol}}RT_1'$$

$$p_2'l_2'S=\frac{M_2}{M_{2,mol}RT'_2}$$

将平衡条件代入上述状态方程得

$$\frac{l_1'}{l_2'}=\frac{M_1}{M_2}=\frac{p_1T_2}{p_2T_1}=\frac{1.013\times10^5\times280}{2.026\times10^5\times680}=\frac{7}{34}=0.206$$

小 结 考查理想气体状态方程和应用.

5-4 解题过程 此题要根据三个统计量的定义来计算.

由原始定义可得

(1)平均速率

$$\bar{v}=(2\times v_0+3\times2v_0+5\times3v_0+4\times4v_0+3\times5v_0+2\times6v_0+7v_0)/20$$

$$=\frac{73}{20}v_0=3.65v_0$$

(2)方均根速率

$$v_{ms}=\sqrt{\overline{v^2}}$$

$$=\left(\frac{2\times v_0^2+3\times(2v_0)^2+5\times(3v_0)^2+4\times(4v_0)^2+3\times(5v_0)^2+2\times(6v_0)^2+1\times(7v_0)^2}{20}\right)^{\frac{1}{2}}$$

$$=\sqrt{\frac{319}{20}v_0^2}\approx3.99v_0$$

(3)由于速率 $3v_0$ 的质点有 5 个,是各速率中拥有质点数最多的一个,所以最概然速率 $v_p=3v_0$.

5-5 解题过程 氢、氧和水银蒸气分子的摩尔质量分别为

$$M_{H_2}=2\times10^{-3}\,\text{kg/mol},M_{O_2}=32\times10^{-3}\,\text{kg/mol},M_{Hg}=0.21\,\text{kg/mol}$$

(1)方均根速率

$$\sqrt{\overline{v^2_{H_2}}}=\sqrt{\frac{3RT}{M_{H_2}}}=1934\,\text{m/s}$$

$$\sqrt{\overline{v_{O_2}^2}}=\sqrt{\frac{3RT}{M_{O_2}}}=483\text{m/s}$$

$$\sqrt{\overline{v_{Hg}^2}}=\sqrt{\frac{3RT}{M_{Hg}}}=193\text{m/s}$$

(2)由于温度相同,三种气体的平均平动动能相同,即

$$\bar{\varepsilon}=\frac{3}{2}kT=6.21\times10^{-21}\text{J}$$

5-6 解题过程 由题目中所给的条件可知,要利用压强与分子的平均平动动能关系式来求解.

由 $p=\frac{2}{3}n\overline{w}$,可得

平动动能 $\overline{w}=\frac{3}{2}\frac{p}{n}$

氧气分子数密度 $n=\frac{N}{V}=\frac{\frac{m}{M_{O_2}}N_A}{V}=\frac{mN_A}{M_{O_2}V}$

于是 $\overline{\omega}=\frac{3pM_{O_2}V}{2mN_A}=\frac{3\times1.013\times10^5\times0.032\times1.54\times10^{-3}}{2\times2\times10^{-3}\times6.022\times10^{23}}\text{J}$

$=6.22\times10^{-21}\text{J}$

5-7 解题过程 设气体分子的自由度为 i,外界输入的热量仅全部转化为理想气体分子内能的增量,即

$$Q=\Delta E=\frac{i}{2}R\Delta T$$

所以 $i=\frac{2Q}{R\Delta T}=5$

即气体分子的自由度为 5,是双原子分子.

5-8 解题过程 H_2O 自由度 $i=6$,温度为 T 时 1mol H_2O 的内能为

$$E_1=\frac{6}{2}RT=3RT$$

H_2 与 O_2 自由度 $i=5$,温度为 T 时 1mol H_2 和 $\frac{1}{2}$mol O_2 的内能为

$$E_2=\frac{5}{2}RT+\frac{1}{2}\times\frac{5}{2}RT=\frac{15}{4}RT$$

所以,内能增量为 $\Delta E=E_2-E_1=\frac{15}{4}RT-3RT=\frac{3}{4}RT$

5-9 解题过程 本题要用能量均分定理来做.

由能量均分定理可知,每个气体分子每一个自由度的平动动能为 $\frac{1}{2}kT$,1mol 理想气

体分子的每一个自由度的平动动能为$\frac{1}{2}kN_AT=\frac{1}{2}RT$，$N_A$ 为阿伏加德罗常数，氢气为双原子分子，三维空间中平动有 3 个自由度，转动有两个自由度，所以 1mol 温度 $T=(27+273)\text{K}=300\text{K}$ 的氢气的分子平动动能

$$E_{01}=\frac{3}{2}RT=\frac{3}{2}\times 8.31\times 300\text{J}=3.74\times 10^3\text{J}$$

转动动能

$$E_{02}=\frac{2}{2}RT=8.31\times 300\text{J}=2.49\times 10^3\text{J}$$

5-10 解题过程　由方均根速率$\sqrt{\overline{v^2}}=\sqrt{\frac{3RT}{M}}$，得　$\frac{RT}{M}=\frac{1}{3}\overline{v^2}$

由理想气体的状态方程

$$pV=\frac{m}{M}RT$$

可得

$$\rho=\frac{m}{V}=\frac{pM}{RT}=\frac{3p}{\overline{v^2}}=\frac{3\times 1.013\times 10^5}{400^2}\text{kg/m}^3$$

$$=1.9\text{kg/m}^3=0.0019\text{g/cm}^3$$

5-11 解题过程　运用麦克斯韦分布函数及 v_p 公式求解.

麦克斯韦分布函数 $f(v)=4\pi v^2\left(\frac{m}{2\pi kT}\right)^{3/2}\cdot e^{-mv^2/(2kT)}$，最概然速率 $v_p=\sqrt{\frac{2kT}{m}}$ 在 v_p 到 $v_p+0.01v_p$ 之间的气体分子数占总分子数的百分比为

$$\frac{\Delta N}{N}=f(v_p)\Delta v$$

而 $\Delta v=0.01v_p$，将 $f(v)$和 v_p 的计算式代入上式可得

$$\frac{\Delta N}{N}=f(v_p)\cdot 0.01v_p$$

$$=4\pi\cdot\frac{2kT}{m}\cdot\left(\frac{m}{2\pi kT}\right)^{3/2}\cdot e^{-1}\cdot\frac{1}{100}\sqrt{\frac{2kT}{m}}$$

$$=\frac{1}{25e\sqrt{\pi}}=0.83$$

5-12 解题过程　利用分布函数的定义及性质来解此题.

(1)由题设条件可得分布函数

$$f(v)=\frac{dN_v}{Ndv}=\begin{cases}\frac{K}{N} & (v_0>v>0)\\ 0 & (v>v_0)\end{cases}$$

其函数图如解 5-12 图所示.

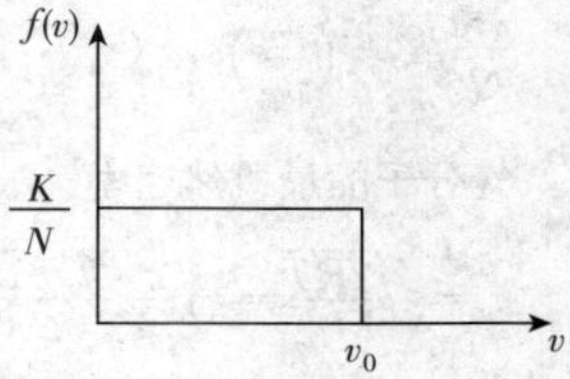

解 5-12 图

(2)由分布函数的归一性可得

$$\int_0^{+\infty} f(v)\mathrm{d}v=\int_0^{v_0}\frac{K}{N}\mathrm{d}v=1,\text{亦即}\frac{Kv_0}{N}=1,\text{所以 }K=\frac{N}{v_0}.$$

$$f(v)=\begin{cases}\dfrac{1}{v_0} & (v_0>v>0)\\ 0 & (v>v_0)\end{cases}$$

(3)已经求得分布函数 $f(v)$ 并定出常数 K,则有

平均速率 $\qquad \bar{v}=\int_0^{v_0} vf(v)\mathrm{d}v=\frac{K}{N}\int_0^{v_0} v\mathrm{d}v=\frac{K}{N}\frac{1}{2}v_0{}^2=\frac{1}{2}v_0$

方均根速率 $\sqrt{\overline{v^2}}=\left(\int_0^{v} v^2 f(v)\mathrm{d}v\right)^{\frac{1}{2}}=\left(\frac{K}{N}\frac{1}{3}v_0^3\right)^{1/2}=\frac{v_0}{\sqrt{3}}$

5-13 解题过程 此题与 5－12 题属同种类型,解法相同.

(1)由题意可得电子速率的分布函数

$$f(v)=\frac{\mathrm{d}N}{N\mathrm{d}v}=\begin{cases}\dfrac{4\pi v^2 A}{N} & (v_F>v>0)\\ 0 & (v>v_F)\end{cases}$$

由归一性 $\int_0^{+\infty} f(v)\mathrm{d}v=1$

亦即 $\qquad \int_0^{v_F}\frac{4\pi v^2 A}{N}\mathrm{d}v=\frac{4\pi A}{3N}v_F^3=1$

所以 $\qquad A=\frac{3N}{4\pi v_F^3}$

(2)平均平动动能 $\bar{\varepsilon}=\frac{1}{2}m\overline{v^2}$,而由分布函数可得

$$\overline{v^2}=\int_0^{+\infty} v^2 f(v)\mathrm{d}v=\int_0^{v_F}\frac{4\pi v^4 A}{N}\mathrm{d}v=\frac{4\pi A}{N}\int_0^{v_F} v^4\mathrm{d}v=\frac{4\pi A}{5N}v_F^5$$

$$=\frac{4\pi v_F^5}{5N}\frac{3N}{4\pi v_F^3}=\frac{3}{5}v_F^2$$

所以 $\bar{\varepsilon}=\frac{1}{2}m\cdot\frac{3}{5}v_F^2=\frac{3}{5}\left(\frac{1}{2}mv_F^2\right)=\frac{3}{5}E_F.$

5-14 解题过程 $v\sim v+\Delta v$ 区域内的分子数占总分子数的比率是

$$\frac{\Delta N}{N}=\frac{4}{\sqrt{\pi}}\left(\frac{v}{v_p}\right)^2 e^{-\left(\frac{v}{v_p}\right)^2}\cdot\frac{\Delta v}{v_p}$$

温度 $T=300\text{K}$ 的氢气分子的最概然速率

$$v_p=\sqrt{\frac{2RT}{M_{H_2}}}=\sqrt{\frac{2\times8.31\times300}{0.002}}\text{m/s}=1579\text{m/s}$$

由题意应取 $v=v_p-10\text{m/s}=1569\text{m/s},\Delta v=20\text{m/s}$

所以 $$\frac{\Delta N}{N}=\frac{4}{\sqrt{\pi}}\left(\frac{1569}{1579}\right)^2 e^{-\left(\frac{1569}{1579}\right)^2}\cdot\frac{20}{1579}\times100\%=1.05\%.$$

实际上由于 $v_p\gg10\text{m/s}$，可取 $v\approx v_p,\Delta v=20\text{m/s}$，可使得计算量减小.

5-15 解题过程 由 $p=p_0 e^{-\frac{M_{mol}gh}{RT}}$，可得 $h=-\frac{RT}{M_{mol}g}\ln\frac{p}{p_0}=2.31\text{km}$

5-16 解题过程 由 $p=p_0e^{-\frac{Mgh}{RT}}$，其中 $p_0=1.013\times10^5\text{Pa}$，$T=273\text{K}$，空气 $M=0.0298\text{kg/mol}$，可得

(1)$h_1=500\text{m}$ 时 $p_1=1.013\times10^5\exp\left(-\frac{0.0298\times9.8\times500}{8.31\times273}\right)\text{Pa}=9.51\times10^4\text{Pa}$

(2)$h_2=4000\text{m}$ 时 $p_2=1.013\times10^5\exp\left(-\frac{0.0298\times9.8\times4000}{8.31\times273}\right)\text{Pa}$

$=6.15\times10^4\text{Pa}$

(3)$h_3=20\text{km}$ 时 $p_3=1.013\times10^5\exp\left(-\frac{0.0298\times9.8\times2\times10^4}{8.31\times273}\right)\text{Pa}$

$=8.32\times10^3\text{Pa}$

5-17 解题过程 根据理想气体状态方程 $p=nkT$，可得气体分子密度

$$n=\frac{p}{kT}=3.21\times10^{17}\text{m}^3$$

则分子的平均自由程 $\bar{\lambda}=\frac{1}{\sqrt{2}\pi d^2 n}=7.79\text{m}.$

5-18 解题过程 本题可直接运用平均碰撞次数的公式求解.

(1)在标准状态下氮气分子的平均速率

$$\bar{v}=\sqrt{\frac{8RT}{\pi M}}=\sqrt{\frac{8\times8.31\times273}{3.14\times0.028}}\text{m/s}=454\text{m/s}$$

平均碰撞次数 $\bar{Z}=\sqrt{2}\pi d^2\bar{v}n=\sqrt{2}\pi d^2\bar{v}\frac{p}{kT}$

$=1.414\times3.14\times(10^{-10})^2\times454\times\frac{1.013\times10^5}{1.38\times10^{-23}\times273}$次/s

$=5.42\times10^8$ 次/s

(2)温度不变，则平均速率 $\bar{v}$ 不变，由 $\bar{Z}$ 的计算公式可知，$\bar{Z}$ 与 p 成正比，设压强降低为 p' 后平均碰撞次数为 $\bar{Z}'$，所以会有 $\frac{\bar{Z}'}{\bar{Z}}=\frac{p'}{p}$

气压降低后的平均碰撞次数$\overline{Z'}=\frac{p'}{p}\overline{Z}=\frac{1.33\times10^{-4}}{1.013\times10^{5}}\times5.42\times10^{8}$ 次/s$=0.71$ 次/s.

5-19 解题过程 直接由黏度的计算公式可得

$$\eta=\frac{1}{3}\rho\bar{\lambda}\bar{v}=\frac{1}{3}\times1.293\times6.4\times10^{-8}\times4.6\times10^{2}\,\mathrm{Pa\cdot s}$$
$$=1.27\times10^{-5}\,\mathrm{Pa\cdot s}$$

5-20 解题过程 本题由扩散系数和平均自由程的计算公式来求解.

扩散系数 $D=\frac{1}{3}\bar{v}\bar{\lambda}$,于是分子平均自由程 $\bar{\lambda}=\frac{3D}{\bar{v}}$

而标准状态下氧分子平均速率

$$\bar{v}=\sqrt{\frac{8RT}{\pi M_{O_2}}}=\sqrt{\frac{8\times8.31\times273}{3.14159\times0.032}}\,\mathrm{m/s}=424.89\mathrm{m/s}$$

所以 $\bar{\lambda}=\frac{3D}{\bar{v}}=\frac{3\times1.87\times10^{-5}}{424.89}\mathrm{m}=1.32\times10^{-7}\mathrm{m}$

又由于 $\bar{\lambda}=\frac{kT}{\sqrt{2}\pi d^{2}p}$

所以,可得分子有效直径

$$d=\left(\frac{kT}{\sqrt{2}\pi\bar{\lambda}p}\right)^{\frac{1}{2}}$$
$$=\left(\frac{1.38\times10^{-23}\times273}{1.414\times3.14159\times1.32\times10^{-7}\times1.013\times10^{5}}\right)^{\frac{1}{2}}\mathrm{m}$$
$$=2.52\times10^{-10}\mathrm{m}$$

5-21 解题过程 本题要利用范德瓦耳斯方程和临界点的特性来求解.

1mol 气体的范德瓦耳斯方程为

$$\left(p+\frac{a}{V_m^2}\right)(V_m-b)=RT$$

按 V_m 的多项式整理可得 $V_m^3-\frac{pb+RT}{p}\cdot V_m^2+\frac{a}{p}V_m-\frac{ab}{p}=0$

由临界点的性质可知上式关于 V_m 的三次方程在临界点(p_k,V_k,T_k)有唯一根 $V_m=V_k$,亦即该方程可以化成$(V_m-V_k)^3=0$ 形式.

而 $(V_m-V_k)^3=V_m^3-3V_kV_m^2+3V_k^2V_m-V_k^3=0$

同时临界点又满足 $V_m^3-\frac{p_kb+RT_k}{p_k}V_m^2+\frac{a}{p_k}V_m-\frac{ab}{p_k}=0$

由对应项系数相等可得

$$\begin{cases}3V_k=\dfrac{p_k b+RT_k}{p_k}\\ 3V_k^2=\dfrac{a}{p_k}\\ V_k^3=\dfrac{ab}{p_k}\end{cases}$$

由以上三式解得　　$a=3p_kV_k^2, b=\frac{1}{3}V_k$

$$p_kV_k=\frac{3}{8}RT_k, T_k=\frac{8p_kV_k}{3R}$$

此式即为临界点温度与压强体积的关系.

5—22 解题过程　直接用上题推得的临界点温度、体积和压强的关系式 $p_kV_k=\frac{3}{8}RT_k$，可得 $V_k=\frac{3RT_k}{8p_k}=\frac{3\times8.31\times(273+31)}{8\times73\times10^5}\text{m}^3=1.30\times10^{-4}\text{m}^3$.

5-23 解题过程　依题意氮分子间引力所做的功为

$$A=-\int_{v_1}^{v_2}p_i\text{d}V=-\int_{v_1}^{v_2}\frac{m^2}{M_{mol}^2}\frac{a}{V^2}\text{d}V=-\frac{m^2a}{M_{mol}^2}\left(\frac{1}{V_1}-\frac{1}{V_2}\right)=-0.323\text{J}$$

5-24 解题过程　氮的范德瓦耳斯修正量为

$$a=3V_k^2p_k=8.26\times10^{-2}\,\text{N}\cdot\text{m}^4/\text{mol}^2$$

$$b=\frac{1}{3}V_k=3\times10^{-5}\,\text{m}^3/\text{mol}$$

第六章 热力学基础

本章知识要点

1. 热力学第零定律的内容、热力学第一定律的相关概念及内容.
2. 热力学第一定律在等体、等压、等温及绝热循环过程中的应用.
3. 热力学第二定律的内容及应用.
4. 熵的概念、玻尔兹曼关系的表达式.
5. 熵增加原理及应用.

知识点归纳

一、热力学第零定律

如果两个物体都与处于确定状态的第三物体处于热平衡,则该两物体彼此处于热平衡.

二、热力学第一定律

1. 准静态过程

热力学系统在状态变化过程进行中的每一时刻,系统的状态都无限接近平衡态.

2. 功

准静态过程中系统对外界所做的功为

$$dA = p dV, A = \int_{v_1}^{v_2} p dV$$

3. 热量

热量是系统与外界或两个物体之间由于温度不同而交换的热运动能量.

4. 热力学第一定律

$$dQ=dE+dA$$

$$Q=E_2-E_1+A$$

5. 摩尔热容

摩尔热容是指一摩尔物质温度改变 1 K 所吸收或放出的热量.

理想气体的定体摩尔热容 $C_{V,m}=\frac{i}{2}R$

理想气体的定压摩尔热容 $C_{p,m}=\frac{i+2}{2}R$

迈耶公式 $C_{p,m}=C_{V,m}+R$

比热容比 $\gamma=\frac{C_{p,m}}{C_{V,m}}=\frac{i+2}{i}$

6. 热力学第一定律对理想气体等值过程的应用

表 6-1

过程	特征	过程方程	吸收热量 Q	对外做功 A	内能增量 ΔE
等体	$dV=0$	$\frac{p}{T}=C$	$C_{V,m}\frac{m}{M}(T_2-T_1)$	0	$C_{V,m}\frac{m}{M}(T_2-T_1)$
等压	$dp=0$	$\frac{V}{T}=C$	$C_{p,m}\frac{m}{M}(T_2-T_1)$	$p(V_2-V_1)$	$C_{V,m}\frac{m}{M}(T_2-T_1)$
等温	$dT=0$	$pV=C$	$\frac{m}{M}RT\ln(\frac{V_2}{V_1})$	$A=Q$	0
绝热	$dQ=0$	$pV^{\gamma}=C_1$ $TV^{\gamma-1}=C_2$ $P^{\gamma-1}T^{-\gamma}=C_3$	0	$A=-\Delta E$ $A=\frac{p_1V_1-p_2V_2}{\gamma-1}$	$C_{V,m}\frac{m}{M}(T_2-T_1)$

7. 绝热自由膨胀过程

$$Q=0,\quad A=0,\quad \Delta E=0$$

对理想气体 $T_2=T_1$

8. 循环过程

系统经一系列变化过程又回到初态. 这样的过程叫循环过程.

特点 $\Delta E=0$

(1)正循环(热机循环):系统从高温热源吸热 Q_1,向低温热源放热 $|Q_2|$ $(Q_2<0)$,系统对外界做功 $A=Q_1-|Q_2|$,热机效率为

$$\eta=\frac{A}{Q_1}=1-\frac{|Q_2|}{Q_1}$$

(2)逆循环(致冷循环):系统从低温热源吸热 Q_2,向高温热源放热 $|Q_1|$ $(Q_1<0)$,外界对系统做功 $A_{外}$,$|Q_1|=A_{外}+Q_2$,致冷系数为

$$w=\frac{Q_2}{A_{外}}=\frac{Q_2}{|Q_1|-Q_2}$$

(3)卡诺循环:在一循环中,若系统只在高温热源(温度 T_1)与低温热源(温度 T_2)之间交换热量,这样的循环称为卡诺循环.

卡诺循环的效率 $\eta_C=1-\frac{T_2}{T_1}$

卡诺致冷循环的致冷系数 $w_C=\frac{T_2}{T_1-T_2}$

9. 可逆过程与不可逆过程

可逆过程:系统由一初态出发,经某过程到达一末态后,如果能使系统回到初态而不引起外界的任何变化(即系统和外界都恢复了原状),则此过程叫做可逆过程.

不可逆过程:系统经某过程由一初态到末态后,如不可能使系统和外界完全复原,则此过程称为不可逆过程.

三、热力学第二定律

1. 开尔文表述

不可能只从单一热源吸取热量,使之完全变为有用的功而不引起其他变化,即功热转换过程是不可逆的.

2. 克劳修斯表述

不可能使热量从低温物体传向高温物体而不引起其他变化,即热传导过程是不可逆的.

3. 热力学第二定律的统计意义

自发宏观过程总是沿着使系统的热力学概率(微观状态数)增大的方向进行,或者说自发宏观过程总是沿着使大量分子运动向更加无序的状态进行.

4. 熵和熵增加原理

(1)热力学概率:某一宏观态对应的微观态数目,用 W 表示.

(2)玻耳兹曼熵公式 $S=k\ln W$

(3)克劳修斯熵公式 $S_2-S_1=\int_1^2\left(\frac{dQ}{T}\right)_{可逆}$

(4)熵增加原理:孤立系统中的不可逆过程,其熵增加;孤立系统中的可逆过程,其熵不变;孤立系统中的任意过程其熵永不减少,即

$$\Delta S\geqslant 0$$

式中不等号对应于不可逆过程,等号对应于可逆过程.

复习思考题解答

6-1-1 怎样区别内能与热量?下面哪种说法是正确的?

(1)物体的温度越高,则热量越多.

(2)物体的温度越高,则内能越大.

解题过程 (1)这种说法是错误的. 物体的温度决定其内能,但与热量无关. 内能包括系统内部所有粒子的动能和势能,是由热力学系统状态所决定的. 热量是热传递过程中所传递的能量的量度,是一个过程量,离开了热传递的过程而谈热量是没有意义的,系统吸收或放出热量可以改变系统的内能.

(2)这种说法对于理想气体是正确的. 内能是宏观状态参量(如 P、V、T)的单值函数,而对于理想气体,系统内能仅是温度 T 的单值函数. 因此系统从同一初始状态无论经历怎样的中间过程到达同一末态,内能增量是相同的. 理想气体的内能是与温度成正比的,但对于一般实际热力学系统而言,内能并非只是温度的单值函数,还与体积和压强有关. 因为温度高的物体内能不一定比温度低的物体内能大.

6-1-2 说明在下列过程中,热量、功与内能变化的正负:

(1)用气筒打气;(2)水沸腾变成水蒸气.

解题过程 用气筒打气的过程,先是外界对气体做功使气体压缩,压强增大,达到一定的压强时,气体顶开阀门向外排气,以气筒内的气体为研究对象来研究压缩气体的过程,由于压缩气体的过程进行得很快,筒内的气体来不及与外界换热就已被压缩,因此这一过程可以看成是绝热压缩过程. 于是有吸热量 $Q=0$,外界对系统做功而使得 $\Delta V<0$,$A<0$,亦即系统对外做负功,由热力学第一定律$Q=\Delta E+A$,知 $\Delta E>0$,系统内能增加.

(2)取水蒸气为研究对象,并将其近似为理想气体. 水沸腾后变成的水蒸气进行的是等温膨胀过程,由于系统体积增大,即 $\Delta V>0$,所以 $A>0$,系统对外做正功;水蒸气温度不变 $\Delta T=0$,系统内能变化 $\Delta E=0$,由热力学第一定律可得 $Q=A+\Delta E=A>0$,即水蒸气在等温膨胀时需要吸热.

6-2-1 为什么气体热容的数值可以有无穷多个?什么情况下,气体的摩尔热容是零?什么情况下,气体的摩尔热容是无穷大?什么情况下是正值?什么情况下是负值?

解题过程 气体的热容定义为在没有化学反应和相变的条件下,气体的温度每升高 1 K 所吸收的热量,微分表达式为 $C=\dfrac{\mathrm{d}Q}{\mathrm{d}T}$,$\mathrm{d}Q$ 是过程微元交换的热量,然而气体从一个平衡态变化到另一个平衡态,可能经历的过程理论上可以有无穷多个,正如 $p-V$ 图上从一个状态点到另一个状态点可以连无穷多条曲线,每一条曲线都是一个中间过程,每条曲线上气体温度升高 1 K 所吸收的热量都不同,因此热容 C 的数值可以有无穷多个,1 mol 气体的热容称为气体的摩尔热容,由热容微分式可得

当 $dQ=0$ 时，气体的摩尔热容 $C_m=0$，此时为绝热过程；

当 $dT=0$ 时，气体的摩尔热容 $C_m=\infty$，此时为等温过程；

当 $dQ>0$ 时，$dT>0$ 时，气体摩尔热容 $C_m>0$，等压过程 $C_m=C_{p,m}>0$，等容过程 $C_m=C_{V,m}>0$；

当 $dQ>0$，$dT<0$ 或 $dQ<0$，$dT>0$ 时，气体摩尔热容 $C_m<0$，气体经历多方指数 $1<n<\gamma$ 的多方过程时将出现负热容，此时会出现外界对系统做功，系统既升温又放热的现象.

6-2-2 一理想气体经图示各过程，试讨论其摩尔热容的正负：
(1)过程Ⅰ→Ⅱ；(2)过程Ⅰ′→Ⅱ(沿绝热线)；(3)过程Ⅱ′→Ⅱ.

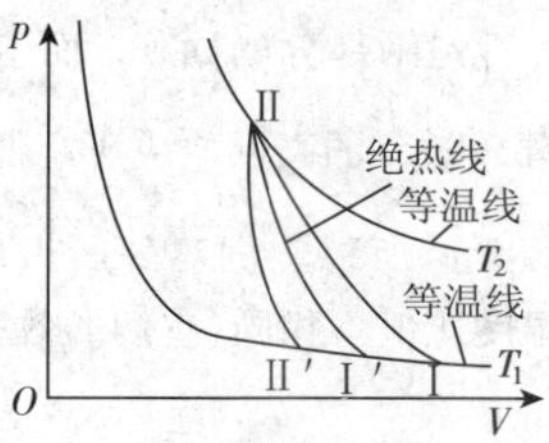

思考题 6-2-2 图

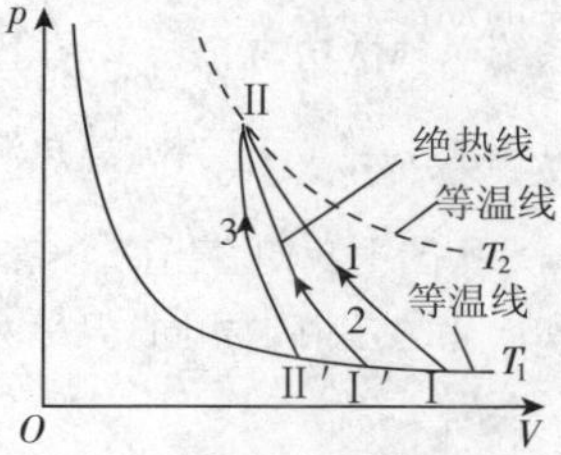

答 6-2-2 图

解题过程 由答 6-2-2 图可知，这三个过程初末状态的温度都相同，亦即温度变化相同，由于是理想气体，因此内能增量也相同. 在 $p-V$ 图上，远离坐标轴的等温线温度高，亦即 $T_2>T_1$，$\Delta T>0$，于是三过程的内能增量 $\Delta E_1=\Delta E_2=\Delta E_3>0$；比较 $p-V$ 图上过程曲线下的面积，可知 $|A_1|>|A_2|>|A_3|$，由于 $\Delta V>0$，都是系统对外界做负功，亦即有 $A_1<A_2<A_3<0$. 而过程(2)是绝过程，$Q_2=0$，由热力学第一定律可得 $Q_2=\Delta E_2+A_2=0$，$Q_1=\Delta E_1+A_1<\Delta E_2+A_2=0$，$Q_3=\Delta E_3+A_3>\Delta E_2+A_2=0$，所以过程(1)放热，过程(3)吸热，由以上分析可得

(1)过程(Ⅰ→Ⅱ)中，摩尔热容为负；(2)过程(Ⅰ′→Ⅱ)中，摩尔热容为零；

(3)过程(Ⅱ′→Ⅱ)中，摩尔热容为正.

6-2-3 对物体加热而其温度不变，有可能吗？没有热交换而系统的温度发生变化，有可能吗？

解题过程 这两种情况都有可能.

这是因为一切系统的热力学过程都必须遵守热力学第一定律 $Q=\Delta E+A$，对物体进行加热即向物体输入能量，吸收的能量既可以转化为增加的内能，也可以对外做功. 例如晶体在融化时虽然吸收热量但是温度保持不变，吸收的热量用于增加其内能；理想气体在等温膨胀过程中，系统温度保持不变，系统吸收的热量全部用于对外界做功. 例如摩擦使物体温度上升，在这个过程中没有热量的交换.

6-3-1 为什么卡诺循环是最简单的循环过程？任意热机的循环需要多少个不同温度的热源？

解题过程 卡诺循环是只在两个恒温热源(一个高温热源，一个低温热源)之间进行的可逆循环过程，循环中，工作物质(又叫工质)仅和热源之间交换能量，循环过程仅由两个平衡的等温过程和两个平衡的绝热过程组成. 所以它是所有循环中最简单、最理想化的可逆循环.

任意一个可逆循环，其中间过程必须无限缓慢，才能接近平衡态，才可以细分为许多微小的卡诺循环过程. 每个卡诺循环都对应有两个温度的恒温热源，细分的卡诺循环数目越多越接近于实际的循环过程，每个卡诺循环的两个热源温差就越微小，因此任意可逆循环需要无穷多个不同温度的热源.

6-3-2 有两个热机分别用不同热源作卡诺循环，在 $p-V$ 图上，它们的循环曲线所包围的面积相等，但形状不同，如图所示，它们吸热和放热的差值是否相同？对外所做的净功是否相同？效率是否相同？

解题过程　对于一个卡诺循环过程，系统的内能不变，由热力学第一定律可知，吸热与放热的差值等于系统对外做功，在 $p-V$ 图上表示为循环曲线所包围部分的面积. 而卡诺循环的热效率 $\eta=1-\frac{T_2}{T_1}$（T_1 为高温热源，T_2 为低温热源)，效率的高低取决于高低温热源的温度比值. 从图中我们看出两个循环曲线所围面积相等，所以它们对外所做的净功相同，吸热和放热的差值也相同，但是两个循环的热源温度比值不相同，它们的效率也不相同.

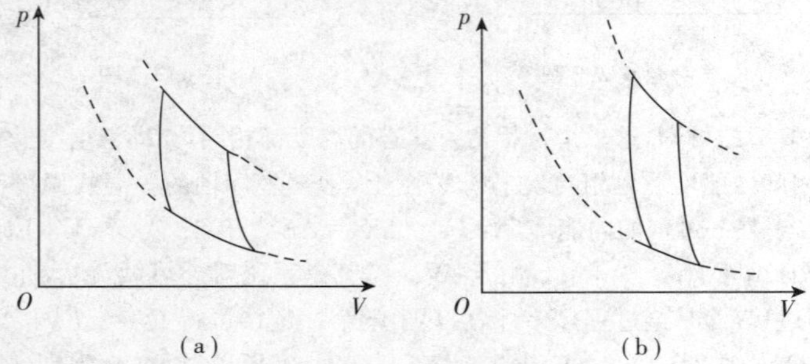

思考题 6-3-2 图

6-3-3 $p-V$ 图中表示循环过程的曲线所包围的面积代表热机在一个循环中所做的净功. 如图所示，如果体积膨胀得大些，面积就大了(图中面积 $S_{abc'd'}>S_{abcd}$)，所做的净功就多了，因此热机效率也就可以提高了. 这种说法对吗？

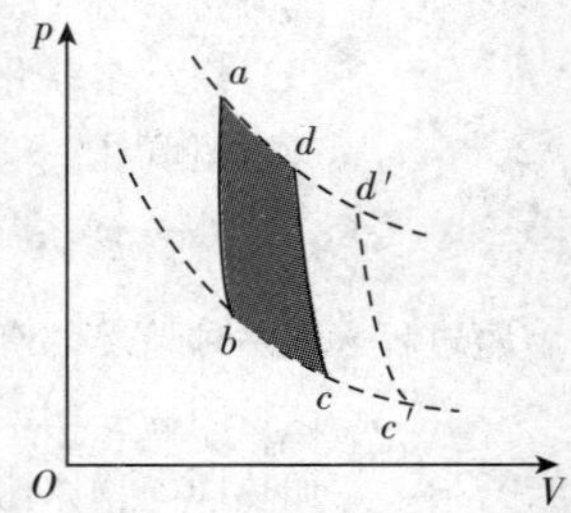

思考题 6-3-3 图

解题过程　这种说法不正确. 效率的高低取决于净功与吸热的比值，在一个循环过程中，若所做的净功增加，其在循环过程中的吸热量也有可能增加，由热效率的公式 $\eta=A/Q_{吸}$ 可知，其效率不一定增大. 虽然可以使体积膨胀来获取更多的净功，但是由 $\eta=1-\frac{T_2}{T_1}$ 可知，高低热源的温度不变，效率也不会变化.

6-4-1 判别下面的说法是否正确：

(1)功可以全部转化为热，但热不能全部转化为功.

(2)热量能从高温物体传到低温物体，但不能从低温物体传到高温物体.

解题过程 (1)这种说法不全面. 在非循环过程中可以实现功和热的全部转化，比如理想气体等温膨胀和等温压缩过程，使热全部转化为功，功全部转化为热，但此过程中外界条件发生了变化，亦即气体的体积发生了变化. 然而要想通过一个热循环使热全部转化为功，这将成为一个从单一热源取热全部转化为功而不引起其他变化的热机，其效率为 1，这是与热力学第二定律相违背的，是不可能的.

(2)这种说法也是不全面的，应该说热量可以自发地从高温物体传到低温物体，但是不能自发地从低温物体传到高温物体. 虽然不能自发地从低温物体传到高温物体，但是却可以通过外界对物体做功来使热量从低温物体传到高温物体. 例如空调、冰箱等都是利用外界做功使热量从低温物体传到高温物体.

6-4-2 一条等温线与一条绝热线能否相交两次，为什么？

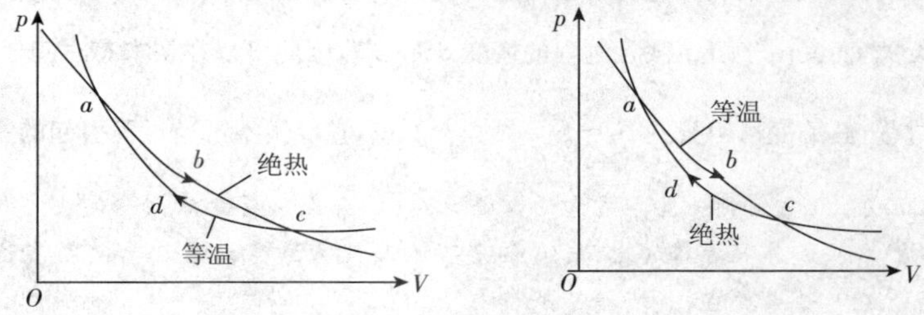

(a)　　　　　　　　(b)

答 6-4-2 图

解题过程 不能.（反证法）

假设一条等温线与一条绝热线能相交两次，这可以分为两种情况，如答 6-4-2 图(a)和(b)所示的那样.

答 6-4-2 图(a)中可以构成一个正循环 $a \to b \to c \to d \to a$，该循环过程对外做正功(所围面积)，由 $a \to b \to c$ 的绝热过程与外界不交换热量，而在由 $c \to d \to a$ 的等温过程放热，整个循环既对外做功，又放热，又吸热，这显然是违背热力学第一定律的.

答 6-4-2 图(b)中也同样可以构成一个正循环，该循环也对外做功(所围面积)，但只有等温过程的吸热，而无放热过程，也就是说系统从单一热源吸热，全部转化为有用功而不引起外界变化 ，这显然是与热力学第二定律矛盾的.

6-4-3 两条绝热线与一条等温线能否构成一个循环，为什么？

解题过程 先来证明两条绝热线不能相交.（反证法）

假设有两条绝热线可以相交于 1 点，如答 6-4-3 图所示，再分别在两条绝热线上取 2、3 两点，则在同一绝热线上满足充要条件 .

$p_1V_1^\gamma = p_2V_2^\gamma$，$p_1V_1^\gamma = p_3V_3^\gamma$，所以有 $p_2V_2^\gamma = p_3V_3^\gamma$，亦即点 2、3 在同一绝热线上，这显然是自相矛盾的，因此两条绝热线不能相交.

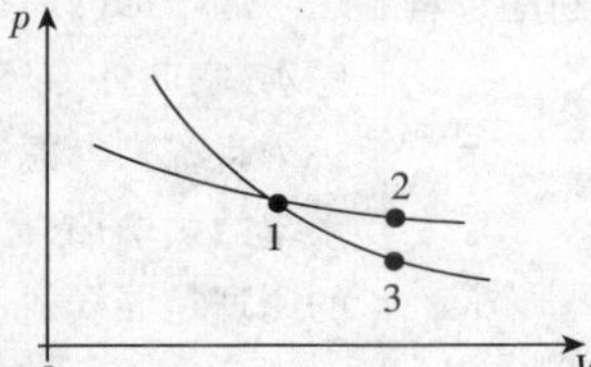

答 6-4-3 图

又由于上题中已证一条等温线与一条绝热线至多相交一次，因此两条绝热线与一条等温线不能构成一个循环.

6-5-1 有一可逆的卡诺机，它作热机使用时，如果工作的两热源温差越大，则对于做功就越有利. 当作致冷机使用时，如果两热源的温差越大，对致冷是否也越有利？为什么？

解题过程 当两热源的温差大时对致冷不利. 卡诺机的致冷系数 $w_C = \dfrac{T_2}{T_2 - T_1}$，由此可见温差越大，卡诺致冷剂的致冷系数越小，也就是说从低温热源吸走相同的热量，外界消耗的功就越多，这对致冷显然是不利的.

6-6-1 从原理上如何计算物体在始末状态之间进行不可逆过程引起的熵变？

解题过程 由于熵是系统的状态函数，对于确定的初末状态，两态间的熵变是确定的，与所经历的过程无关，而又由于可逆微元过程的熵变 $dS=\dfrac{dQ}{T}$，因此可以在初末态之间任意设定一个可逆过程，其熵变可由公式 $S_2-S_1=\int_1^2\dfrac{dQ}{T}$算得，它等于不可逆过程引起的物体的熵变值.

6-6-2 日常生活中，经常遇到一些单方向的过程，如：(1)桌上热餐变凉；(2)失去支持的物体自由下落；(3)木头或其他燃料的燃烧. 它们是否都与热力学第二定律有关？在这些过程中熵变是否存在？如果存在，是增大还是减小？

解题过程 只要涉及到热的问题都和热力学第二定律有关，由熵增加的原理可知，在封闭系统发生的任何与热相关的不可逆过程都将导致熵增加. 因此，(1)中热传导使热量从食物传到空气中，最终两者温度相同，这是一个不可逆过程，与热力学第二定律有关，系统的熵增加，但是食物的熵是减小的. (2)若不考虑空气摩擦力，此过程完全是机械能的相互转化，与热力学第二定律无关. 如果考虑空气摩擦生热，使一部分机械能转化为热能，则与热力学第二定律有关，此过程是不可逆的，系统熵增加，物体吸热升温，熵增大. (3)与热力学第二定律有关. 燃料燃烧将化学能转化为热能释放到周围环境中，使可用的能量减少，这是一个熵增大的不可逆过程，燃料的熵也是增大的.

6-7-1 一杯热水放在空气中，它总是冷却到与周围环境相同的温度，因为处于比周围温度高或低的概率都较小，而与周围同温度的平衡却是概然状态，但是这杯水的熵却是减小了，这与熵增加原理有无矛盾？

解题过程 这与熵增加的原理不矛盾，熵增加的原理运用的前提是封闭系统或热绝缘系统. 若只考虑水，它向外界环境散热，熵是减小的，但它不是一个封闭系统. 若将这杯水与环境作为一个系统来考虑，它是一个封闭系统，热水向环境散热是一个不可逆过程，导致这个封闭系统的熵增加(环境的熵增与水的熵增之和是增加的)，因此在这个封闭系统中，熵增加的原理是同样适用的.

6-7-2 一定量的气体，初始压强为 p_1，体积为 V_1，今把它压缩到 $\frac{V_1}{2}$，一种方法是等温压缩，另一种方法是绝热压缩. 问哪种方法最后的压强较大？这两种方法中气体的熵改变吗？

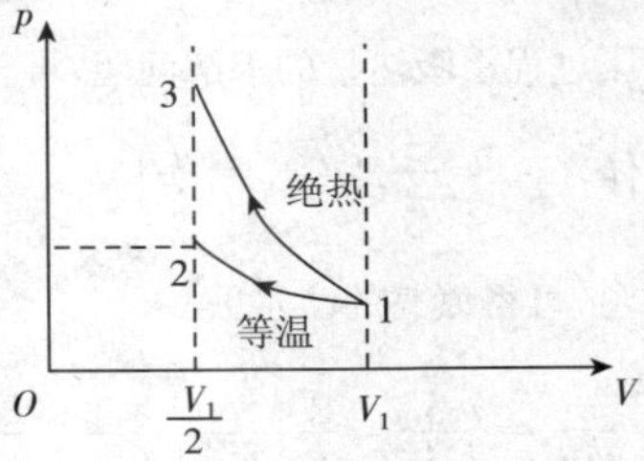

答 6-7-2 图

解题过程 在 $p-V$ 图上，过同一状态点的绝热线较之等温线要陡，又因为一条绝热线与一条等温线只能相交一次，因此从同一初始状态点出发将同一气体压缩到相同的体积时，绝热过程最后得到的气体的压强大，如答 6-7-2 图所示.

$p-V$ 图上所示的绝热，等温过程都是可逆过程. 绝热过程，熵变为零，是等熵过程，等温压缩过程中，气体放热，由 $dS=\frac{dQ}{T}<0$ 可知熵减少.

习题全解

6-1 解题过程 本题要利用热力学第一定律及理想气体内能的公式.

(1)等容过程对外做功 $A=0$，所以由热力学第一定律

吸热量等于内能增量，亦即

$$Q=\Delta E=C_{V,m}\Delta T=\frac{3}{2}R\Delta T=\frac{3}{2}\times 8.31\times(350-300)\ \text{J}=623\ \text{J}$$

单原子理想气体 $C_{V,m}=\frac{3}{2}R$

(2)等压过程中，吸热量

$$Q=C_{p,m}\Delta T=\frac{5}{2}R\Delta T=\frac{5}{2}\times 8.31\times(350-300)\ \text{J}=1039\ \text{J}$$

内能增量 $\Delta E=C_{V,m}\Delta T=\frac{3}{2}R\Delta T=623\ \text{J}$

由热力学第一定律可得做功量

$$A=Q-\Delta E=1039\ \text{J}-623\ \text{J}=416\ \text{J}$$

6-2 解题过程 氦气摩尔质量 $M_{mol}=4\times10^{-3}$ kg/mol，单原子气体 $C_{p,m}=\frac{5}{2}R$.

由 $$Q_p=\frac{m}{M_{\text{mol}}}C_{p,\text{m}}(T_2-T_1)$$

得 $$\Delta T=\frac{Q_pM_{\text{mol}}}{mC_{p,\text{m}}}=0.19\ \text{K}$$

6-3 解题过程 本题是等容与等压过程中吸热量的求解问题,可直接利用公式.

氮气是双原子气体,$C_{V,\text{m}}=\frac{5}{2}R$,$C_{p,\text{m}}=\frac{7}{2}R$

由 $p_0V_0=\frac{m}{M_{N_2}}RT_0$,可得氮气的摩尔数

$$n_{N_2}=\frac{m}{M_{N_2}}=\frac{p_0V_0}{RT_0}=\frac{1.0\times10^5\times0.0082}{8.31\times300}\ \text{mol}=0.329\ \text{mol}$$

(1)等容过程的吸热量

$$Q_V=n_{N_2}C_{V,\text{m}}\Delta T=0.329\times\frac{5}{2}\times8.31\times(400-300)\ \text{J}=683\ \text{J}$$

(2)等压过程的吸热量

$$Q_p=n_{N_2}C_{p,\text{m}}\Delta T=0.329\times\frac{7}{2}\times8.31\times(400-300)\ \text{J}=957\ \text{J}$$

由上述计算可知等压过程吸热量大,这是因为两个过程内能变化相同,但等压膨胀过程中系统对外做功,等容过程中系统对外做功为零,由热力学第一定律可得等压过程需要的热量更多.

6-4 解题过程 在等温过程中有 $\Delta E=0$,所以 $Q=A$.

而做功量 $A=\int_{V_1}^{V_2}p\text{d}V$,等温过程方程 $pV=\frac{m}{M}RT_0=\text{Const}$

所以 $$V=\frac{m}{M}RT_0\cdot\frac{1}{p},\ \text{d}V=-\frac{m}{M}RT_0\ \frac{1}{p^2}\text{d}p$$

于是 $$A=-\int_{p_1}^{p_2}\frac{m}{M}RT_0\ \frac{1}{p}\text{d}p=-\frac{m}{M}RT_0\int_{p_1}^{p_2}\frac{\text{d}p}{p}=\frac{m}{M}RT_0\ln\frac{p_1}{p_2}$$

$$=2\times8.31\times300\times\ln\frac{1.0\times10^5}{2.0\times10^5}\ \text{J}=-3.45\times10^3\ \text{J}$$

所以 $$Q=A=-3.45\times10^3\ \text{J}$$

负号表示放热.

6-5 解题过程 将氧气视为理想气体,理想气体内能只与温度有关,是温度 T 的单值函数,所以任何过程,只要温度改变相同,内能变量也相同,以上三个过程内能改变均为

$$\Delta E=\frac{m}{M}C_{V,\text{m}}\Delta T=\frac{1}{0.032}\times\frac{5}{2}\times8.31\times(350-300)\ \text{J}=3.25\times10^4\ \text{J}$$

6-6 分析 根据热力学第一定律 $Q=\Delta E+A$ 解题.

解题过程 (1)等容过程中 $A=0$,系统吸收的热量全部转化为内能,而理想气体的内能是温度

的单值函数.

$$Q_V=\Delta E=\frac{m}{M_{\text{mol}}}C_{V,\text{m}}\Delta T=\frac{m}{M_{\text{mol}}}C_{V,\text{m}}(T-T_0)$$

得 $$T=T_0+\frac{Q_V}{\frac{m}{M_{\text{mol}}}C_{V,\text{m}}}=285\ \text{K}$$

(2)等温过程中 $\Delta E=0$,系统所吸收的热量全部用于对外界做功,由

$$Q_T=A=\int_{V_1}^{V_2}p\text{d}V=\frac{m}{M_{\text{mol}}}RT_0\ln\frac{V_2}{V_1}$$

得 $$V_2=V_1\text{e}^{\frac{QM_{\text{mol}}}{mRT_0}}=0.05\ \text{m}^3$$

由状态方程 $p_1V_1=p_2V_2$,得

$$p_2=\frac{V_1}{V_2}p_1=9.07\times10^4\ \text{Pa}$$

(3)等压过程中,系统吸收的热量一部分用于对外做功,一部分转化为内能,由

$$Q_p=\frac{m}{M_{\text{mol}}}C_{p,\text{m}}(T_2-T_1)$$

得 $$T=T_0+\Delta T=T_0+\frac{Q_p}{\frac{m}{M_{\text{mol}}}C_{p,\text{m}}}=282\ \text{K}$$

由状态方程 $p\Delta V=\frac{m}{M_{\text{mol}}}R\Delta T$,得

$$V_2=V_1+\Delta V=V_1+\frac{1}{p}\frac{m}{M_{\text{mol}}}R\Delta T=0.046\ \text{m}^3$$

小　结　考查热力学第一定律对理想气体等值过程的应用.

6-7 解题过程

$$A=\int_{V_1}^{V_2}p\text{d}V=\int_{V_1}^{V_2}\frac{c}{V^2}\text{d}V=c\left(\frac{1}{V_1}-\frac{1}{V_2}\right)$$

$$pV=\frac{m}{M_{\text{mol}}}RT$$

将 $p=\frac{c}{V^2}$ 代入上式得

$$\frac{c}{V^2}V=\frac{m}{M\ \text{mol}}RT$$

所以 $$T=\frac{M_{\text{mol}}}{mR}\frac{c}{V}$$

$$T_1=\frac{M_{\text{mol}}}{mR}\frac{c}{V_1},T_2=\frac{M_{\text{mol}}}{mR}=\frac{c}{V^2}$$

因 $V_2 > V_1$，故 $T_2 < T_1$

做功后气体温度降低.

6-8 **解题过程** 作过程 $p-V$ 图如解 6-8 图所示.

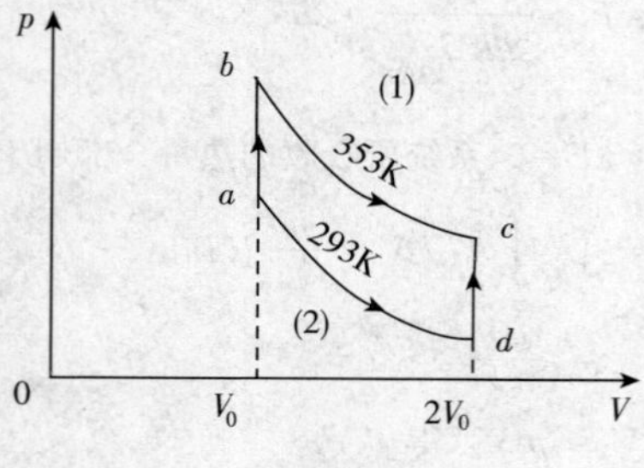

解 6-8 图

(1) $i=5$，$T_a=293$ K，$T_b=353$ K

$$E_b-E_a=\frac{i}{2}R(T_b-T_a)$$

$$=\frac{5}{2}\times 8.31\times(353-293)$$

$$=1.25\times 10^3\ \text{J}$$

$$A_{abc}=A_{ab}+A_{bc}=0+A_{bc}$$

$$=RT_b\ln\frac{V_c}{V_b}=RT_b\ln\frac{2V_0}{V_0}$$

$$=8.31\times 353\times \ln 2=2.03\times 10^3\ \text{J}$$

$$Q_{abc}=Q_{ab}+Q_{bc}=(E_b-E_a)+A_{bc}$$

$$=1.25\times 10^3+2.03\times 10^3=3.28\times 10^3\ \text{J}$$

(2)
$$A_{ad}=Q_{ad}=RT_a\ln\frac{V_d}{V_a}=RT_a\ln\frac{2V_0}{V_0}$$

$$=8.31\times 293\times \ln 2=1.69\times 10^3\ \text{J}$$

$$E_c-E_a=E_c-E_d=\frac{i}{2}R(T_c-T_d)=\frac{i}{2}R(T_b-T_a)=1.25\times 10^3\ \text{J}$$

可见从状态 a 出发经过不同的过程到达相同的状态 c，内能改变是相同的. 内能的改变只决定于做功的起点与终点，而与过程无关.

$$Q_{dc}=\frac{i}{2}R(T_b-T_a)=1.25\times 10^3\ \text{J}$$

$$Q_{adc}=Q_{ad}+Q_{dc}=1.69\times 10^3+1.25\times 10^3=2.94\times 10^3\ \text{J}$$

abc 与 adc 两过程吸热做功不等，所以热量和功与过程有关.

6-9 **证明** (1)绝热过程中有 $Q=0$，$A+\Delta E=Q=0$，所以

$$A=-\Delta E=-\frac{m}{M}C_{V,\mathrm{m}}\Delta T=-\frac{m}{M}C_{V,\mathrm{m}}(T-T_0)$$

而 $p_0V_0=\frac{m}{M}RT_0$，$pV=\frac{m}{M}RT$，由此可解得

$$T-T_0=\frac{pV-p_0V_0}{\frac{m}{M}R}$$

于是 $$A=-\frac{m}{M}C_{V,\mathrm{m}}\cdot\frac{pV-p_0V_0}{\frac{m}{M}R}=C_{V,\mathrm{m}}\frac{p_0V_0-pV}{R}$$

对理想气体又有$R=C_{p,\mathrm{m}}-C_{V,\mathrm{m}}$　$\gamma=\frac{C_{p,\mathrm{m}}}{C_{V,\mathrm{m}}}$

所以 $$A=\frac{C_{V,\mathrm{m}}(p_0V_0-pV)}{C_{p,\mathrm{m}}-C_{V,\mathrm{m}}}=\frac{p_0V_0-pV}{\frac{C_{p,\mathrm{m}}}{C_{V,\mathrm{m}}}-1}=\frac{p_0V_0-pV}{\gamma-1}$$

(2)将各量代入(1)中证得的公式即得

气体所做的功 $A=\frac{1.0\times10^6\times0.001-2.0\times10^5\times0.00316}{1.4-1}\ \mathrm{J}=920\ \mathrm{J}$

6-10 解题过程 本题仍要用热力学第一定律来求解，要注意的是压强与弹簧伸长量及体积的关系.

设气缸横截面积为 S，活塞高度为 h 时，气缸内气体压强为 p，体积为 V，则由题意可得

$$p=\frac{F}{S}=\frac{kh}{S},\quad V=hS$$

于是 $pV=kh^2=\frac{m}{M}RT$，所以有$\frac{m}{M}=\frac{kh^2}{RT}$

当温度从原来的 T 升高到 T_1 并吸热 Q 时，内能变化量

$$\Delta E=\frac{m}{M}C_{V,\mathrm{m}}\Delta T=\frac{kh^2}{RT}C_{V,\mathrm{m}}(T_1-T)$$

做功量 $A=\int_h^{h'}\mathrm{d}A=\int_h^{h'}p\,\mathrm{d}V=\int_h^{h'}\frac{kh}{S}\mathrm{d}(hS)=\int_h^{h'}kh\,\mathrm{d}h=\frac{1}{2}k(h'^2-h^2)$

由热力学第一定律

$$Q=A+\Delta E=\frac{1}{2}k(h'^2-h^2)+\frac{kh^2}{RT}C_{V,\mathrm{m}}(T_1-T)$$

所以可解得 $$h'=\sqrt{\frac{2Q}{k}+h^2-\frac{2h^2}{RT}C_{V,\mathrm{m}}(T_1-T)}$$

6-11 解题过程 本题要运用绝热过程方程和上章学的分子平均速率公式.

设气体初始状态参量为 p_1,V_1,T_1；末态参量为 p_2,V_2,T_2，则 $V_2=\frac{1}{2}V_1$，由绝热

过程方程 $T_1V_1^{\gamma-1}=T_2V_2^{\gamma-1}$，可得

$$\frac{T_2}{T_1}=\left(\frac{V_1}{V_2}\right)^{\gamma-1}\left(\frac{V_1}{\frac{1}{2}V_1}\right)^{\gamma-1}=2^{\gamma-1}$$

又因为平均速率 $\bar{v}=\sqrt{\dfrac{8RT}{\pi M}}$

$$\frac{\overline{v_2}}{\overline{v_1}}=\frac{\sqrt{\dfrac{8RT_2}{\pi M}}}{\sqrt{\dfrac{8RT_1}{\pi M}}}=\sqrt{\frac{T_2}{T_1}}=\sqrt{2^{\gamma-1}}=2^{\frac{\gamma-1}{2}}$$

当为单原子理想气体时 $\gamma=\dfrac{C_{p,\mathrm{m}}}{C_{V,\mathrm{m}}}=\dfrac{\frac{5}{2}R}{\frac{3}{2}R}=\dfrac{5}{3}$

$$\frac{\overline{v_2}}{\overline{v_1}}=2^{\frac{\frac{5}{3}-1}{2}}=\sqrt[3]{2}=1.26$$

当为双原子理想气体时 $\gamma=\dfrac{C_{p,\mathrm{m}}}{C_{V,\mathrm{m}}}=\dfrac{\frac{7}{2}R}{\frac{5}{2}}R=\dfrac{7}{5}$

$$\frac{\overline{v_2}}{\overline{v_1}}=2^{\frac{\frac{7}{5}-1}{2}}=\sqrt[5]{2}=1.15$$

6-12 解题过程 设气体温度、体积初末态时分别为(T_1,V_1)、(T_2,V_2)，由理想气体绝热方程得

$$T_1V_1^{\gamma-1}=T_2V_2^{\gamma-1},\quad \frac{T_2}{T_1}=\left(\frac{V_1}{V_2}\right)^{\gamma-1}$$

由已知可得 $\dfrac{298}{277}=\left(\dfrac{6\times10^{-3}}{5\times10^{-3}}\right)^{\gamma-1}$

故 $\gamma=1.4$

因为 $\gamma=\dfrac{C_{p,\mathrm{m}}}{C_{V,\mathrm{m}}}=\dfrac{i+2}{i}$，所以 $i=5$，为双原子分子气体 N_2.

6-13 分析 相变过程一般为等压状态，由物质相变前后的密度变化可知体积变化.

解题过程 (1)依题意已知纯水的汽化热 $\lambda=2.26\times10^6\ \mathrm{J/kg}$

纯水的质量 $m=\rho V'=1\times10^3\times1\times10^{-6}\,\mathrm{kg}=1.0\times10^{-3}\,\mathrm{kg}$

纯水完全汽化需吸热 $Q=\lambda m=2.26\times10^6\times1.0\times10^{-3}=2.26\times10^3\ \mathrm{J}$

完全汽化后的水蒸气在等压条件下对外界做功为

$A=p\Delta V=1.013\times10^5\times(1.671\times10^{-3}-1\times10^{-6})\ \mathrm{J}=1.69\times10^2\ \mathrm{J}$

根据热力学第一定律可知，水变气后，内能改变

$$\Delta E=Q-A=2.26\times10^3\ \mathrm{J}-1.69\times10^2\ \mathrm{J}=2.09\times10^3\ \mathrm{J}$$

(2)已知冰的溶解热 $L=3.34\times10^{5}$ J/kg,$m=1.0\times10^{-3}$ kg 的冰化为同温度的水，需吸热

$$Q=Lm=3.34\times10^{5}\times1.0\times10^{-3}=3.34\times10^{2}\ \text{J}$$

等压条件下,冰化为水后因体积变化对外做的功为

$$\begin{aligned}A&=p\Delta V\\&=1.013\times10^{5}\times\left(1.0\times10^{-3}-\frac{11}{10}\times10^{-3}\right)\times1.0\times10^{-3}\ \text{J}\\&=-1.013\times10^{-2}\ \text{J}\end{aligned}$$

内能改变 $\Delta E=Q-A=3.34\times10^{2}\ \text{J}+1.013\times10^{-2}\ \text{J}=3.34\times10^{2}\ \text{J}$

6-14 **解题过程** 当容器突然停止运动时,理想气体分子整体定向运动的动能全部转变为内能.所以内能的增量为

$$\Delta E=E_k=\frac{1}{2}mv^2=\frac{1}{2}\times0.1\times200^2\ \text{J}=2\times10^{3}\ \text{J}$$

已知氦气自由度 $i=3$,$M=4\times10^{-3}$ kg/mol

因为 $\Delta E=\frac{3}{2}\cdot\frac{m}{M}R\Delta T=\frac{1}{2}mv^2$

由上式得 $\Delta T=\frac{M}{3R}v^2=\frac{4\times10^{-3}}{3\times8.31}\times200^2\text{K}=6.42\text{K}$

根据平衡状态方程 $pV=\frac{m}{M}RT$

因为容积 V 不变,压强随温度升高而增大,即

$$\Delta p=\frac{m}{M}\frac{R\Delta T}{V}=\frac{mR}{MV}\cdot\frac{M}{3R}v^2=\frac{0.1}{3\times20\times10^{-3}}\times200^2=6.67\times10^{4}\,\text{Pa}$$

氦气分子的平均动能的增量为

$$\Delta\bar{\omega}=\frac{3}{2}k\Delta T=\frac{M}{2R}v^2k=\frac{1}{2}m_0v^2=1.33\times10^{-22}\,\text{J}$$

6-15 **分析** 气体在准静态过程中的每一状态都处于平衡状态,满足状态方程,对状态方程求全微分,根据过程特征和热力学第一定律,求出与该过程相对应的体积弹性模量.

解题过程 (1)理想气体的状态全微分方程为:

$$p\mathrm{d}v+v\mathrm{d}p=\frac{m}{M}R\mathrm{d}T$$

在等温压缩过程中,$\mathrm{d}T=0$

即得 $\left(\frac{\partial p}{\partial V}\right)_T=-\frac{p}{V}$

所以等温压缩过程的体积弹性模量为

$$K_T=-V\left(\frac{\partial p}{\partial V}\right)_T=-V\left(-\frac{p}{V}\right)=p$$

(2)在绝热压缩过程中，$dQ=0$

根据热力第一定律，得绝热过程方程为

$$pV^{\gamma}=C$$

其中 C 为常数，对上式求全微分方程得：

$$V^{\gamma}dp+\gamma pV^{\gamma-1}dV=0$$

即得 $$\left(\frac{\partial p}{\partial V}\right)_{绝热}=-\frac{\gamma p}{V}$$

所以绝热压缩过程的体积弹性模量为

$$K_{绝热}=-V\left(\frac{\partial p}{\partial V}\right)_{绝热}=\gamma p=\gamma K_T$$

6-16 解题过程 由绝热过程方程 $pV^{\gamma}=c$，有

$$\gamma pV^{\gamma-1}dV+V^{\gamma}dp=0$$

$$dp=-\frac{\gamma p}{V}dV$$

空气摩尔质量 $M=0.029\ \text{kg/mol}$，由 $M=\rho V$，有

$$Vd\rho+\rho dV=0$$

$$d\rho=-\frac{\rho}{V}dV$$

所以 $$\left(\frac{\partial p}{\partial \rho}\right)_{绝热}=\frac{\gamma p}{\rho}$$

代入理想气体状态方程 $pV=RT$，得

$$\left(\frac{\partial p}{\partial \rho}\right)_{绝热}=\frac{\gamma RT}{\rho V}=\frac{\gamma RT}{M}$$

空气自由度 $i=5$，所以 $u=\sqrt{\left(\frac{\partial p}{\partial \rho}\right)_{绝热}}=\sqrt{\left(\frac{\gamma RT}{M}\right)}=\sqrt{\frac{(i+2)RT}{iM}}$

$$=\sqrt{\frac{7\times 8.31\ T}{5\times 0.029}}=20\sqrt{T}$$

(1)当 $p=1.013\times 10^5\ \text{Pa}$，$T=273\ \text{K}$ 时，有

$$u_1=20\sqrt{273}\ \text{m/s}=330\ \text{m/s}$$

(2)当 $p=1.013\times 10^5\ \text{Pa}$，$T=303\ \text{K}$ 时，有

$$u_2=20\sqrt{303}\ \text{m/s}=348\ \text{m/s}$$

(3)当 $p=3.039\times 10^5\ \text{Pa}$，$T=273\ \text{K}$ 时，有

$$u_3=20\sqrt{273}\ \text{m/s}=330\ \text{m/s}$$

6-17 证明 将空气看做是理想气体，其摩尔质量为 M_a，则由理想气体状态方程 $pV=\frac{m}{M_a}RT$ 可得

$p=\frac{m}{V}\frac{RT}{M_a}=\rho\frac{RT}{M_a}$,将其代入声速公式

$$v=\sqrt{\frac{\gamma p}{\rho}}=\sqrt{\frac{\rho\gamma\frac{RT}{M_a}}{\rho}}=\sqrt{\frac{\gamma RT}{M_a}}=\sqrt{\frac{C_{p,\mathrm{m}}RT}{C_{V,\mathrm{m}}M_a}}$$

空气的 $C_{p,\mathrm{m}}$,$C_{V,\mathrm{m}}$,M_a 都为定值,因此声速 v 只是温度 T 的函数.

6-18 分析 向真空作绝热膨胀时,对多点不做功,也没有热传递,分子间引力做功.

解题过程 (1)当气体从体积 V_1 变化到 V_2 时,分子间引力做功等于分子热运动总动能的减小,即由 $\Delta E=\Delta E_k+\Delta E_p=0$,得

$$\Delta E_p=-\Delta E_k \qquad ①$$

其中

$$\Delta E_k=C_{V,\mathrm{m}}\Delta T \qquad ②$$

范德瓦尔斯气体内压强为 $p_i=\frac{a}{V^2}$,当气体膨胀时,内压强做负功,分子相互作用势能增加,根据动能定理知,保守内力做功等于势能的减少,即

$$-\mathrm{d}E_{\mathrm{p}}=-p_i\mathrm{d}V=-\frac{a}{V^2}\mathrm{d}V$$

得

$$\Delta E_{\mathrm{p}}=\int_{V_1}^{V_2}\frac{a}{V^2}\mathrm{d}V=a\left(\frac{1}{V_1}-\frac{1}{V_2}\right) \qquad ③$$

联立①、②、③式得温度增量

$$\Delta T=\frac{a}{C_{V,\mathrm{m}}}\left(\frac{1}{V_2}-\frac{1}{V_1}\right)$$

(2)依题意气体温度变化不是由于内能变化引起的,而是由于分子热运动总动能减小引起的.

(3)若为理想气体向真空作绝热自由膨胀时,内能、温度均不变.

6-19 证明 由题意,先求循环的做功量 A,A 的大小对应于 $p-V$ 图上循环过程曲线所围部分的面积,因此

$$A=\int_b^c p\mathrm{d}V-p_2(V_1-V_2)=A_{b\to c}-p_2(V_1-V_2)$$

由于从 $b\to c$ 是绝热过程

$$A_{b\to c}=\frac{1}{\gamma-1}(p_bV_b-p_cV_c)=\frac{1}{\gamma-1}(p_1V_2-p_2V_1)$$

所以

$$A=\frac{1}{\gamma-1}(p_1V_2-p_2V_1)-p_2(V_1-V_2)=\frac{p_1V_2}{\gamma-1}-\frac{\gamma}{\gamma-1}p_2V_1+p_2V_2$$

循环过程中只有 $a\to b$ 等容过程才从外界吸热,吸热量

$$Q=\frac{m}{M}C_{V,\mathrm{m}}\Delta T=\frac{m}{M}C_{V,m}(T_b-T_a)$$

又因为 $p_1V_2=\frac{m}{M}RT_b$，$p_2V_2=\frac{m}{M}RT_a$，所以 $T_b-T_a=\frac{p_1V_2-p_2V_2}{R\frac{m}{M}}$

于是 $$Q=C_{V,\mathrm{m}}\frac{p_1V_2-p_2V_2}{R}=\frac{p_1V_2-p_2V_2}{\frac{C_{p,\mathrm{m}}}{C_{V,\mathrm{m}}}-1}=\frac{p_1V_2-p_2V_2}{\gamma-1}$$

所以该循环的效率

$$\eta=\frac{A}{Q}=\frac{\frac{p_1V_2}{\gamma-1}-\frac{\gamma}{\gamma-1}p_2V_1+p_2V_2}{\frac{p_1V_2-p_2V_2}{\gamma-1}}$$

$$=\frac{\frac{p_1V_2-p_2V_2}{\gamma-1}+\frac{\gamma}{\gamma-1}(p_2V_2-p_2V_1)}{\frac{p_1V_2-p_2V_2}{\gamma-1}}$$

$$=1+\gamma\frac{p_2V_2-p_2V_1}{p_1V_2-p_2V_2}=1-\gamma\frac{\frac{V_1}{V_2}-1}{\frac{p_1}{p_2}-1}$$

6-20 解题过程 由卡诺循环的特点可知，循环过程从高温热源吸收的热量等于在高温热源进行等温过程的吸热量，即

$$Q_1=Q_{T_1}=RT_1\ln\frac{V_2}{V_1}=8.31\times400\times\ln\frac{0.0050}{0.0010}\mathrm{J}=5.35\times10^3\ \mathrm{J}$$

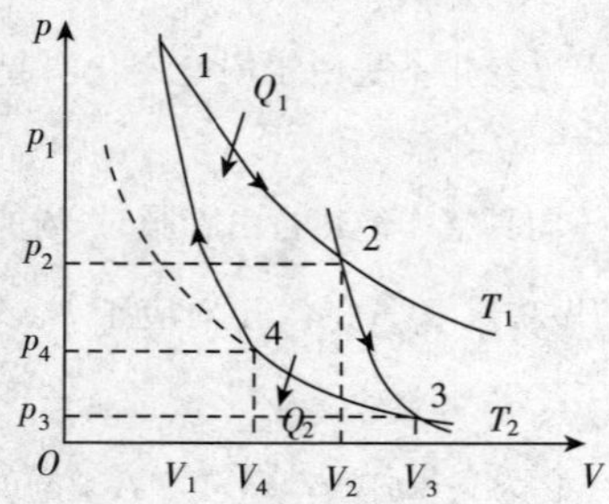

解 6-20 图

传给低温热源的热量就等于在低温热源进行等温过程的放热量（设循环的状态点如解 6-20 图所示）

$$Q_2=RT_2\ln\frac{V_3}{V_4}$$

又因为在绝热过程中有

$$T_1T_2^{\gamma-1}=T_2V_3^{\gamma-1},T_1V_1^{\gamma-1}=T_2V_4^{\gamma-1}$$

于是可得$\left(\frac{V_2}{V_1}\right)^{\gamma-1}=\left(\frac{V_3}{V_4}\right)^{\gamma-1}$，亦即有$\frac{V_3}{V_4}=\frac{V_2}{V_1}$

所以 $$Q_2=RT_2\ln\frac{V_3}{V_4}=RT_2\ln\frac{V_2}{V_1}$$

$$=8.31\times300\times\ln\frac{0.0050}{0.0010}\ \text{J}=4.01\times10^3\ \text{J}$$

因此气体在循环中对外做功

$$A=Q_1-Q_2=(5.35-4.01)\times10^3\ \text{J}=1.34\times10^3\ \text{J}$$

6-21 解题过程 本题直接运用卡诺循环热效率的公式.

原来的效率 $$\eta_0=1-\frac{T_2}{T_1}=1-\frac{300}{1000}=70\%$$

(1)高温热源温度升高到 $T'_1=1100$ K 后的效率

$$\eta_1=1-\frac{T_2}{T'_1}=1-\frac{300}{1100}=72.7\%$$

理论上热机效率增加

$$\Delta\eta_1=\eta_1-\eta_0=72.7\%-70\%=2.7\%$$

(2)低温热源降到 $T'_2=200$ K 后的效率

$$\eta_2=1-\frac{T'_2}{T_1}=1-\frac{200}{1000}=80\%$$

理论上热机效率增加

$$\Delta\eta_2=\eta_2-\eta_0=80\%-70\%=10\%$$

由以上的计算可知，理论上降低低温热源的温度能更好地提高热机效率，但在实际应用中，低温热源一般是常温下环境中的空气或水流，要降低它们的温度是比较困难的，若要使它们的温度降到环境温度之下还要有另外的设备、能源等的投入，在实际应用中提高高温热源的温度是提高热机效率更可行的办法.

6-22 解题过程 根据理想气体状态方程及等压过程方程$p_1V_1=\frac{m}{M_{\text{mol}}}RT_1$，$p_2V_2=\frac{m}{M_{\text{mol}}}RT_2$，$p_1=p_2$

得 $$\frac{V_2}{V_1}=\frac{T_2}{T_1}$$

可知 a、b 状态的温度

$$T_1=\frac{M_{\text{mol}}p_1V_1}{mR}=40\ \text{K}$$

$$T_2=\frac{V_2}{V_1}T_1=60\ \text{K}$$

(1)由图可知 $a\to b$ 为等压膨胀过程，气体吸热为

$$Q_p=\frac{m}{M_{\text{mol}}}C_{p,\text{m}}(T_2-T_1)=1.04\times10^4\ \text{J}$$

内能改变　$\Delta E=\frac{m}{M_{\mathrm{mol}}}C_{V,\mathrm{m}}(T_2-T_1)=6.23\times10^3\ \mathrm{J}$

做功　$A=Q_p-\Delta E=4.17\times10^3\ \mathrm{J}$

$b\to c$ 为等体过程，气体放热

$$Q_V=\frac{m}{M_{\mathrm{mol}}}C_{V,\mathrm{m}}(T_1-T_2)=-6.23\times10^3\ \mathrm{J}$$

做功　$A=0$

$c\to a$ 为等温压缩过程，放热

$$Q_T=\frac{mRT_1}{M_{\mathrm{mol}}}\ln\frac{V_1}{V_2}=-3.37\times10^3\ \mathrm{J}$$

内能改变　$\Delta E=0$

做功　$A=Q_T=-3.37\times10^3\ \mathrm{J}$

(2)循环效率为

$$\eta=1-\frac{Q_2}{Q_1}=1-\frac{Q_V+Q_T}{Q_p}=1-\frac{(6.23+3.37)\times10^3}{10.4\times10^3}=7.7\%$$

小　结　考查热力学第一定律对理想气体等值过程的应用及循环效率的求解.

6-23 **解题过程**　本题利用热机效率列方程求解.

(1)由题意第一部热机的效率 $\eta_1=1-\frac{T_2}{T_1}$，第二部热机效率 $\eta_2=1-\frac{T_3}{T_2}$，由两部热机效率相等可得

$$\frac{T_2}{T_1}=\frac{T_3}{T_2}$$

所以　$T_1=\frac{T_2^2}{T_3}=\frac{400^2}{300}\ \mathrm{K}=533\ \mathrm{K}$

(2)由题中“可逆机 2 吸入可逆机 1 放给热源 2 的热量 Q_2”可得热机 2 吸热 Q_2 的做功量 $A_2=Q_2\eta_2$，热机 1 放热 Q_2 的做功量

$$A_1=\frac{Q_2}{1-\eta_1}\cdot\eta_1$$

由两部热机做功相等 $A_1=A_2$，可得 $\eta_2=\frac{\eta_1}{1-\eta_1}$，亦即

$$1-\frac{T_3}{T_2}=\frac{1-\frac{T_2}{T_1}}{\frac{T_2}{T_1}}=\frac{T_1}{T_2}-1$$

所以　$T_1=2T_2-T_3$

$=2\times400\ \mathrm{K}-300\ \mathrm{K}=500\ \mathrm{K}$

6-24 解题过程 (1)由效率的定义式可得实际效率

$$\eta_{实}=\frac{Q_1-Q_2}{Q_1}=\frac{(3.34-2.09)\times10^4}{3.34\times10^4}=37.4\%$$

若是可逆机,其效率为 $\eta_0=1-\frac{T_2}{T_1}=1-\frac{300}{600}=50\%>\eta_{实}$

所以由卡诺定理可知它不是可逆热机.

(2)由卡诺定理可知工作于同温热源和同温冷源之间的所有热机效率以可逆热机最高,且可逆热机的效率都相同,对应题中条件都为 $\eta=1-\frac{T_2}{T_1}=50\%$,所以每秒钟最多能做功 $A_{mox}=Q_{吸}\ \eta=3.34\times10^4\times50\%=1.67\times10^4$ J.

6-25 解题过程 由熵增的微分关系式 $dS=\frac{dQ}{T}$可得

对于温度没有变化的物体熵变

$$\Delta S=\frac{Q}{T}$$

于是热水的熵增$\Delta S_1=\frac{Q_1}{T_1}=\frac{-4186}{(80+273)\text{K}}=-11.86$ J/K (Q 为吸热量,放热取负)

冷水的熵增 $\Delta S_2=\frac{Q_2}{T_2}=\frac{4186\text{ J}}{(20+273)\text{K}}=14.29$ J/K

所以系统的熵增$\Delta S=\Delta S_1+\Delta S_2=-11.86$ J/K$+14.29$ J/K$=2.43$ J/K

6-26 解题过程 依题意可设铁棒经历一可逆过程,使其温度连续地由 T_1 降为 T_2,在这两个状态之间,铁棒的熵变为

$$\Delta S_{铁}=\int\frac{dQ}{T}=\int_{T_1}^{T_2}\frac{cm\mathrm{d}T}{T}=cm\ln\frac{T_2}{T_1}=544\times5\times\ln0.524=-1760\text{ J/K}$$

水的熵变为

$$\Delta S_{水}=\frac{\Delta Q}{T_2}=\frac{|cm\Delta T|}{T_2}=\frac{544\times5\times(573-300)}{300}\text{J/K}=2475.2\text{ J/K}$$

则系统的总熵变为 $\Delta S=\Delta S_{铁}+\Delta S_{水}=715.2\text{ J/K}>0$

6-27 解题过程 该过程可以分为两个阶段来计算,第一阶段是物质温度从 T_0 刚好上升到 T_m,还没开始熔化,该阶段熵增

$$\Delta S_1=\int_{T_0}^{T_m}\frac{cm\mathrm{d}T}{T}=cm\ln\frac{T_m}{T_0}$$

第二阶段是从开始熔化到刚好完全熔化,该过程是在恒温 T_m 下进行的,其熵增

$$\Delta S_2=\frac{Q}{T_m}=\frac{mL}{T_m}$$

所以该物质总的熵变 $\Delta S=\Delta S_1+\Delta S_2=cm\ln\frac{T_m}{T_0}+\frac{mL}{T_m}$

6-28 解题过程 如解 6-28 图所示,系统经过了从 a→b→c→d 四个阶段的变化,依次分析如下:

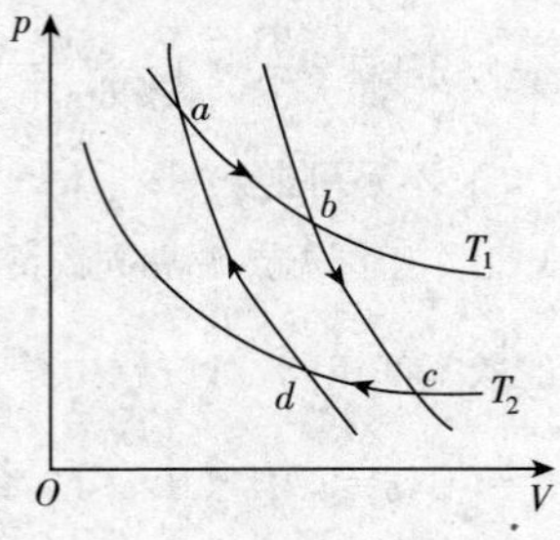

解 6-28 图

第一阶段为 a→b,是可逆等温膨胀过程,设系统从高温热源吸收热量为 Q_1,则

$$Q_1=\int dQ=T_1\int_{S_a}^{S_b}ds$$

$$Q_2=-T_2(S_d-S_c)=T_2(S_c-S_d)$$

第四阶段为 d→a,是可逆的绝热压缩过程,系统的熵不变,即 $S_d=S_a$

所以 $$|Q_2|=T_2(S_c-S_d)=T_2(S_b-S_a)$$

由热力学第一定律可知,在一循环过程中系统对外做功为

$$A=Q_1-|Q_2|=(T_1-T_2)(S_b-S_a)$$

所以循环的效率为 $\eta=\frac{A}{Q_1}=\frac{T_1-T_2}{T_1}=1-\frac{T_2}{T_1}$

6-29 解题过程 设水的质量为 m_1,比热为 c_1,冰的质量为 m_2,比热为 c_2,冰的容解热为 L,冰的初始温度为 T_1,水的初始温度为 T_2,冰、水共存的温度为 T_0,最终的平衡温度为 T_x,由题意知:

$$T_0=273K,T_1=253K,T_2=303K$$

设 100g 的水达平衡温度需放热 $Q_{放}$,则 $Q_{放}$ 为

$$Q_{放}=c_1m_1(T_2-T_x)$$

设 10g 冰达平衡温度需吸热 $Q_{吸}$,冰平衡温度共经历三个阶段

第一阶段,冰升温至 0℃需吸热 $Q_1=c_2m_2(T_0-T_1)$

第二阶段,冰溶解需吸热 $Q_2=Lm_2$

第三阶段,冰水达平衡温度需吸热 $Q_3=c_1m_2(T_x-T_0)$

由于冰和水整体与外界隔绝,所以

$$Q_{放}=Q_{吸}=Q_1+Q_2+Q_3$$

即 $$c_1m_1(T_2-T_x)=m_2[c_2(T_0-T_1)+L+c_1(T_x-T_0)]$$

解得 $$T_x=\frac{c_1m_1T_2-m_2[c_2(T_0-T_1)+L-c_1T_0]}{c_1(m_1+m_2)}$$

$$=\frac{4.19\times100\times303-10\times(2.04\times20+334-4.19\times273)}{4.19\times(100+10)}$$

$$=292.1\text{K}$$

100g 的水平衡温度时的熵变为

$$\Delta S_1=\int\frac{\mathrm{d}Q}{T}=c_1m_1\int_{T_2}^{T_x}\frac{\mathrm{d}T}{T}=c_1m_1\ln\frac{T_x}{T_2}=-153\text{J/K}.$$

10g 冰的熵变为 $$\Delta_2=m_2\left(c_2\ln\frac{T_0}{T_1}+\frac{L}{T_0}+c_1\ln\frac{T_x}{T_0}\right)$$

$$=0.01\times\left(20.4\times10^2\times\ln\frac{273}{253}+\frac{3.34\times10^5}{273}+4.19\times10^3\times\ln\frac{292.1}{273}\right)\text{J/K}$$

$$=16.6\text{J/K}$$

冰和水整体熵变为

$$\Delta S=\Delta S_1+\Delta S_2=-15.3+16.6=1.3\text{J/K}$$

故整体熵增加.

6-30 解题过程 (1)将 $W(n)$表达式代入 $S=k\ln W$ 可得

$$S(n)=k\ln\left[\sqrt{\frac{2}{N_A}}\,\mathrm{e}^{-2(n-N/2)^2/N}\right]=\frac{-2(n-N/2)^2k}{N}+k\ln\sqrt{\frac{2}{N_A}}$$

(2)两状态间的熵变为

$$\Delta S=S\left(\frac{1}{2}N\right)-S(0)=\frac{k\ln\frac{2}{N_A}}{2}+\frac{2k(0-N/2)^2}{N}-\frac{k\ln\frac{2}{N_A}}{2}=\frac{kN}{2}$$

(3)当 $N=6\times10^{23}$ 时,这个熵差为

$$\Delta S=\frac{kN}{2}=\frac{1.38\times10^{-23}}{2}\times6\times10^{+23}\text{ J/K}=4.14\text{ J/K}$$

6-31 解题过程 该加热过程可以分为三个阶段,第一个是熔化前的加热升温过程,第二个是吸热恒温熔化过程,第三个是熔化后的继续升温过程,这些过程中水银的总熵变

$$\Delta S=\Delta S_1+\Delta S_2+\Delta S_3=\int_{T_1}^{T_m}\frac{cm\mathrm{d}T}{T}+\frac{Lm}{T_m}+\int_{T_m}^{T_2}\frac{cm\mathrm{d}T}{T}$$

$$=cm\ln\frac{T_m}{T_1}+\frac{Lm}{T_m}+cm\ln\frac{T_2}{T_m}$$

$$=cm\ln\frac{T_2}{T_1}+Lm/T_m$$

将 $c=138$ J/(kg·℃),$T_2=(100+273)\text{K}=373$ K,$T_1=(-100+273)\text{K}=173$ K,

$m=1$ kg,熔点 $T_m=(-39+273)$ K=234 K,熔解热 $L=1.17\times10^4$ J/kg 代入可得

$$\Delta S=138\ln\frac{373}{173}\ \text{J/K}+\frac{1.17\times10^4}{234}\ \text{J/K}=156\ \text{J/K}$$

6-32 **分析** 如解 6-32 图所示,取系统变化路径 $A\to C\to B$. 即从初态 $A(p_0,V_0)$ 先经过等温膨胀过程到 $C(p_C,V_C)$,再经绝热压缩过程到 $B(p_0,3V_0)$.

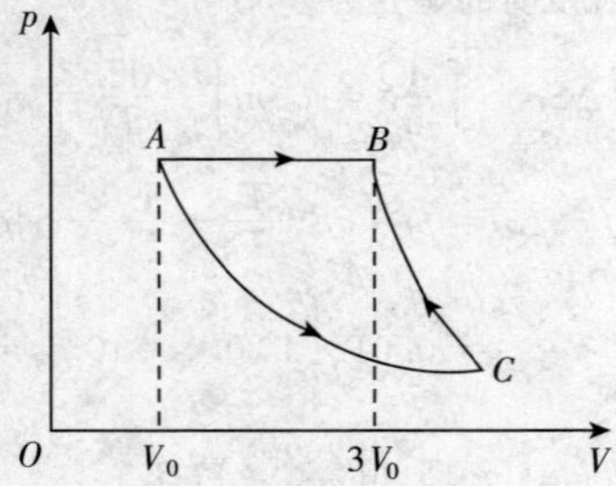

解 6-32 图

解题过程 总熵变为

$$\Delta S_{AB}=\Delta S_{AC}+\Delta S_{CB}$$

对可逆的绝热过程 $C\to B$,应有 $\mathrm{d}Q=0$,故 $\Delta S_{CB}=0$.

所以,总熵变为

$$\Delta S_{AB}=\Delta S_{AC}=\int\frac{\mathrm{d}Q}{T}=\frac{1}{T}\int_{V_0}^{V_c}p\mathrm{d}V$$

$$=\frac{mR}{M_{\mathrm{mol}}}\int_{V_0}^{V_C}\frac{\mathrm{d}V}{V}=\frac{mR}{M_{\mathrm{mol}}}\ln\frac{V_C}{V_0} \qquad ①$$

对 $A\to C$ 的等温过程,有 $\quad p_0V_0=p_CV_C$

对 $C\to B$ 的绝热过程,有 $\quad p_CV_C^{\gamma}=p_0(3V_0)^{\gamma}$

可得 $\quad \left(\frac{V_C}{V_0}\right)^{\gamma-1}=3^{\gamma}$

即 $\quad \ln\frac{V_C}{V_0}=\frac{\gamma}{\gamma-1}\ln 3 \qquad ②$

将②式代入①式,且由 $\frac{m}{M_{\mathrm{mol}}}=2,\frac{\gamma}{\gamma-1}=\frac{C_{p,\mathrm{m}}}{R}$,得

总熵变为 $\quad \Delta S_{AC}=2C_{p,m}\ln3$

第七章 静止电荷的电场

本章知识要点

1. 电场强度和电势的概念以及电场强度叠加原理和电势叠加原理.
2. 电势与电场强度的关系及应用.
3. 点电荷、简单点电荷系统和形状简单的带电体的场强和电势的计算.
4. 高斯定理和环路定理的内容及应用.
5. 导体静电平衡的条件及静电平衡导体的基本性质.
6. 电容的定义及计算方法.
7. 有电介质存在时,利用高斯定理对简单、对称分布的各向同性线性电介质中电位移的电场强度的计算.

知识点归纳

一、两条实验定律

1. 电荷守恒定律

在孤立系统内,不论进行什么过程,正、负电荷的代数和恒定不变,这一结论称为电荷守恒定律. 它是自然界的基本定律之一.

2. 库仑定律

真空中两个静止的点电荷之间相互作用的静电力 $\boldsymbol{F}$ 的大小与它们的带电量 q_1 和 q_2 的乘积成正比,而与它们之间的距离 r 的平方成反比,作用力的方向沿着这两个点电荷的连线. 其表达式为

$$\boldsymbol{F}=\frac{1}{4\pi\varepsilon_0}\frac{q_1q_2}{r^2}\boldsymbol{e}_r$$

$\varepsilon_0=8.85\times10^{-12}\,\mathrm{C^2\cdot N^{-1}\cdot m^{-2}}$,为真空电容率;$\boldsymbol{e}_r$ 是从场源电荷指向场点的单位矢量.

二、两个基本性质

1. 电场强度

$$\boldsymbol{E}=\frac{\boldsymbol{F}}{q_0}$$

电场强度单位是 N/C 或 V/m. $\boldsymbol{E}$ 是表征静电场中给定点电场性质的物理量，与试验电荷 q_0 存在与否无关. $\boldsymbol{E}$ 是从电荷在电场中受力的角度来描述电场性质的物理量，$\boldsymbol{E}$ 是矢量，是空间的点函数. 电场中某点 $\boldsymbol{E}$ 的数值和方向等于位于该点处的单位正电荷所受到的库仑力的大小和方向.

由库仑定律可得到一个点电荷电场强度的表达式

$$\boldsymbol{E}=\frac{1}{4\pi\varepsilon_0}\frac{q}{r^2}\boldsymbol{e}_r$$

式中 $\boldsymbol{e}_r$ 是从场源电荷 q 指向场点的单位矢量. 当 $q>0$ 时，$\boldsymbol{E}$ 与 $\boldsymbol{e}_r$ 同向；当 $q<0$，$\boldsymbol{E}$ 与 $\boldsymbol{e}_r$ 反向，即 E 指向点电荷.

2. 电势

(1)电势能

电荷在电场中任一给定点具有一定的势能，称为电势能. 如果带电系统局限在有限空间里，通常选择无穷远处为电势能零参考点，则 q_0 在电场中 a 点的电势能为

$$W_a=\int_a^{\infty}q_0\,\boldsymbol{E}\cdot \mathrm{d}\boldsymbol{l}$$

(2)电势

电势是从能量角度描述电场性质的物理量，是电场自身的属性，与试验电荷无关，它是标量，可正可负，是空间坐标的函数. 定义式为

$$V_a=\frac{W_a}{q_0}=\int_a^{\infty}\boldsymbol{E}\cdot \mathrm{d}\boldsymbol{l}$$

对于无限大或无限长的带电体，只能选择电场中任一场点“p”为零电势点，即令 $V_p=0$，则空间任一场点 a 的电势将为

$$V_a=\int_a^{p}\boldsymbol{E}\cdot \mathrm{d}\boldsymbol{l}$$

点电荷 q 的电势　　$V_a=\dfrac{q}{4\pi\varepsilon_0 r}$

点电荷系的电势　　$V_a=\displaystyle\sum_{i=1}^{n}V_i=\frac{1}{4\pi\varepsilon_0}\sum_{i=1}^{n}\frac{q_i}{r_i}$

连续带电体的电势　　$V_a=\dfrac{1}{4\pi\varepsilon_0}\displaystyle\int\frac{\mathrm{d}q}{r}$

(3)电势差　　$U_{ab}=V_a-V_b=\displaystyle\int_a^{b}\boldsymbol{E}\cdot \mathrm{d}\boldsymbol{l}$

3. 场强和电势的微分关系

$$\boldsymbol{E}=-\nabla \boldsymbol{V}=-\frac{\mathrm{d}V}{\mathrm{d}n}\boldsymbol{e}_{\mathrm{n}}$$

$\boldsymbol{E}$ 的三个分量为

$$E_x=-\frac{\partial V}{\partial x},\quad E_y=-\frac{\partial V}{\partial y},\quad E_z=-\frac{\partial V}{\partial z}$$

因此,如果已知电势分布 $V=V(x,y,z)$,则可求出电场强度.

三、两条基本定理

静电场的性质通过电场强度的通量和环流规律反映出来.根据点电荷电场强度和电场强度叠加原理可以导出静电场的两个基本定理,即

高斯定理

$$\oint_S \boldsymbol{E}\cdot \mathrm{d}\boldsymbol{S}=\frac{1}{\varepsilon_0}\sum_{(S内)} q_i$$

环路定理

$$\oint_L \boldsymbol{E}\cdot \mathrm{d}\boldsymbol{l}=0$$

高斯定理说明,静电场中通过任一闭合曲面的电通量等于该闭合曲面包围的电量的代数和除以 ε_0.环路定理说明,静电场中电场强度沿任一闭合路径的线积分恒等于零,它和静电场力做功与路径无关的结论是等价的.两个定理各自从一个侧面反映了静电场的性质,前者反映了电场与场源的普遍关系,说明静电场是有源场,正电荷是源头,负电荷是尾部,电场线始于正电荷,止于负电荷;后者反映了静电场是保守场,静电力是保守力,因而能在静电场中引入电势能和电势的概念,说明静电场的势场、电场线不构成闭合曲线.两个定理结合起来,才能全面地反映静电场的性质.

四、导体的静电平衡条件

(1)导体内部任何一点的电场强度为零,即 $E_{内}=0$.

(2)导体表面上任何一点的电场强度方向均与该处导体表面垂直,否则电场强度沿导体表面的切向分量将引起自由电子沿导体表面作宏观运动,导体就不是处于静电平衡状态了.

五、导体处于静电平衡时的性质

(1)电场强度

①导体内部电场强度处处为零,$\boldsymbol{E}_{内}=0$.

②紧靠导体表面处的电场强度大小与该处电荷面密度 σ 成正比,即

$$E=\frac{\sigma}{\varepsilon_0}$$

方向与该处导体表面垂直.

(2)电势

导体是等势体,表面是等势面.

(3)电荷分布

①导体内部没有净电荷，电荷只分布在导体表面上. 对空腔带电导体 q，当空腔内无带电体时，电荷 q 只分布在导体的外表面；当空腔内有带电体 Q 时，空腔内表面的带电量为 −Q，外表面点带电量为 Q+q.

②孤立导体的电荷沿表面的分布与表面曲率有关，越“尖”的地方，电荷面密度越大.

本章中处理导体问题的方法不是去分析电场、电荷在相互作用下怎样达到平衡分布的复杂过程，而是假定这种平衡分布已经达到，即以导体的静电平衡条件为根本出发点和前提，并结合静电场的普遍规律（高斯定理和环路定理）去进一步解决问题.

例如，两块“无限大”带电平板，分别带电荷 q_A 和 q_B，在静电平衡条件下的电荷分布

$$\sigma_1=\sigma_4\text{（两板的外侧面电荷密度等量同号）}$$

$$\sigma_2=-\sigma_3\text{（两板的内侧面电荷密度等量异号）}$$

且满足电荷守恒定律

$$q_A=(\sigma_1+\sigma_2)S$$

$$q_B=(\sigma_3+\sigma_4)S$$

六、静电场中的电介质

1. 有电介质时的高斯定理

$$\oint\!\!\!\oint_S \boldsymbol{D}\cdot d\boldsymbol{S}=q_0$$

上式左边是闭合面 S 的电位移通量，右边是闭合面 S 内的自由电荷代数和.

2. 对于各向同性电介质

$$\boldsymbol{D}=\varepsilon_0\varepsilon_r\boldsymbol{E}$$

七、电容器的电容

$$C=\frac{q}{V_A-V_B}$$

对于给定的电容器，C 与 q 和 (V_A-V_B) 无关，而只决定于电容器的结构和材料.

计算 C 的步骤：设极板电量为 q，计算两极板之间的 $\boldsymbol{E}$；再计算两极板间的电势差 $V_A-V_B=\int_A^B\boldsymbol{E}\cdot d\boldsymbol{l}$；最后根据 C 的定义式求得 C 的表达式.

八、静电场的能量

1. 电场能量密度

$$w_e=\frac{1}{2}\varepsilon E^2=\frac{1}{2}DE$$

2. 电场总能量

$$W_e=\int_V w_e \mathrm{d}V=\int_V \frac{1}{2}\varepsilon E^2 \mathrm{d}V$$

式中的积分遍及电场存在的空间.

3. 电容器的静电能

$$W=\frac{Q^2}{2C}=\frac{1}{2}CU^2=\frac{1}{2}QU$$

复习思考题解答

7-1-1 一个金属球带上正电荷后,该球质量是增大、减小还是不变?

解题过程 带正电是因为金属球失去电子,电子质量虽然非常小,但是具有一定质量,所以该球质量减小.

7-1-2 点电荷是否一定是很小的带电体?什么样的带电体可以看做是点电荷?

解题过程 不一定. 点电荷只是相对而言的,并非一定是很小的物体. 只有带电体的形状和大小与它们之间的距离相比可以忽略时,它们才可以看做是点电荷.

7-1-3 在干燥的冬季人们脱毛衣时,常听见噼里啪啦的放电声,试对这一现象进行解释.

解题过程 这是一种由于摩擦产生的静电现象. 冬季当人们脱毛衣时,由于衣物之间的摩擦,原子外层的电子发生转移,产生静电荷,静电放电时就可以听到噼里啪啦的声音.

7-1-4 带电棒吸引干燥软木屑接触到棒以后,往往又剧烈地跳离此棒. 试解释此现象.

解题过程 当带电棒靠近木屑时,由于带电棒周围的非均匀电场使软木屑被极化而带有分开的正负电荷,与带电体相异的电荷靠近带电木棒,此时,引力大于斥力,木屑就会被带电棒吸引. 当带电棒接触木屑之后,木屑带有与带电棒相同的电荷,由于同种电荷相互排斥,所以又剧烈地跳离.

7-2-1 判断下列说法是否正确,并说明理由.

(1)电场中某点电场强度的方向就是将点电荷放在该处所受电场力的方向.

(2)电荷在电场中某点受到的电场力很大,该点的电场强度 $\boldsymbol{E}$ 一定很大.

(3)在以点电荷为中心、r 为半径的球面上,电场强度 $\boldsymbol{E}$ 处处相等.

解题过程 (1)判断错误. 电场中场强方向是将正的检验电荷放入电场,该电荷所受力的方向. 因为检验电荷的加入不影响原电场的分布,而点电荷的进入可能会影响原来电场的分布.

(2)判断错误. 由电场力的公式 $\boldsymbol{F}=q\cdot\boldsymbol{E}$ 可知,电场力不仅与场强有关,还与电荷带电量有关.

(3)判断错误. 电场强度是矢量,只有大小和方向都相等,场强才相等. 而球面上各点场强大小相等,方向不同,所以场强不相等.

7-2-2 根据点电荷的电场强度公式 $\boldsymbol{E}=\frac{1}{4\pi\varepsilon_0}\frac{q}{r^2}\boldsymbol{e}_r$,当所考察场点和点电荷距离 $r\to0$ 时,电场强度 $E\to\infty$,这是没有物理意义的,对这样似是而非的问题应如何解释?

解题过程 点电荷的电场强度公式是为了定量描述电场的. 在实际中,场点无法做到无限接近点电荷.

7-2-3 点电荷 q 如只受电场力的作用而运动,电场线是否就是点电荷 q 在电场中运动的轨迹?

解题过程 点电荷只受电场力作用而运动,点电荷的运动轨迹不是电场线. 因为电场力的方向与点电荷的受力方向也就是加速度方向相同,不一定与速度方向相同.

7-2-4 在正四边形的四个顶点上,放置四个带相同电荷量的同号点电荷,试定性画出其电场线图.

解题过程 如答 7-2-4 图所示.

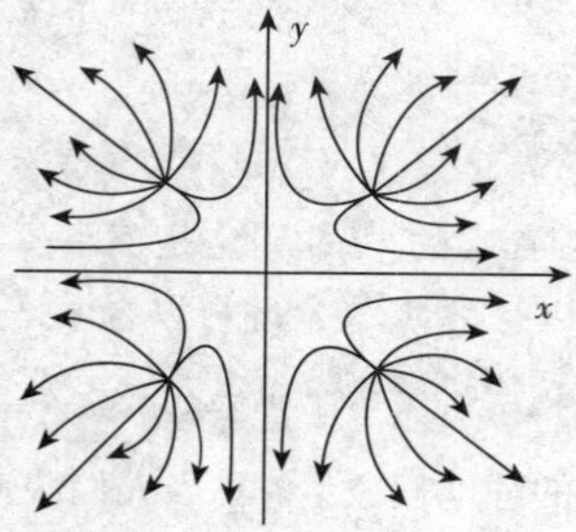

答 7-2-4 图

7-3-1 如果在高斯面上的 $\boldsymbol{E}$ 处处为零,能否肯定此高斯面内一定没有净电荷?反过来,如果高斯面内没有净电荷,能否肯定面上所有各点的 $\boldsymbol{E}$ 都等于零.

解题过程 由高斯定理 $\oiint_s E\cdot \mathrm{d}S=\frac{q}{\varepsilon_0}$ 可知,如果高斯面上 E 处处为零,则可以肯定高斯面内一定没有净电荷;而由电偶极子的电场分布可知反之不成立.

7-3-2 (1)一点电荷 q 位于一立方体的中心,立方体边长为 l. 问通过立方体一面的 $\boldsymbol{E}$ 通量是多少?

(2)如果把这个点电荷移放到立方体的一个角上,这时通过立方体每一面的 $\boldsymbol{E}$ 通量各是多少?

解题过程 (1) $\oiint_s \boldsymbol{E}\cdot\mathrm{d}\boldsymbol{S}=\frac{1}{\varepsilon_0}q$,设通过任一面的 $\boldsymbol{E}$ 通量为 $\boldsymbol{\Phi}$,因为立方体的对称性,通过六个面的 $\boldsymbol{E}$ 通量全相等,所以 $6\boldsymbol{\Phi}=q/\varepsilon_0$,$\boldsymbol{\Phi}=\frac{q}{6\varepsilon_0}$.

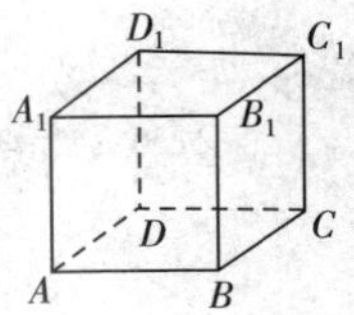

答 7-3-2 图

(2)如答 7-3-2 图所示，点电荷位于 A 点，易知其对$\square A_1B_1BA$，$\square A_1D_1DA$，$\square ABCD$ 电通量为 0.

由对称性，其对另外三面的 $\boldsymbol{E}$ 通量相等，设为 $\boldsymbol{\Phi}$. A 点处于边长为 $2\overline{AB}$ 的立方体中心，$8\times(3\boldsymbol{\Phi})=\frac{q}{\varepsilon_0}$.

所以 $\quad \Phi=\frac{1}{24}\frac{q}{\varepsilon_0}$.

7-3-3 一根有限长的均匀带电直线，其电荷分布及所激发的电场有一定的对称性，能否利用高斯定理算出电场强度来？

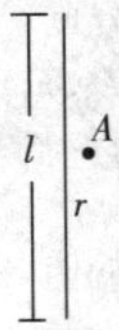

答3-3 图

解题过程 因为各点电场强度不同，难以求各点积分，所以不能用高斯定理来求，如果 $r\ll l$，则认为导线无限长，电场强度 $\boldsymbol{E}$ 方向垂直于导线，且离导线等距离处电场大小相等，A 点的场强就可以计算出来.

7-3-4 如果点电荷的库仑定律中作用力与距离的关系是 $\boldsymbol{F}\propto 1/r$ 或 $\boldsymbol{F}\propto 1/r^{2+\delta}$（$\delta$ 是不等于零的数），那么还能用电场线来描述电场吗？为什么？

解题过程 可以. 电场线的定义与库仑定律没有关系，不发生冲突.

7-4-1 比较下列几种情况下 A、B 两点电势的高低：

(1)正电荷由 A 移到 B 时，外力克服电场力做正功.

(2)正电荷由 A 移到 B 时，电场力做正功.

(3)负电荷由 A 移到 B 时，外力克服电场力做正功.

(4)负电荷由 A 移到 B 时，电场力做正功.

(5)电荷顺着电场线方向由 A 移动到 B.

(6)电荷逆着电场线方向由 A 移动到 B.

解题过程 （电荷在电场内移动，如果第(4)小题移动负电荷，电场力做正功，B 点电势高与此判断矛盾. 如果电场力做负功则移动后电势变高.）由此可得：

(1)B 电势高；(2)A 电势高；(3)A 电势高；(4)B 电势高；(5)A 电势高；(6)B 电势高.

7-4-2 (1)如图(a)和(b)所示的两电场中，把电荷$+q$从P点移到Q点，电场力是做正功还是做负功？P、Q两点哪点电势高？(2)如果移动的是负电荷，再讨论上述两种情况.

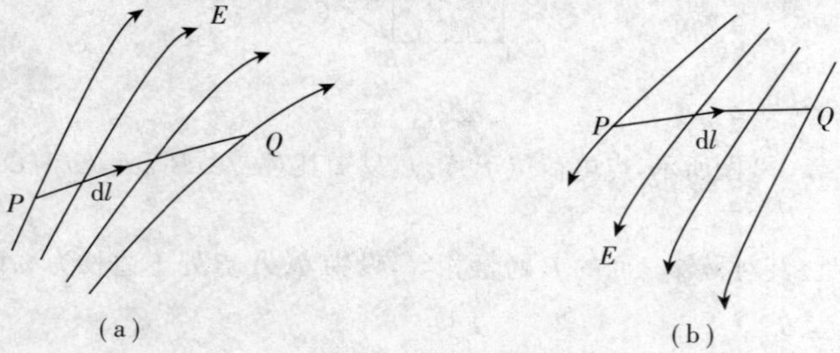

思考题 7-4-2 图

解题过程 (1)(a)图中从P点到Q点，电荷沿电场方向移动，电场力做正功，P点电势高.(b)图中电场力做负功，Q点电势高.

(2)负电荷在电场中移动，电场做功情况与正电荷相反.(a)图中电场力做负功，P点电势高.(b)图中电场力做正功，Q点电势高.

7-4-3 从教材图7-32所描绘的两种电场的等势面和电场线图上，能不能说等势面上各点的电场强度大小相等，方向与等势面垂直？

解题过程 该说法部分正确.在同一等势面上的电场线的疏密程度是不同的，而电场线的疏密程度表示该处位置上的电场强度的大小，因此在同一等势面上的电场强度并不一定相等.由定义可知电场强度在方向上与等势面处处正交.因此，电场强度在方向上与等势面垂直.

7-5-1 (1)已知电场中某点的电势，能否计算出该点的场强？

(2)已知电场中某点附近的电势分布，能否计算出该点的场强？

解题过程 要计算该点的场强必须知道该点邻域内的电势分布，公式为：$\boldsymbol{E}=-\nabla \boldsymbol{U}$或$\boldsymbol{E}=-\frac{\mathrm{d}U}{\mathrm{d}n}\boldsymbol{e}_n$，所以(1)不能；(2)能.

7-5-2 (1)在电势不变的空间，电场强度是否为零？

(2)在电势为零处，场强是否一定为零？

(3)场强为零处，电势是否一定为零？

(4)在均匀电场中，各点电势梯度是否相等？各点电势是否相等？

解题过程 由公式$E=-\frac{\partial U}{\partial n}$可知：

(1)电势不变，其电场强度为零.

(2)电势为零，其变化率不一定为零，故场强不一定为零.

(3)不一定，例如两正电荷连线的中点处，场强为零，但是电势不为零.

(4)在均匀电场中，电势梯度相等，各点电势不相等.

7-5-3 试用教材式(7-39)说明改变零电势参考点的位置并不会影响各点电场强度的大小.

解题过程 由教材公式(7-39)：$\boldsymbol{E}=E_x\boldsymbol{i}+E_y\boldsymbol{j}+E_z\boldsymbol{R}=-\left(\frac{\partial U}{\partial x}\boldsymbol{i}+\frac{\partial U}{\partial y}\boldsymbol{j}+\frac{\partial U}{\partial z}\boldsymbol{k}\right)$可知，电场强度等于电势梯度的负值. 改变零电势点仅在V上增加一个常量，公式变为$\boldsymbol{E}=E_x\boldsymbol{i}+E_y\boldsymbol{j}+E_z\boldsymbol{R}=-\left[\frac{\partial(U+U_0)}{\partial x}\boldsymbol{i}+\frac{\partial(U+U_0)}{\partial y}\boldsymbol{j}+\frac{\partial(U+U_0)}{\partial z}\boldsymbol{k}\right]$，因为$V_0$是一个常量，所以对微分结果不会有任何影响. 因此，改变零电势参考点的位置，不会影响各点电场强度的大小.

7-6-1 将一电中性的导体放在静电场中，在导体上感应出的正负电荷量是否一定相等？这时导体是否是等势体？如果在电场中把导体分开为两部分，则一部分导体带正电，另一部分带负电，这时两部分导体电势是否相等？

解题过程 根据电荷守恒定律，导体在电场中感应出的正负电荷一定相等，这时导体是等势体. 如果把导体分开，则导体电势不相等，因为有电场线从带正电部分指向带负电部分，电势随着电场线方向降落.

7-6-2 一个孤立导体球带有电荷量Q，其表面附近场强沿什么方向？当我们把另一带电体移近这个导体球时，球表面附近场强将沿什么方向？其上电荷分布是否均匀？其表面是否电势相等？电势有没有变化？球内任一点场强有无变化？

解题过程 孤立导体球表面附近电场与其表面垂直. 当把另一带电体移近此导体时，球表面附近场强方向会发生变化. 导体球上电荷分布会变得不均匀，其表面电势相等，但是会有变化，球内场强不会发生变化.

7-6-3 如何能使导体

(1)净电荷为零而电势不为零.

(2)有过剩正或负电荷，而其电势为零.

(3)有过剩负电荷而其电势为正.

(4)有过剩正电荷而其电势为负.

解题过程 (1)将不带电导体放在带电体电场中则其净电荷为零而电势不为零.

(2)不带电导体在带电体附近产生静电感应再将其接地，则会有过剩电荷但其电势为零.

(3)带负电导体放在相距很近但又带有很多正电荷的带电体场中.

(4)带正电导体放在相距很近但又带有很多负电荷的带电体场中.

7-6-4 如图所示，在金属球A内有两个球形空腔，此金属球体上原来不带电，在两空腔中心各放一点电荷q_1和q_2，求金属球A的电荷分布. 此外，在金属球外很远处放置一点电荷$q(r\gg R)$，问q_1、q_2、q各受多少力？

思考题 7-6-4 图

解题过程 由于静电感应,金属球 A 两个球形空腔内表面均匀分布电荷 $-q_1$,$-q_2$,而金属球 A 表面均匀分布电荷(q_1+q_2). 在金属球外很远处放一点电荷 q,q 受力为 $\frac{1}{4\pi\varepsilon_0}\cdot\frac{(q_1+q_2)q}{r^2}$,而 q_1,q_2 不受力.

7-6-5 一带电导体放在封闭的金属壳内部.

(1)若将另一带电导体从外面移近金属壳. 壳内电场是否会改变? 金属壳及壳内带电体的电势是否会改变? 金属壳和壳内带电体间的电势差是否会改变?

(2)若将金属壳内部带电导体在壳内移动或与壳接触时,壳外电场是否会改变?

(3)如果壳内有两个带异号等值电荷的带电体,则壳外电场如何?

解题过程 (1)壳内的电场不会改变,金属壳以及壳内带电体电势会发生改变. 由于壳内电场不会发生改变,所以金属壳内带电体间电势差不会改变.

(2)将金属壳内部带电导体在壳内移动或者与壳接触时,壳外电场不会改变.

(3)壳内有两个带异号电荷带电体,则壳外电场为零.

7-7-1 (1)一导体球上不带电,其电容是否为零?

(2)当平行板电容器的两极板分别带上等值同号电荷时,其电容值是否改变?

(3)当平行板电容器的两极板分别带上不同号不等值电荷时,其电容值是否改变?

解题过程 (1)电容不为零. 因为电容是导体或电容器本身的物理性质,与其是否带电或者带电量多少无关.

同理可知(2)(3)中电容值也不会发生变化.

7-7-2 两个半径相同的金属球,其中一个是实心的,另一个是空心的,电容是否相同?

解题过程 不同. 实心金属球由于有电介质的存在,所以比空心金属球电容大.

7-7-3 有一平板电容器,保持板上电荷量不变(充电后切断电源),现在使两极板距离 d 增大. 试问:两极板的电势差有何变化? 极板间电场强度有何变化? 电容是增大还是减小?

解题过程 平行板电容器电容计算公式为:$C=\varepsilon_0\frac{S}{d}=\frac{Q}{U}$. 由公式可知,$d$ 增大则 C 减小,而电荷量 Q 不变,则 U 增大,$\varepsilon_0\frac{S}{Q}=\frac{d}{U}$,$\frac{U}{d}=$常数,所以 E 不变.

7-7-4 平板电容器如保持电压不变(接上电源),增大极板间的距离,则极板上的电荷、极板间电场强度、平板电容器有何变化?

解题过程 $C=\varepsilon_0\frac{S}{d}=\frac{Q}{U}$,$d$ 增大则 C 减小,而 U 不变,所以 Q 减小,$E=\frac{U}{d}$,所以 E 减小.

7-7-5 一对相同的电容器,分别串联、并联后连接到相同的电源上后,问哪一种情况用手去触极板较为危险? 说明其原因.

解题过程 如果电极板上带电量大,则比较危险,因为并联电容大,相同的电压带电量大,所以并联时用手触摸极板会比较危险.

7-8-1 电介质的极化现象与导体的静电感应现象有什么区别？

解题过程 导体的静电感应是导体中的自由电荷在外电场作用下定向运动形成的，最终达到静电平衡，这时导体内部电场强度处处为零，电荷分布在导体表面. 电介质的极化是在外电场作用下电介质显示电性的现象. 在外电场的作用下，束缚电荷的局部移动导致宏观上显示出电性，在电介质的表面和内部不均匀的地方出现电荷，这种现象称为极化，出现的电荷称为极化电荷.

7-8-2 如果把在电场中已极化的一块电介质分开为两部分，然后撤除电场，问这两半块电介质是否带电荷？为什么？

解题过程 不带净电荷. 因为极化的电介质分开两部分后，两个部分会产生新的极化，当撤除电场后两极化的电介质分别会恢复初始状态，不会有净电荷产生.

7-8-3 (1)将平行板电容器两极接上电源以维持其电压不变，用相对电容率为 ε_r 的均匀电介质填满极板间，极板上的电荷量为原来的几倍？电场为原来的几倍？

(2)若充电后切断电源然后再填满介质，情况又如何？

解题过程 (1)$C=\varepsilon_0\varepsilon_r S/d$，$Q=CU$，因为 U 不变，所以 Q 为原来的 ε_r 倍，$E=U/d$，U、d 均没有变化，所以 E 不变.

(2)充电后切断电源，则极板上 Q 不变，填入介质后，$C=\varepsilon_0\varepsilon_r S/d$，所以 $U=\dfrac{Q}{C}$，为原来的 $\dfrac{1}{\varepsilon_r}$；$E=U/d$，为原来的 $\dfrac{1}{\varepsilon_r}$.

7-9-1 在一均匀电介质球外放一点电荷 q，分别作如图所示两闭合曲面 S_1 和 S_2，求通过两闭合曲面的 $\boldsymbol{E}$ 通量、$\boldsymbol{D}$ 通量. 在这种情况下，能否找来一合适的闭合曲面，可应用高斯定理求出闭合曲面上各点的场强？

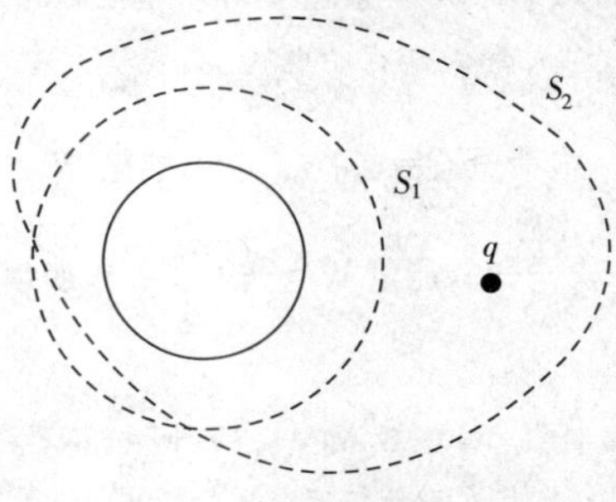

思考题 7-9-1 图

解题过程 通过 S_1 的 $\boldsymbol{E}$ 通量、$\boldsymbol{D}$ 通量为零

通过 S_2 的 $\boldsymbol{E}$ 通量 $\oiint \boldsymbol{E}\cdot \mathrm{d}\boldsymbol{S}=\dfrac{1}{\varepsilon_0}q$

通过 S_2 的 $\boldsymbol{D}$ 通量 $\oiint \boldsymbol{D}\cdot \mathrm{d}\boldsymbol{S}=q$

由于题中系统不具备良好的对称性，所以不能找出用高斯定理求场强的闭合曲面.

7-9-2 在球壳形的均匀电介质中心放置一点电荷 q，试画出电介质球壳外的 $\boldsymbol{E}$ 和 $\boldsymbol{D}$ 线的分布. 在电介质球壳内外的场强和没有介质球壳时是否相同？为什么？

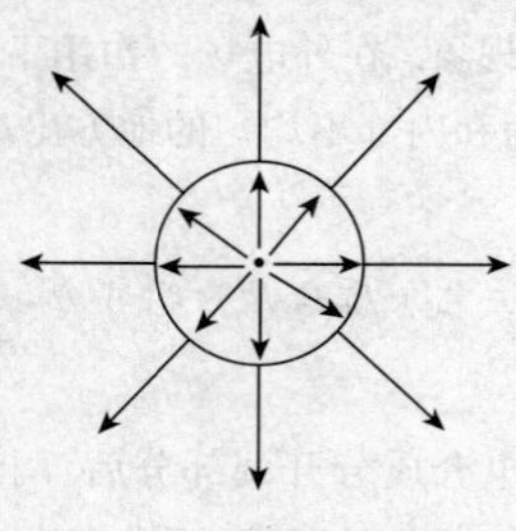

答 7-9-2 图

解题过程 因为点电荷在球壳中心，电介质内外的场强与没有介质球壳时不相同，因为在球壳内外表面有极化电荷分布. 电介质球壳内外的 E 和 D 线分布见答 7-9-2 图.

7-9-3 (1)一个带电的金属球壳内充填了均匀电介质，球外是真空，此球壳的电势是否为 $\frac{Q}{4\pi\varepsilon_0\varepsilon_r R}$？为什么？

(2)若球壳内为真空，球壳外充满无限大均匀电介质，这时球壳的电势为多少？

解题过程 (1)不是. 因为球壳外为真空，根据高斯定理可以得到其电场分布为：$E=\frac{Q}{4\pi\varepsilon_0 r^2}$，电势为：$\int_R^{+\infty} E\cdot \mathrm{d}r=\frac{Q}{4\pi\varepsilon_0 R}$.

(2) 球壳外充满电介质，电场分布为：$E=\frac{Q}{4\pi\varepsilon_0\varepsilon_r r^2}$，电势为：$\int_R^{+\infty} E\cdot \mathrm{d}r=\frac{Q}{4\pi\varepsilon_0\varepsilon_r R}$.

7-10-1 电容分别为 C_1 和 C_2 的两个电容器，把它们并联充电到电压 U 和把它们串联充电到电压 $2U$ 的两种电容器组中，哪种形式储存的电荷量、能量大些？

解题过程 并联电容 $C=C_1+C_2$，电荷量 $Q=(C_1+C_2)U$，能量 $W=\frac{1}{2}(C_1+C_2)U^2$；而串联电容 $C=\frac{C_1C_2}{C_1+C_2}$，电荷量 $Q=\frac{2C_1C_2}{C_1+C_2}U$，能量 $W=\frac{C_1C_2}{C_1+C_2}U^2$，所以并联形式储存的电荷量和能量较大.

7-10-2 一空气电容器充电后切断电源，然后灌入煤油，问电容器的能量有何变化？如果在灌油时电容器一直与电源相连，能量又如何变化？

解题过程 空气电容器在切断电源后，极板上的电量 Q 不变，灌入煤油后电容 C 变为原来的 ε_r（ε_r 为煤油相对介电常数）倍，$W=\frac{\alpha^2}{2C}$能量变为原来的 $\frac{1}{\varepsilon_r}$；若电容器一直与电源相连，则电压 U 保持不变，灌入煤油时电容 C 变为原来的 ε_r 倍，$W=\frac{1}{2}CU^2$ 能量增大为原来的 ε_r 倍.

习题全解

7-1 解题过程 由库仑定理 $F=\dfrac{q_1 q_2}{4\pi\varepsilon_0 r^2}$ 知作用力与距离的平方成反比，所以它们相距 0.1m 时的作用力为 10^{-7}N. 又因为两点电荷带电量相等，所以 $F=\dfrac{q^2}{4\pi\varepsilon_0 r^2}$

$$q=\sqrt{4\pi\varepsilon_0 r^2 F}=3.3\times10^{-10}\text{C}$$

7-2 解题过程 建立直角坐标系 Oxy. 对 q_1、q_2、q_3 进行受力分析如解 7-2 图所示，设所受合力分别为 $\boldsymbol{F}_1$、$\boldsymbol{F}_2$、$\boldsymbol{F}_3$，则有

$$\begin{aligned}\boldsymbol{F}_1 &=\boldsymbol{F}_{12}+\boldsymbol{F}_{13}=F_{12}\cos\alpha(-\boldsymbol{i})+F_{12}\sin\alpha(-\boldsymbol{j})+F_{13}\boldsymbol{i}\\&=(-F_{12}\cos\alpha+F_{13})\boldsymbol{i}-F_{12}\sin\alpha\boldsymbol{j}\end{aligned}$$

$$\boldsymbol{F}_2=\boldsymbol{F}_{21}+\boldsymbol{F}_{23}=(F_{12}\cos\alpha+F_{23}\cos\alpha)\boldsymbol{i}+(F_{21}\sin\alpha-F_{23}\sin\alpha)\boldsymbol{j}$$

$$\boldsymbol{F}_3=\boldsymbol{F}_{31}+\boldsymbol{F}_{32}=F_{31}(-\boldsymbol{i})+F_{32}\cos\alpha(-\boldsymbol{i})+F_{32}\sin\alpha\boldsymbol{j}$$

其中，相互作用力的大小分别为

$$F_{12}=F_{21}=\frac{1}{4\pi\varepsilon_0}\frac{q_1 q_2}{a^2}=67.5\text{ N}$$

$$F_{23}=F_{32}=\frac{q_2 q_3}{4\pi\varepsilon_0 a^2}=67.5\text{ N}$$

$$F_{13}=F_{31}=\frac{q_1 q_3}{4\pi\varepsilon_0 a^2}=22.5\text{ N}$$

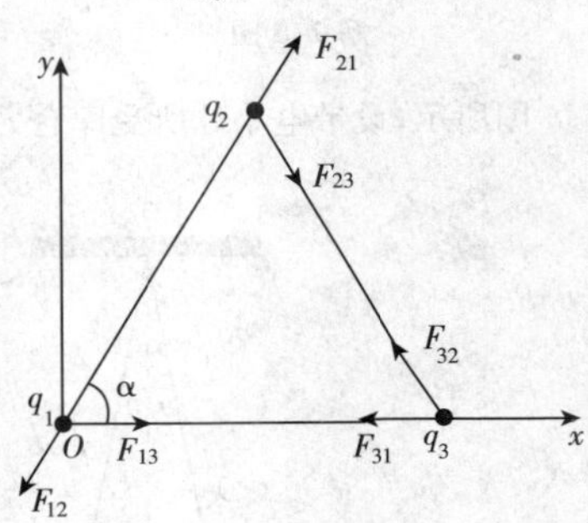

解 7-2 图

而 $\cos\alpha=\cos 60°=\dfrac{1}{2}$

$\sin\alpha=\sin 60°=\dfrac{\sqrt{3}}{2}$

故 $F_1=\sqrt{F_{1x}^2+F_{1y}^2}=59.5\text{ N}$

$$F_2=\sqrt{F_{2x}^2+F_{2y}^2}=67.5\ \text{N}$$

$$F_3=\sqrt{F_{3x}^2+F_{3y}^2}=81.1\ \text{N}$$

由此可见，q_3 受力为最大.

(2) $$\boldsymbol{F}_2=(F_{21}\cos\alpha+F_{23}\cos\alpha)\boldsymbol{i}+(F_{21}\sin\alpha-F_{23}\sin\alpha)\boldsymbol{j}$$
$$=(F_{21}\cos\alpha+F_{23}\cos\alpha)\boldsymbol{i}=67.5\boldsymbol{i}\ \text{N}$$

其方向沿解 7-2 图 x 轴正方向.

7-3 解题过程 设正方形的边长为 a，从 Q 为原点建立坐标系，如解 7-3 图所示，根据电荷的对称分布可知，两个点电荷 q 对点电荷 Q 的合力沿 x 轴，且大小相等，所以

$$F_x=F_Q+2F_{qx}$$
$$=\frac{1}{4\pi\varepsilon_0}\cdot\frac{Q^2}{(\sqrt{2}a)^2}+\frac{2}{4\pi\varepsilon_0}\cdot\frac{qQ}{a^2}\cdot\cos45°=0$$

解得 $$Q=-2\sqrt{2}q$$

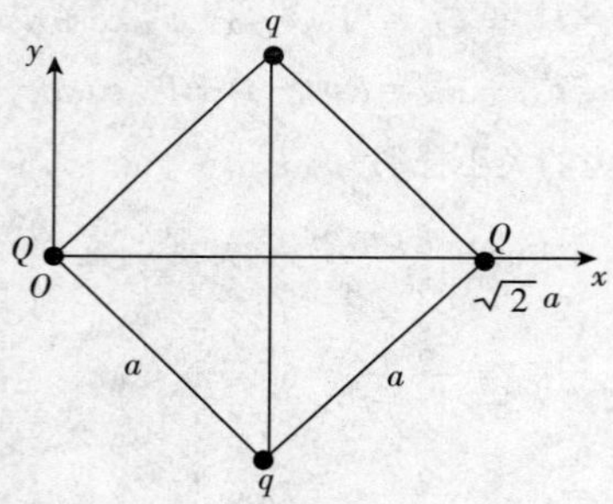

解 7-3 图

7-4 解题过程 受力分析如解 7-4 图所示，设带电小球所受库仑力为 $F=k\dfrac{q^2}{x^n}$

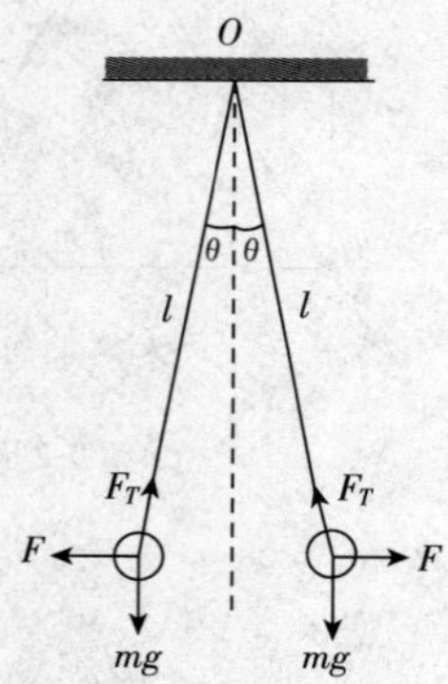

解 7-4 图

带电小球受力平衡，有

$$F_T\sin\theta=F$$

$$F_T\cos\theta=mg$$

所以 $\tan\theta=\dfrac{F}{mg}$

θ 角很小，有 $\tan\theta\approx\dfrac{x}{2l}$，$x=2l\cdot\tan\theta=\dfrac{2lF}{mg}$

对于两次测定，由上述方程有

$$\frac{x_1}{x_2}=\frac{F_1}{F_2}=\frac{q_1^2x_2^n}{q_2^2x_1^n}=4\frac{x_2^n}{x_1^n}$$

$$\left(\frac{x_1}{x_2}\right)^{n+1}=4$$

对上式两边取对数，有

$$(n+1)\lg\left(\frac{x_1}{x_2}\right)=\lg4$$

$$n=\frac{\lg4}{\lg\left(\dfrac{x_1}{x_2}\right)}-1$$

7-5 解题过程 如解 7-5 图所示，设 α 粒子在 A 处受力最大，由 $\boldsymbol{F}=q\boldsymbol{E}$，得氢分子在 A 处产生的电场最大.

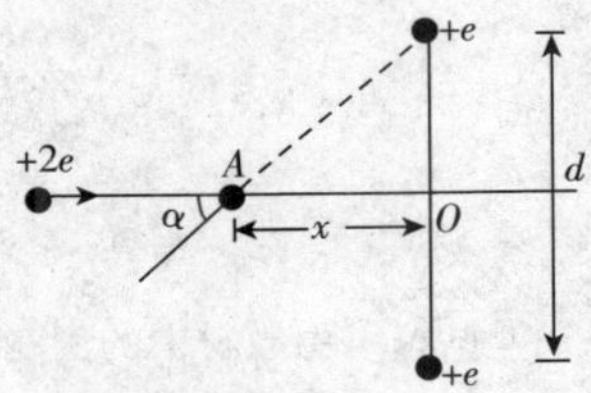

解 7-5 图

设 A 距氢原子连线中点 O 的距离为 x

$$E=2\frac{1}{4\pi\varepsilon_0}\frac{e}{x^2+\left(\dfrac{d}{2}\right)^2}\cos\alpha$$

$$\cos\alpha=\frac{x}{\sqrt{x^2+\left(\dfrac{d}{2}\right)^2}}$$

所以 $E=\dfrac{e}{2\pi\varepsilon_0}\dfrac{x}{\left[x^2+\left(\dfrac{d}{2}\right)^2\right]^{3/2}}$

令 $\dfrac{\mathrm{d}E}{\mathrm{d}x}=0$，则

$$\frac{8e^2}{x\varepsilon_0}\left[\frac{1}{(4x^2+d^2)^{3/2}}-\frac{3}{2}\frac{8x^2}{(4x^2+d^2)^{5/2}}\right]=0$$

$$1-\frac{3}{2}\cdot\frac{8x^2}{4x^2+d^2}=0$$

$$x=\pm\frac{\sqrt{2}}{4}d$$

7-6 解题过程 以 C 为原点建立坐标系，如解 7-6 图所示，其中 $AC=r_1=0.03\text{m}$，$BC=r_2=0.4\text{m}$，则 q_1、q_2 在 C 点产生的场强为

$$\boldsymbol{E}_C=\boldsymbol{E}_1+\boldsymbol{E}_2$$
$$=\frac{q_1}{4\pi\varepsilon_0 r_1^2}(-\boldsymbol{j})+\frac{|q_2|}{4\pi\varepsilon_0 r_2^2}(\boldsymbol{i})$$

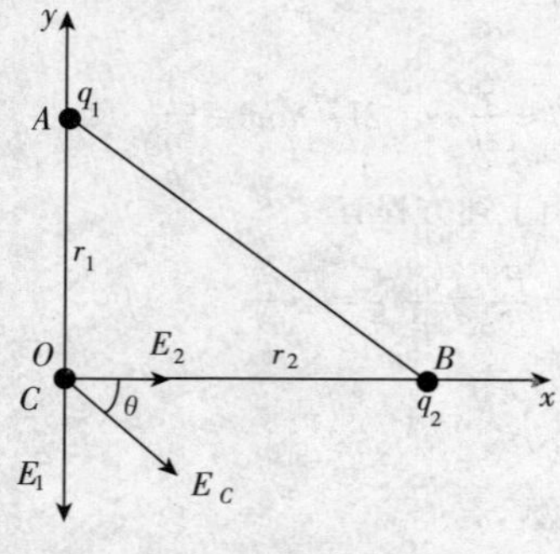

解 7-6 图

$\boldsymbol{E}_C$ 大小为 $E_C=\sqrt{\boldsymbol{E}_1^2+\boldsymbol{E}_2^2}$

$$=\sqrt{(1.8\times10^4)^2+(2.7\times10^4)^2}$$
$$=3.24\times10^4\ \text{V/m}$$

方向与水平方向的夹角为

$$\theta=\arctan\frac{E_1}{E_2}=\arctan\frac{2}{3}=33.7^\circ$$

7-7 证明 由教材中的例题可知，电偶极子在其延长线上场强公式为 $E=\frac{p_e}{2\pi\varepsilon_0 r^3}$，其中 $p_e=ql$，P 点电场为两个方向相反的电偶极子在其上电场的叠加.

$$E=E_2-E_1=\frac{ql}{2\pi\varepsilon_0\left(r-\frac{l}{2}\right)^3}-\frac{ql}{2\pi\varepsilon_0\left(r+\frac{l}{2}\right)^3}$$
$$=\frac{ql}{2\pi\varepsilon_0}\cdot\frac{l\left(3r^2+\frac{l^2}{4}\right)}{\left(r^2-\frac{l^2}{4}\right)^3}$$

因为 $l\ll r$，所以 $\left(r^2-\frac{l^2}{4}\right)^3\approx r^6$，$3r^2+\frac{l^2}{4}\approx3r^2$，而 $ql^2=\frac{Q}{2}$ 代入化简得

$$E=\frac{3Q}{4\pi\varepsilon_0 r^4}$$

7-8 解题过程 (1)以 P 为原点，PA 为 x 轴建立坐标系，取 AB 上一段微元 $\mathrm{d}x$ 分析，其对 P 点的场强 $\mathrm{d}E=\frac{1}{4\pi\varepsilon_0}\frac{\lambda\mathrm{d}x}{x^2}$，合场强

$$E=\int\mathrm{d}E=\int_d^{d+l}\frac{1}{4\pi\varepsilon_0}\frac{\lambda\mathrm{d}x}{x^2}=\frac{\lambda}{4\pi\varepsilon_0}\left(\frac{1}{d}-\frac{1}{d+l}\right)=6.75\times10^2\ \text{V/m}$$

(2)以 AB 中点为原点,AB 为 x 轴建立坐标系,如解 7-8 图所示,由对称性可知 Q 点场强 x 轴分量为 0,$E=E_y$.

取一小段微元分析

$$dE_y=\frac{1}{4\pi\varepsilon_0}\frac{\lambda dx}{(x^2+d^2)}\cos\alpha$$

$$\cos\alpha=\frac{d}{\sqrt{x^2+d^2}}$$

$$dE_y=\frac{\lambda dx}{4\pi\varepsilon_0}\frac{d}{(x^2+d^2)^{3/2}}$$

$$E=\int dE_y=\int_{-\frac{l}{2}}^{+\frac{l}{2}}\frac{\lambda d}{4\pi\varepsilon_0}\frac{dx}{(x^2+d^2)^{3/2}}$$

$$=\frac{\lambda l}{4\pi\varepsilon_0 d}\frac{1}{\left(d^2+\frac{l^2}{4}\right)^{\frac{1}{2}}}=1.5\times10^3\ \text{V/m}$$

7-9 解题过程 在均匀电场中电偶极子受力矩大小为 $M=p_eE\sin\theta$,M 随电偶极子与电场强度的夹角变化而变化.

当电偶极子转到电场反平行时,$\theta=45°$,作用于它的力偶矩为

$$M=p_eE\sin45°=\frac{A}{2}\sin45°=3.54\times10^{-2}\ \text{N}\cdot\text{m}$$

7-10 分析 根据电荷分布的对称性求解本题.

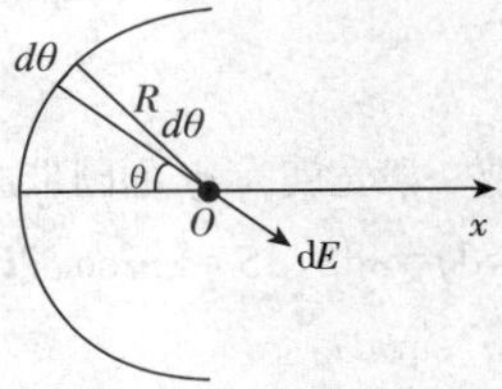

解 7-10 图

解题过程 如解 7-10 图所示,以 O 为原点建立坐标系.

设 $Q>0$,则圆心 O 处的电场强度大小为

$$dE=\frac{1}{4\pi E_0}\cdot\frac{dQ}{R^2}=\frac{1}{4\pi\varepsilon_0}\cdot\frac{\lambda Rd\theta}{R^2}=\frac{\lambda d\theta}{4\pi\varepsilon_0 R}$$

其中 $\lambda=\frac{Q}{\pi R}$

由电荷对称分布可知,圆心 O 处的电场强度沿 x 轴正方向,得

$$E=\int dE_x=2\int_0^{\frac{\pi}{2}}\frac{\lambda\cos\theta}{4\pi\varepsilon_0 R}d\theta=\frac{2\lambda}{4\pi\varepsilon_0 R}\int_0^{\frac{\pi}{2}}\cos\theta d\theta=\frac{\lambda}{2\pi\varepsilon_0 R}$$

$$=\frac{Q}{2\pi^2\varepsilon_0 R^2}$$

7-11 解题过程　如解 7-11 图所示，球心 O 处的场强 $\boldsymbol{E}$ 是由均匀带电球面在球心处的电场强度 $\boldsymbol{E}_1$ 和 Δq 在球心处的电场强度 $\boldsymbol{E}_2$ 叠加而成，即：

$$\boldsymbol{E}=\boldsymbol{E}_1+\boldsymbol{E}_2$$

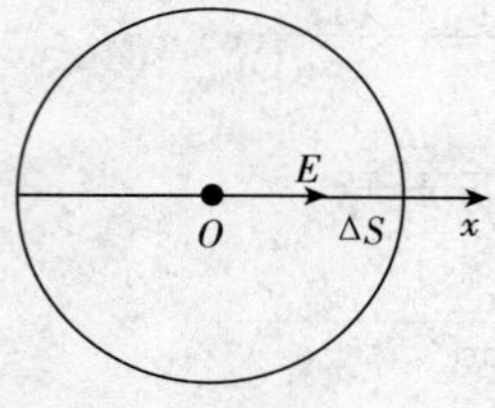

解 7-11 图

其中，由于球面的电荷均匀分布，故 $\boldsymbol{E}_1=0$，所以 $\boldsymbol{E}=\boldsymbol{E}_2$

设 $Q>0$，电荷面密度为　$\sigma=\dfrac{Q}{4\pi R^2}$

则　$\Delta q=-\sigma\Delta S=-\dfrac{Q\Delta S}{4\pi R^2}$

由于 E_2 是由非常小的面积 ΔS 上的负电荷产生的，故可作点电荷电场处理，即 $E=E_2=\dfrac{1}{4\pi\varepsilon_0}\cdot\dfrac{\Delta q}{R^2}=\dfrac{Q\Delta S}{(4\pi R^2)^2\varepsilon_0}$

$\boldsymbol{E}$ 的方向指向 ΔS 处，即指向 x 轴正方向.

7-12 解题过程　我们知道均匀带电圆环轴线上的电场强度为 $E=\dfrac{qx}{4\pi\varepsilon_0(x^2+r^2)^{3/2}}$，可以利用此式解此题.

如解 7-12 图所示，取一段宽度为 $\mathrm{d}l$ 的圆带进行微元分析.

$$\mathrm{d}\boldsymbol{l}=r\mathrm{d}\theta,\mathrm{d}q=\sigma\mathrm{d}S,\mathrm{d}S=2\pi r\sin\theta\mathrm{d}\boldsymbol{l}$$

所以　$\mathrm{d}q=2\pi\sigma r^2\sin\theta\mathrm{d}\theta$

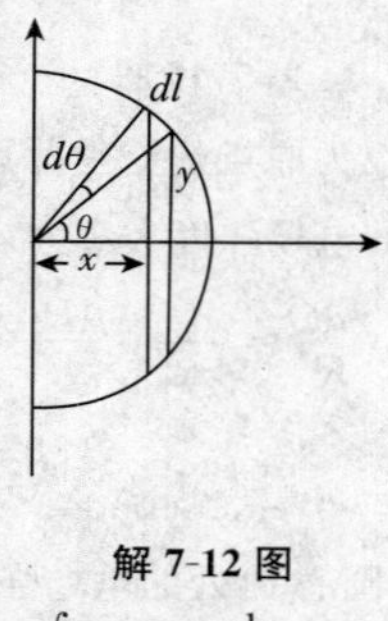

解 7-12 图

$$E=\int\mathrm{d}E=\int\frac{x\mathrm{d}q}{4\pi\varepsilon_0(x^2+y^2)^{\frac{3}{2}}}$$

又因为　$x=r\cos\theta,y=r\sin\theta$

代入上式得

$$E=\int \mathrm{d}E=\int_0^{x/2}\frac{r\cos\theta 2\pi\sigma r^2\sin\theta\mathrm{d}\theta}{4\pi\varepsilon_0(r^2\cos^2\theta+r^2\sin^2\theta)^{\frac{3}{2}}}$$

$$=\int_0^{\frac{\pi}{2}}\frac{\sigma}{2\varepsilon_0}\cos\theta\sin\theta\mathrm{d}\theta=\frac{\sigma}{4\varepsilon_0}$$

7-13 解题过程　由高斯定理

$$\oint_e=\oiint_S \boldsymbol{E}\cdot\mathrm{d}\boldsymbol{S}=\frac{1}{\varepsilon_0}\sum_i q_i$$

解 7-13 图所示,三个电荷均在半径为 5m 的高斯包围下

所以 $\oint_e=\frac{1}{\varepsilon_0}(q_1+q_2+q_3)$

$$=\frac{1}{8.85\times10^{-12}}(5+4-6)\times10^{-8}$$

$$=3.4\times10^3\,\mathrm{V}\cdot\mathrm{m}$$

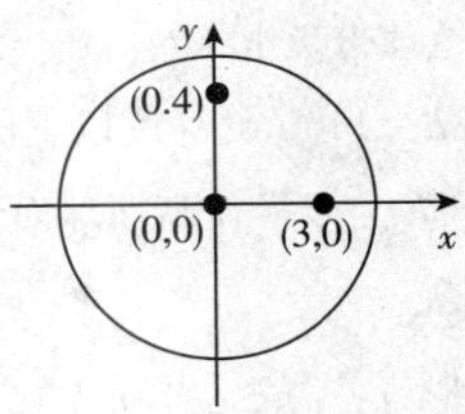

解 7-13 图

7-14 解题过程　设圆板边缘到点电荷的距离为 r,以点电荷为球心,r 为半径作一球面. 该球面的面积为 $S_0=4\pi r^2$

球冠面积为 $S=2\pi r(r-d)$

则通过球面 S_0 的 $\boldsymbol{E}$ 通量为

$$\oint_{S_0}=\oiint_{S_0}\boldsymbol{E}\cdot\mathrm{d}\boldsymbol{S}=ES_0=\frac{q}{\varepsilon_0}$$

通过球冠面 S 的 $\boldsymbol{E}$ 通量为

$$\oint_S=\int_S\boldsymbol{E}\cdot\mathrm{d}\boldsymbol{S}=ES$$

则可得 $\dfrac{\oint_S}{\oint_{S_0}}=\dfrac{\oint_S}{q/\varepsilon_0}=\dfrac{S}{S_0}$

$$\oint_S=\frac{q}{\varepsilon_0}\frac{S}{S_0}=\frac{q}{2\varepsilon_0}\frac{(\sqrt{R^2+d^2}-d)}{\sqrt{R^2+d^2}}$$

7-15 解题过程　(1)　$\oint_E=\oiint_S\boldsymbol{E}\mathrm{d}\boldsymbol{S}=(E_{x2}-E_{x1})d^2$

$$=(b\sqrt{2d}-b\sqrt{d})d^2$$

$$=1.05\text{N}\cdot\text{m}^2/\text{C}$$

(2) $$\frac{1}{\varepsilon_0}q=\oint_E$$

得 $q=\varepsilon_0\oint_E=9.3\times10^{-12}\text{C}$

7-16 **分析** 本题考查高斯定理的应用.

解题过程 (1)在贴近地球表面处作与地球同心的高斯球面,半径为 $R\approx R_E$,使得地球表面的电荷全部为高斯面所包围.

根据高斯定理 $$\oiint_S \boldsymbol{E}\cdot d\boldsymbol{S}=-E\cdot 4\pi R_E^2=\frac{Q}{\varepsilon_0}$$

其中"—"号是由于场强方向与高斯面的面法线方向相反.

得 $$Q=-4\pi\varepsilon_0 ER_E^2=-4.51\times10^5\text{C}$$

由此可见,$Q<0$,即地球带负电.

(2)设在离地球表面 $h=1400$ m 高度以下的大气层均匀带电,所带电荷量为 q. 以地心为球心,$r=R_E+h$ 为半径作高斯球面 S'. 在该高斯面 S' 上电场强度为 $\boldsymbol{E}'$,方向仍指向地心.

根据高斯定理 $$\oiint_{S'} \boldsymbol{E}'\cdot d\boldsymbol{S}'=-E\cdot 4\pi(R_E+h)^2=\frac{q+Q}{\varepsilon_0}$$

可得 $$E'=-\frac{1}{4\pi\varepsilon_0}\frac{q+Q}{(R_E+h)^2}$$

解得 $$q=-(Q+4\pi\varepsilon_0 r^2E')=-[Q+4\pi\varepsilon_0(R_E+h)^2E']$$

$$=3.34\times10^5\text{C}$$

$q>0$,即大气层带正电.

而大气层体积为 $$V=\frac{4}{3}\pi(r^3-R_E^3)=\frac{4}{3}\pi[(R_E+h)^3-R_E^3]$$

$$=7.65\times10^{17}\text{m}^3$$

故大气层平均电荷密度为

$$\overline{\rho}=\frac{q}{V}=4.48\times10^{-13}\text{C/m}^3$$

7-17 **解题过程** 分别以 $r_1=0.05$m,$r_2=0.15$m,$r_3=0.50$m 为半径,作与带电球壳同心的球面为高斯面,在同一高斯面上场强 $\boldsymbol{E}$ 大小相等,方向沿径向向外,与高斯面的外法线方向相同.

根据高斯面定理 $\oiint_S E\cdot d\boldsymbol{S}=\frac{\sum q}{\varepsilon_0}$,有

$$E_1 \cdot 4\pi r_1^2=\frac{q_1}{\varepsilon_0},\quad E_2 \cdot 4\pi r_2^2=\frac{q_2}{\varepsilon_0},\quad E_3 \cdot 4\pi r_3^2=\frac{q_3}{\varepsilon_0}$$

而各高斯面内包围的净电荷分别为

$$q_1=0,\quad q_2=\rho \cdot \frac{4}{3}\pi(r_2^3-R_1^3),\quad q_3=\rho \cdot \frac{4}{3}\pi(R_2^3-R_1^3)$$

式中 $R_1=10$ cm,$R_2=20$ cm,则

$$E_1=0,\quad E_2=\frac{\rho(r_2^3-R_1^3)}{3\varepsilon_0 r_2^2}=4.0\ \text{V/m}$$

$$E_3=\frac{\rho(R_2^3-R_1^3)}{3\varepsilon_0 r_3^2}=1.05\text{V/m}$$

$\boldsymbol{E}_2$、$\boldsymbol{E}_3$ 方向沿径向向外.

7-18 解题过程 根据高斯定理 $\oiint_S \boldsymbol{E} \cdot \mathrm{d}\boldsymbol{S}=\frac{1}{\varepsilon_0}\int \rho \mathrm{d}V$,可得

球体内
$$E(r)4\pi r^2=\frac{1}{\varepsilon_0}\int_0^r kr' 4\pi r'^2 \mathrm{d}r'=\frac{\pi k}{\varepsilon_0}r^4$$

$$\boldsymbol{E}(r)=\frac{kr^2}{4\varepsilon_0}\boldsymbol{e}_r \quad (0<r<R)$$

在球体外
$$E(r)4\pi r^2=\frac{1}{\varepsilon_0}\int_0^R kr' 4\pi r'^2 \mathrm{d}r'=\frac{\pi k}{\varepsilon_0}R^4$$

$$E(r)=\frac{kR^4}{4\varepsilon_0 r^2}\boldsymbol{e}_r \quad (r>R)$$

可画出 $E-r$ 关系曲线如解 7-18 图所示.

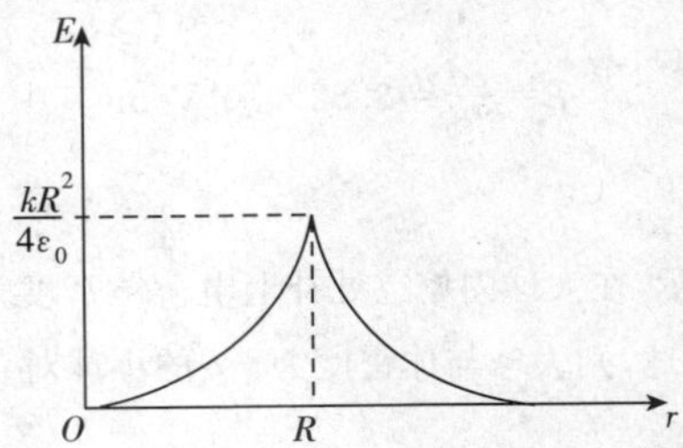

解 7-18 图

7-19 解题过程 (1)由对称性,薄层中央电场强度为 0.

(2)如解 7-19 图(a)所示,做高斯面.

$$\oiint_S \boldsymbol{E} \cdot \mathrm{d}\boldsymbol{S}=\frac{\rho \cdot V}{\varepsilon_0}$$

$$\oiint_S \boldsymbol{E} \cdot \mathrm{d}\boldsymbol{S}=2ES$$

$$\rho V=\rho Sd$$

所以 $$2ES=\frac{\rho Sd}{\varepsilon_0}$$

得 $$E=\frac{\rho d}{2\varepsilon_0}=1.69\times10^4\ \text{V/m}$$

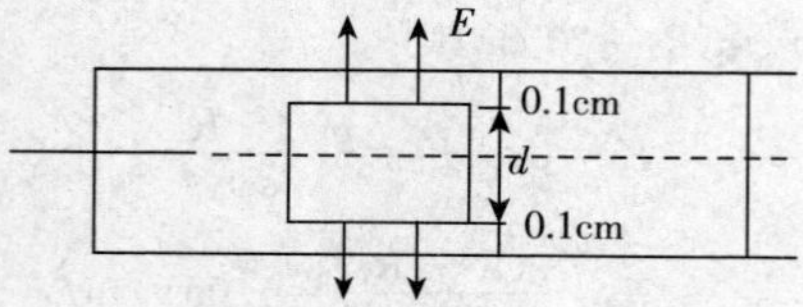

(a)

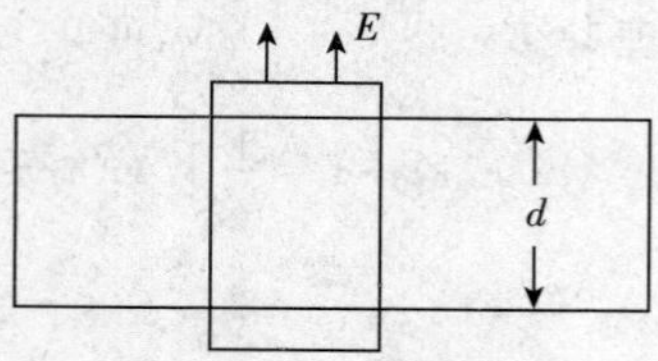

(b)

解 7-19 图

(3)做圆柱形高斯面，如解 7-19 图(b)所示.

$$\oint\!\!\oint_S \boldsymbol{E}\cdot \mathrm{d}\boldsymbol{S}=\frac{\rho V}{\varepsilon_0}$$

$$2ES=\frac{\rho Sd}{\varepsilon_0}$$

$$E=\frac{\rho d}{2\varepsilon_0}=2.82\times10^4\ \text{V/m}（其中\ d=0.5\ \text{cm}）$$

7-20 解题过程 用补偿法.

解 7-20 图所示，在大球内挖空处补上电荷体密度为 ρ 的小球，再补上一电荷体密度为 $-\rho$ 的小球，则大球与体密度为 $-\rho$ 的小球对各处电场的叠加即为实际电场，下面分别计算.

P'处：大球场强为 $E\cdot 4\pi r_1^2=\frac{4}{3}\pi\rho R^3/\varepsilon_0$

$$\boldsymbol{E}=\frac{\rho R^3}{3\varepsilon_0 r_1^2}(-\boldsymbol{i})$$

小球场强为 $$E\cdot 4\pi r_2^2=\frac{4}{3}\pi\rho r^3/\varepsilon_0$$

所以 $$\boldsymbol{E}=\frac{\rho R^3}{3\varepsilon_0 r_1^2}\boldsymbol{i}$$

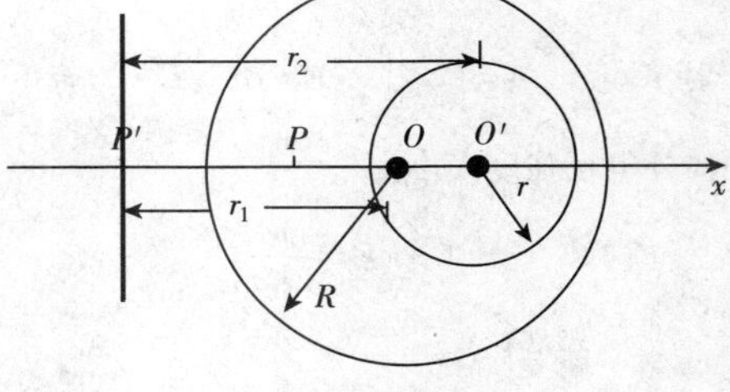

解 7-20 图

所以 P' 处合场强为 $\qquad \dfrac{1}{3}\dfrac{\rho}{\varepsilon_0}\left(\dfrac{r^3}{r_2^2}-\dfrac{R^3}{r_1^2}\right)\boldsymbol{i}$

P 处设 P 距 O' 为 r_3，距 O 为 r_4

大球对 P 场强为 $\qquad \dfrac{\rho r_4}{3\varepsilon_0}(-\boldsymbol{i})$

小球 $\qquad E\cdot 4\pi r_3^2=\rho\dfrac{4}{3}\pi r^3/\varepsilon_0$

$$\boldsymbol{E}=\frac{\rho}{3\varepsilon_0}\frac{r^3}{r_3^2}\boldsymbol{i}$$

所以 P 处合场强为 $\qquad \dfrac{\rho}{3\varepsilon_0}\left(\dfrac{r^3}{r_3^2}-r_4\right)\boldsymbol{i}$

O 处大球对其场强为 0，设 $OO'=r_5$

小球 $E\cdot 4\pi r_5^2=\dfrac{4}{3}\rho\pi r_5^3/\varepsilon_0$

所以 $\qquad \boldsymbol{E}=\dfrac{\rho r_5}{3\varepsilon_0}\boldsymbol{i}$

O' 处小球对其场强为零

大球 $E\cdot 4\pi r_5^2=\dfrac{4}{3}\rho\pi r_5^3/\varepsilon_0$

所以 $\qquad \boldsymbol{E}=\dfrac{\rho r_5}{3\varepsilon_0}\boldsymbol{i}$

7-21 解题过程 解 7-21 图所示.

当 $r<R$ 时，在圆柱体内，取半径 r，高 l 的同轴闭合圆柱面 S_1，对圆柱面 S_1 应用高斯定理，有

$$\oiint_{S_1}\boldsymbol{E}\cdot \mathrm{d}\boldsymbol{S}=E\cdot 2\pi rl=\frac{\rho\pi r^2 l}{\varepsilon_0}$$

所以，圆柱体内电场强度大小为

$$E=\frac{\rho}{2\varepsilon_0}r \qquad (r<R)$$

当 $r>R$ 时，在圆柱体外，取半径 r，高 l 的同轴闭合圆柱面 S_2，对圆柱面 S_2 应用高

斯定理，有

$$\oiint_{S_2} \boldsymbol{E} \cdot \mathrm{d}\boldsymbol{S} = E \cdot 2\pi r l = \frac{\rho\pi R^2 l}{\varepsilon_0}$$

所以，圆柱体外电场强度大小为

$$E = \frac{\rho R^2}{2\varepsilon_0 r} \qquad (r > R)$$

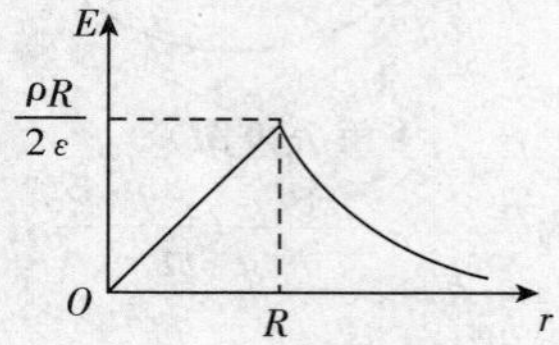

解 7-21 图

7-22 解题过程 (1)正方形两对角上的点电荷在 O 点产生的场强大小相等方向相反，故合场强为零，即

$$\boldsymbol{E}_O = 0$$

四个点电荷在无穷远处的电势为零，即 $V_\infty = 0$，在 O 点有相同的电势. 故 O 点的电势为

$$V_O = \sum V_\alpha = \frac{1}{4\pi\varepsilon_0}\left[\frac{q_1}{r} + \frac{q_2}{r} + \frac{q_3}{r} + \frac{q_4}{r}\right]$$

$$= \frac{1}{4\pi\varepsilon_0}\frac{4q_1}{r} = 2.88 \times 10^3\ \mathrm{V}$$

式中 r 是正方形顶点到中心的距离.

(2)电场力对电荷所做的功为

$$A_{\infty O} = -q_0(V_O - V_\infty) = -q_0 V_O = -2.88 \times 10^{-6}\ \mathrm{J}$$

即电场力做负功.

(3)电势能增量满足关系 $A_{\infty O} = -\Delta W$，得

$$\Delta W = -A_{\infty O} = 2.88 \times 10^{-6}\ \mathrm{J}$$

由于外力克服四个点电荷对 q_0 的电场力做功，因此系统的电势能是增加的.

7-23 解题过程 (1)A 点的电势 $$U_A = \frac{1}{4\pi\varepsilon_0}\frac{q_1}{r} + \frac{1}{4\pi\varepsilon_0}\frac{q_2}{(r^2+d^2)^{1/2}} = 1.8 \times 10^3\ \mathrm{V}$$

B 点电势由对称性知为 0，电荷从 A 移到 B 电场力做功

$$W = q(U_A - U_B) = 3.6 \times 10^{-6}\ \mathrm{J}$$

(2)C 点的电势 $$U_C = \frac{1}{4\pi\varepsilon_0}\frac{q_2}{r} + \frac{1}{4\pi\varepsilon_0}\frac{q_1}{(r^2+d^2)^{\frac{1}{2}}} = -1.8 \times 10^3\ \mathrm{V}$$

B 点电势由对称性知为 0，电荷从 C 点移到 B 点电场力做功

$$W=q(U_C-U_B)=-3.6\times10^{-6}\,\mathrm{J}$$

7-24 解题过程 如解 7-24 图所示，设两个正点电荷到 P 点的距离分别为 r_1 和 r_2，负电荷到 P 点的距离为 r，根据电势叠加原理，P 点的电势为

$$V_P=\frac{1}{4\pi\varepsilon_0}\left(\frac{q}{r_1}-\frac{2q}{r}+\frac{q}{r_2}\right)$$

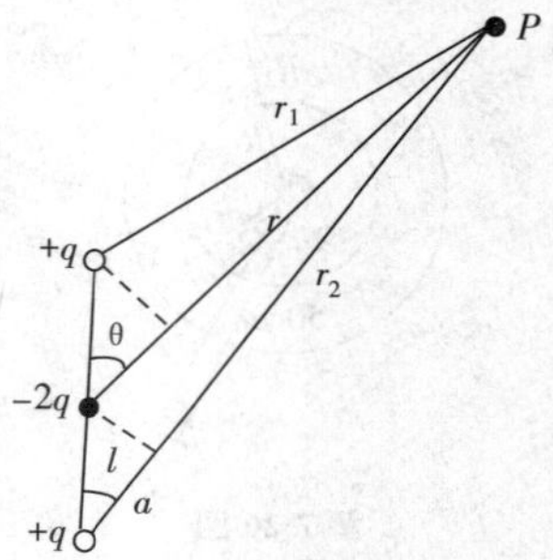

解 7-24 图

当 P 点为远场点时，$r\gg l$，$r_1\approx r-a$，$r_2\approx r+a$，$a\approx l\cos\theta$，将 r_1、r_2 的表达式代入 V_P，整理后得

$$V_P=\frac{1}{4\pi\varepsilon_0}\left(\frac{q}{r_1}-\frac{2q}{r}+\frac{q}{r^2}\right)=\frac{1}{4\pi\varepsilon_0}\left(\frac{q}{r-a}-\frac{2q}{r}+\frac{q}{r+a}\right)$$

$$=\frac{1}{4\pi\varepsilon_0}\cdot\frac{2a^2q}{r(r^2-a^2)}\approx\frac{1}{4\pi\varepsilon_0}\frac{2a^2q}{r^3}\approx\frac{q}{2\pi\varepsilon_0}\frac{l^2\cos^2\theta}{r^3}$$

7-25 解题过程 (1)依题意由 $U=\frac{q}{4\pi\varepsilon_0 r}$，得

$$q=4\pi\varepsilon_0 rU=6.67\times10^{-11}\,\mathrm{C}$$

(2)设大水滴是半径为 R 的球体，则应有 $\frac{4}{3}\pi R^3=2\times\frac{4}{3}\pi r^3$

所带电荷量 $Q=2q$，求得大水滴的半径为 $R=2.52$ mm，其电势为

$$V=\frac{Q}{4\pi\varepsilon_0 R}=\frac{2q}{4\pi\varepsilon_0 R}=476\,\mathrm{V}$$

7-26 解题过程 解 7-26 图所示，以 O 为中心，r 为半径建立球形高斯面，由高斯定理得

$$\oiint_s \boldsymbol{E}\cdot\mathrm{d}\boldsymbol{s}=E\cdot4\pi r^2=\frac{1}{\varepsilon_0}$$

当 $R_1<r<R_2$ 时，$E_1\cdot4\pi r^2=\frac{1}{\varepsilon_0}=\frac{1}{q_0}\times q_1$，$\therefore E_1=\frac{q_1}{4\pi\varepsilon_0 r^2}$

当 $r>R_2$ 时，$E_2\cdot4\pi r^2=\frac{1}{\varepsilon_0}\times(q_1+q_2)$，$\therefore E_2=\frac{q_1+q_2}{4\pi\varepsilon_0 r^2}$

A 点在大球壳内部，设其电势为 U_1

$$U_1=\int_{r_1}^{\infty}E\mathrm{d}r=\int_{r_1}^{R_2}E_1\mathrm{d}r+\int_{R_2}^{\infty}E_2\mathrm{d}r$$

$$=\int_{r_1}^{R_2}\frac{1}{4\pi\varepsilon_0}\frac{q_1}{r^2}\mathrm{d}r+\int_{R_2}^{\infty}\frac{1}{4\pi\varepsilon_0}\frac{q_1+q_2}{r^2}\mathrm{d}r$$

$$=\frac{q_1}{4\pi\varepsilon_0}\left(\frac{1}{r_1}-\frac{1}{R_2}\right)+\frac{1}{4\pi\varepsilon_0}\frac{q_1+q_2}{R_2}$$

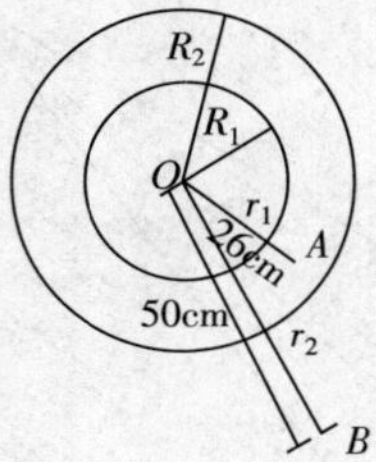

解 7-26 图

代入数据得 $U_1=900$ V

设 B 点电势为 U_2

$$U_2=\int_{r_2}^{\infty}E\mathrm{d}r=\int_{r_2}^{\infty}\frac{1}{4\pi\varepsilon_0}\frac{q_1+q_2}{r^2}\mathrm{d}r=\frac{1}{4\pi\varepsilon_0}\frac{q_1+q_2}{r_2}=450\text{ V}$$

所以离球心 20 cm 处电势为 900 V，50 cm 处电势为 450 V.

7-27 证明 解 7-27 图所示，$U=\int_{r}^{\infty}E\mathrm{d}r$，首先求 E. 以 O 为心，r 为半径建立球形高斯面，由高斯定理得

$$\oiint_s \boldsymbol{E}\cdot\mathrm{d}\boldsymbol{s}=E\cdot4\pi r^2=\frac{1}{\varepsilon_0}\sum_i q_{\text{讷}}$$

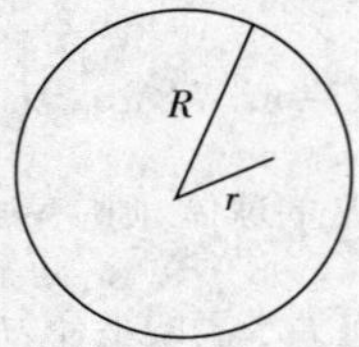

解 7-27 图

当 $r>R$ 时，$E_1=\dfrac{1}{4\pi\varepsilon_0}\dfrac{Q}{r^2}$

当 $r<R$ 时，电荷体密度

$$\rho=\frac{Q}{\frac{4}{3}\pi R^3}$$

以 r 为半径的球面内包含的电荷 q 为 $\rho\cdot\dfrac{4}{3}\pi r^3=Q\dfrac{r^3}{R^3}$

所以 r 处场强为 $E_2=\dfrac{1}{4\pi\varepsilon_0}\dfrac{q}{r^2}=\dfrac{1}{4\pi\varepsilon_0}\dfrac{r}{R^3}$

$$U=\int_r^R E_2\,\mathrm{d}r+\int_R^{+\infty}E_1\,\mathrm{d}r=\int_r^R \frac{Q}{4\pi\varepsilon_0}\frac{r}{R^3}\mathrm{d}r+\int_R^{+\infty}\frac{1}{4\pi\varepsilon_0}\frac{Q}{r^2}\mathrm{d}r$$

$$=\frac{Q}{4\pi\varepsilon_0 R^3}\frac{1}{2}(R^2-r^2)+\frac{1}{4\pi\varepsilon_0}\frac{Q}{R}$$

$$=\frac{Q(3R^2-r^2)}{8\pi\varepsilon_0 R^3}$$

7-28 解题过程　在带电细线上任取微元 $\mathrm{d}y$，其带电荷量 $\mathrm{d}q=\lambda\mathrm{d}y$，则 $\mathrm{d}q$ 在 O 点产生的电势为

$$\mathrm{d}U=\frac{\mathrm{d}q}{4\pi\varepsilon_0 r}=\frac{\lambda\mathrm{d}y}{4\pi\varepsilon_0 r}$$

其中 $\lambda=\dfrac{Q}{a}$，$r=\sqrt{y^2+\left(\dfrac{a}{2}\right)^2}$

那么 O 点的电势为

$$U_O=U_{q_1O}+U_{q_0O}+\int\mathrm{d}U=\int\mathrm{d}U=\int_{-\frac{a}{2}}^{\frac{a}{2}}\frac{1}{4\pi\varepsilon_0}\frac{Q}{a}\frac{\mathrm{d}y}{\sqrt{y^2+\left(\frac{a}{2}\right)^2}}$$

$$=\frac{Q}{4\pi\varepsilon_0 a}\ln\left(\frac{\sqrt{2}+1}{\sqrt{2}-1}\right)=0.16\mathrm{V}$$

7-29 解题过程　(1)O 点电势 $U_O=0$，D 点电势为

$$U_D=\frac{1}{4\pi\varepsilon_0}\frac{q}{3l}-\frac{1}{4\pi\varepsilon_0}\frac{q}{l}=-\frac{q}{6\pi\varepsilon_0 l}$$

电场力做功为 $A_{OD}=q(U_O-U_D)=\dfrac{q^2}{6\pi\varepsilon_0 l}$

(2)无限远电势 $U_\infty=0$，电场力做功为

$$A_{D\infty}=q(U_D-U_\infty)=-\frac{q^2}{6\pi\varepsilon_0 l}$$

7-30 分析　利用公式 $E_x=-\dfrac{\Delta U}{\Delta x}$.

解题过程　依题意可知

在 $a\sim b$ 区间 $E_x=-\dfrac{\Delta U}{\Delta x}$

$$=-\frac{12-0}{-4+6}\mathrm{V/m}$$

$$=-6.0\ \mathrm{V/m}$$

在 $b\sim c$ 区间 $E_x=-\dfrac{\Delta U}{\Delta x}=0$

在 $c\sim e$ 区间 $E_x=-\dfrac{\Delta U}{\Delta x}=-\dfrac{0-12}{2+2}\ \mathrm{V/m}=3.0\ \mathrm{V/m}$

在 $e\sim f$ 区间 $E_x=-\dfrac{\Delta U}{\Delta x}=-\dfrac{-6-0}{2.5-2}\mathrm{V/m}=12\mathrm{V/m}$

在 $f\sim g$ 区间 $E_x=-\dfrac{\Delta U}{\Delta x}=0$

在 $g\sim h$ 区间

$$E_x=-\frac{\Delta U}{\Delta x}$$

$$=-\frac{0+6}{7-4.5}\text{V/m}$$

$$=-2.4\text{V/m}$$

则可作出 E_x-x 关系曲线,如解 7-30 图所示.

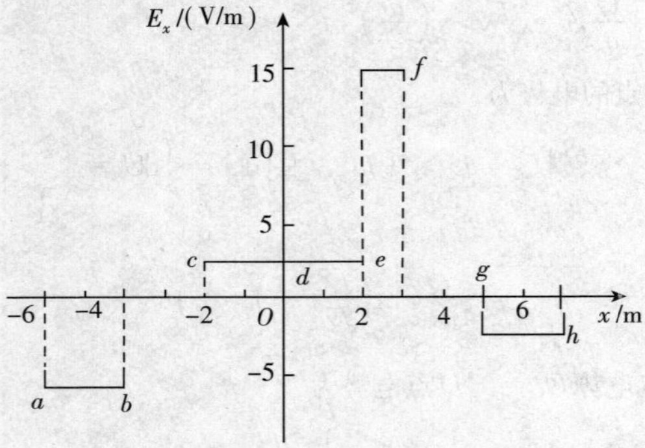

解 7-30 图

7-31 解题过程 (1)由电场强度与电势关系有

$$\boldsymbol{E}=-\text{grad}U$$

$$=-\frac{\partial U}{\partial x}\boldsymbol{i}-\frac{\partial U}{\partial y}\boldsymbol{j}$$

$$=-2(x+y)\boldsymbol{i}-2x\boldsymbol{j}$$

(2)坐标(2,2,3)处的电势为

$$U=(2^2+2\times2\times2)\text{V}=12\text{V}$$

原点电势为 $U_0=0$

电势差为 $\Delta U=U-U_0=12\text{V}$

7-32 解题过程 (1)如解 7-32 图所示建立坐标系.

取半径为 r,宽度为 $\mathrm{d}r$ 的一段圆环进行微元分析,其对$(x,0)$点的电势

$$\mathrm{d}U=\frac{1}{4\pi\varepsilon_0}\frac{\sigma l}{(r^2+x^2)^{1/2}}$$

$$l=2\pi r\mathrm{d}r$$

所以 $$U=\int\mathrm{d}U=\int_0^R\frac{1}{4\pi\varepsilon_0}\frac{\sigma2\pi r\mathrm{d}r}{(r^2+x^2)^{1/2}}=\frac{\sigma}{2\varepsilon_0}\int_0^R\frac{r\mathrm{d}r}{\sqrt{r^2+x^2}}$$

$$=\frac{\sigma}{2\varepsilon_0}(\sqrt{R^2+x^2}-x)$$

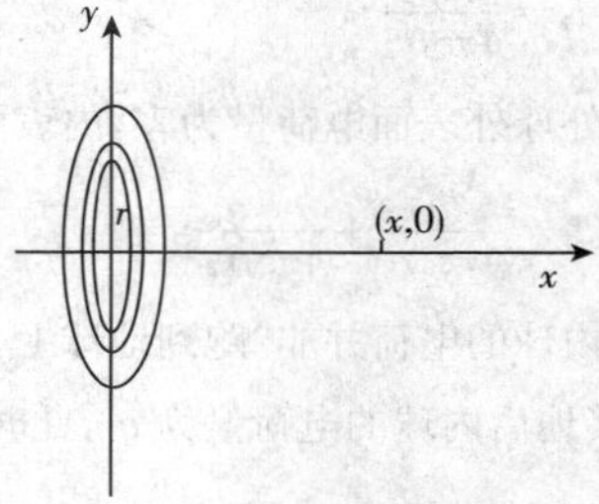

解 7-32 图

(2) $$E=E_x=-\frac{\mathrm{d}U}{\mathrm{d}x}=-\frac{\sigma}{2\varepsilon_0}\left(\frac{x}{\sqrt{R^2+x^2}}-1\right)$$

(3)把 $R=8\times10^{-2}\,\mathrm{m}$，$x=6\times10^{-2}\,\mathrm{m}$ 代入上述 E、U 的表达式，得

$$U=4.52\times10^4\,\mathrm{V}, E=4.52\times10^5\,\mathrm{V/m}$$

7-33 解题过程 如习题 7-33 图建立坐标系，由小球受力平衡可得

$$\begin{cases}T\cos\theta=mg\\ T\sin\theta=qE\end{cases}$$

得 $$E=mg\tan\theta/q$$

而由高斯定理 $E=\frac{\sigma}{\varepsilon_0}$

得 $\sigma=\varepsilon_0 mg\tan\theta/q$

$$=8.85\times10^{-12}\times1.0\times10^{-6}\times10\frac{\sqrt{3}}{3}/2.0\times10^{-8}$$

$$=2.5\times10^{-9}\,\mathrm{C/m^2}$$

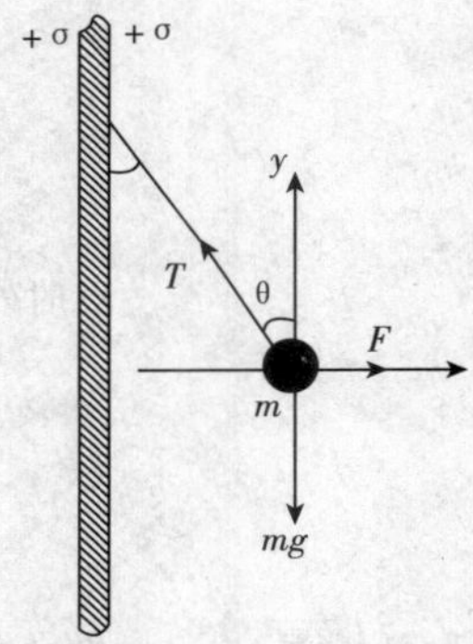

习题 7-33 图

7-34 解题过程 设电荷面密度增加到 σ 时金属盘将离开平板，此时无限大带电导体平板空间的电场强度为

$$E=\frac{\sigma}{2\varepsilon_0}$$

金属盘所受的静电斥力为

$$F=qE=\sigma S\frac{\sigma}{2\varepsilon_0}=\frac{\sigma^2 S}{2\varepsilon_0}$$

分析金属盘受力可知，当 $F>mg$ 时，金属盘将离开平板，即

$$\frac{\sigma^2 S}{2\varepsilon_0}>mg$$

则 $$\sigma>\sqrt{\frac{2\varepsilon_0 mg}{S}}$$

7-35 解题过程 (1)外球内侧带电荷量为$-q$,外侧为q,外球的电势

$$U_1=\frac{q}{4\pi\varepsilon_0 r_2}$$

(2)外球接地后,外球外表面电荷量为零,内表面电荷量仍为$-q$,外球的电势

$$U_2=\frac{q}{4\pi\varepsilon_0 r_2}+\frac{-q}{4\pi\varepsilon_0 r_2}=0$$

(3)内球接地后,内球的电荷并非"跑到地球上去了",由于静电屏蔽作用仍有电荷留在内球上.设接地后内球的电荷量为q_1,此时内球的电势

$$U_{内}=\frac{q_1}{4\pi\varepsilon_0 r_1}+\frac{q}{4\pi\varepsilon_0 r_2} \quad ①$$

要注意的是当内球接地时,仅表示内球的电势等于地球的电势,而式①所得到的电势是以无穷远处作为零电势点的,无穷远处的电势并不一定等于地球的电势.由题意可知,此球离地球很远,所以无穷远处的电势等于地球的电势,其值为零,即

$$U_{内}=V_{地球}=U_{\infty}=\frac{-q}{4\pi\varepsilon_0 r_2}+\frac{+q_1}{4\pi\varepsilon_0 r_1}=0$$

故
$$q_1=\frac{r_1}{r_2}q$$

此时外球的电势

$$U_3=\frac{-q}{4\pi\varepsilon_0 r_2}+\frac{q_1}{4\pi\varepsilon_0 r_2}=\frac{q_1-q}{4\pi\varepsilon_0 r_2}=\frac{(r_1-r_2)}{4\pi\varepsilon_0 {r_2}^2}q$$

$$\Delta U=U_3-U_1=\frac{(r_1-r_2)q}{4\pi\varepsilon_0 {r_2}^2}-\frac{q}{4\pi\varepsilon_0 r_2}=\frac{(r_1-2r_2)}{4\pi\varepsilon_0 {r_2}^2}q$$

7-36 解题过程 解 7-36 图所示.

(1)导体内表面感应出电荷$-q$,外表面带上电荷q,导体球壳的电势为

$$U=\frac{q}{4\pi\varepsilon_0 R_2}+\frac{-q}{4\pi\varepsilon_0 R_2}+\frac{q}{4\pi\varepsilon_0 R_2}=\frac{q}{4\pi\varepsilon_0 R_2}=120\text{V}$$

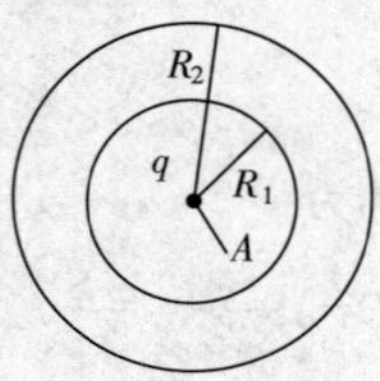

解 7-36 图

(2)$U_A=U_q+U_{内}+U_{外}$

球心处q对A点电势贡献为

$$\frac{q}{4\pi\varepsilon_0 r}$$

内表面电荷对 A 点电势贡献为

$$\frac{-q}{4\pi\varepsilon_0 R_1}$$

外表面电荷对 A 点电势贡献为

$$\frac{q}{4\pi\varepsilon_0 R_2}$$

所以 $$U_A=\frac{q}{4\pi\varepsilon_0}\left(\frac{1}{R_{qA}}-\frac{1}{R_1}+\frac{1}{R_2}\right)=300\text{V}$$

(3)因为球内电荷移动不会改变球外电场分布,所球壳的电势不变,仍为 120V. 球心处的电势为 300V.

7-37 解题过程 解 7-37 图所示. 设内球带电量 q_1,半径 r_1,外球带电量 q_2,半径 r_2.

内球电势 $$U=\frac{q_1}{4\pi\varepsilon_0 r_1}+\frac{q_2}{4\pi\varepsilon_0 r_2}$$

$$q_1=4\pi\varepsilon_0 r_1\left(U-\frac{q_2}{4\pi\varepsilon_0 r_2}\right)$$

代入数据得 $$q_1=1\times10^{-8}\text{C}$$

外球电势为 $$\frac{q_1+q_2}{4\pi\varepsilon_0 r_2}=2.025\times10^3\text{V}$$

内外两球接触后设其上带电分别为 q'_1、q'_2.

则由电荷守恒 $$q'_1+q'_2=q_1+q_2 \quad ①$$

由两球电势相等,得 $$\frac{1}{4\pi\varepsilon_0}\left(\frac{q'_1}{r_1}+\frac{q'_2}{r_2}\right)=\frac{1}{4\pi\varepsilon_0}\frac{q'_1+q'_2}{r_2} \quad ②$$

因为 $q'_1+q'_2=q_1+q_2$,外球电势没有变化,所以接触后内球电势变为 2.025×10^3V,内球电势减少 675V.

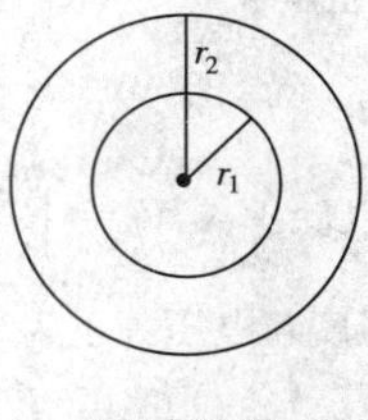

解 7-37 图

7-38 解题过程 (1)依题意可知内球电势

$$U_1=\frac{1}{4\pi\varepsilon_0}\left(\frac{q_1}{R_1}-\frac{q_1}{R_2}+\frac{q_1+Q}{R_2}\right)=3.3\times10^2\text{V}$$

外球电势 $$U_2=\frac{q_1+Q}{4\pi\varepsilon_0 R_3}=2.7\times10^2\text{V}$$

(2)用导线将球与壳连接后

$$U_1=U_2=\frac{q_1+Q}{4\pi\varepsilon_0 R_3}=2.7\times10^2\,\mathrm{V}$$

(3)外球接地，外球电势 $V_2=0$，内球电势

$$V_1=\frac{1}{4\pi\varepsilon_0}\left(\frac{q_1}{R_1}-\frac{q_1}{R_2}\right)=60\mathrm{V}$$

7-39 解题过程 (1)设 A 板所带电荷量为 q，静电平衡时，B、C 两板在相对 A 板一侧表面应有感应电荷分布，其电荷分布设为 $-q_B$、$-q_C$. 根据电荷守恒定律，得

$$q_B+q_C=q \qquad ①$$

因 B、C 两板接地，$U_{AB}=U_{AC}$，得

$$E_{AB}\cdot d_{AB}=E_{AC}\cdot d_{AC} \qquad ②$$

其中

$$E_{AB}=\frac{\sigma_B}{\varepsilon_0}=\frac{q_B}{\varepsilon_0 S},\quad E_{AC}=\frac{\sigma_C}{\varepsilon_0}=\frac{q_C}{\varepsilon_0 S} \qquad ③$$

联立①、②、③式，可解得 B、C 板上的感应电荷分别为

$$q_B=\frac{1}{3}q=1.0\times10^{-7}\mathrm{C},q_C=\frac{2}{3}q=2.0\times10^{-7}\mathrm{C}$$

(2)因 B、C 两板接地，故

$$U_B=U_C=0$$

A 板电势为 $U_A=E_{AB}\cdot d_{AB}=\dfrac{|q_B|}{\varepsilon_0 S}\cdot d_{AB}=2.26\times10^3\,\mathrm{V}$.

7-40 解题过程 设 $R_1=0.155\ \mathrm{mm}$，$R_2=1\ \mathrm{cm}$，在 $R_1<r<R_2$ 处取同轴高为 l 的圆柱形高斯面，由高斯定理有

$$\oint\!\!\oint_S \boldsymbol{E}\cdot\mathrm{d}\boldsymbol{S}=\boldsymbol{E}\cdot 2\pi rl=\frac{\lambda l}{\varepsilon_0}$$

得 $$E=\frac{\lambda}{2\pi\varepsilon_0 r}\quad(R_1<r<R_2)$$

导线与圆筒之间电压为

$$U=V_1-V_2=\int_{R_1}^{R_2}\boldsymbol{E}\cdot\mathrm{d}\boldsymbol{r}=\frac{\lambda}{2\pi\varepsilon_0}\int_{R_1}^{R_2}\frac{\mathrm{d}r}{r}=\frac{\lambda}{2\pi\varepsilon_0}\ln\frac{R_2}{R_1}$$

由以上两式可得电场强度与电压关系为

$$E=\frac{U}{r\ln\frac{R_2}{R_1}}$$

(1)导线外表面附近处的电场强度为

$$E_1=\frac{U}{R_1\ln\frac{R_1}{R_2}}=\frac{850}{0.155\times10^{-3}\times\ln\frac{10}{0.155}}\mathrm{V/m}$$

$$=1.32\times10^{6}\,\mathrm{V/m}$$

(2)圆筒内表面附近处的电场强度为

$$E_2=\frac{U}{R_2\ln\frac{R_2}{R_1}}=\frac{850}{1\times10^{-2}\times\ln\frac{10}{0.155}}\,\mathrm{V/m}$$

$$=2.04\times10^{4}\,\mathrm{V/m}$$

7-41 解题过程 (1)

$$C_{AB}=\frac{(C_1+C_2)C_3}{C_1+C_2+C_3}$$

$$=\frac{(5+10)\times5}{10+5+5}=3.75\mu\mathrm{F}$$

A、B 间电容为 3.75μF.

(2)

$$(C_1+C_2)U_1=C_3U_2$$

$$U_1+U_2=U=100\mathrm{V}$$

由以上两式得 C_3 上电压为 75V,所以 C_2 上电压为 25V

$$Q_2=C_2U_2=25\times5.0\times10^{-6}=1.25\times10^{-4}\mathrm{C}$$

(3)C_1 被击穿,则 C_1 为通路,C_2 上无电压,所以 C_3 上电压为 100V,C_3 上电荷量 $q_3=C_3U=5.0\times10^{-4}$C.

7-42 解题过程 由电容器电容计算公式 $C=\frac{Q}{U}$,得 $U=\frac{Q}{C}$,因为极板上电荷保持不变,设插入玻璃板前后极板电势差分别为 U_1、U_2,则 $\frac{U_1}{U_2}=\frac{C_2}{C_1}$

$$C_1=\varepsilon_0\frac{S}{d},C_2=\frac{\varepsilon_0\frac{S}{(d-\delta)}\cdot\varepsilon_0\varepsilon_r\frac{S}{\delta}}{\varepsilon_0\frac{S}{(d-\delta)}+\varepsilon_0\varepsilon_r\frac{S}{\delta}}$$

所以

$$\frac{U_1}{U_2}=\frac{C_2}{C_1}=\frac{\varepsilon_r d}{\varepsilon_r d+\delta(1-\varepsilon_r)}$$

7-43 解题过程 设原来极板上电荷量为 q,有

$$\varepsilon=U_1+U_2=\frac{q}{C_0}+\frac{q}{C_0}=2\frac{q}{C_0}\qquad①$$

在 C_2 中充入介质后,设极板上电荷量变为 q',此时有

$$\varepsilon=U'_1+U'_2=\frac{q'}{C_0}+\frac{q'}{\varepsilon_rC_0}\qquad②$$

式中 $\varepsilon_r=7$,由①、②式可得

$$q'=\frac{7}{4}q$$

则

$$U_1=\frac{q}{C_0}$$

$$U'_1=\frac{q'}{C_0}=\frac{7}{4}\frac{q}{C_0}=\frac{7}{4}U_1=1.75U_1$$

即在 C_2 中充入电介质后，第一个电容器两极板间电势差为原来的 1.75 倍.

7-44 **解题过程** 充电后切断电源，则两电容极板的总电荷 Q 将保持不变，在充入电介质前，$Q=C_0\varepsilon_r U$，其中 C_0 为两相同电容器的电容量，在充入电介质后，$Q=C_0U'+C_0\varepsilon_r U'=C_0U'(1+\varepsilon_r)$

所以 $$2C_0U=C_0U'(1+\varepsilon_r)$$

得 $$U'=\frac{2U}{1+\varepsilon_r}$$

因为 $\varepsilon_r>1$，故 $U'<U$.

7-45 **分析** 设半径为 R_1 的球壳分布有自由电荷 Q，半径为 R_2 的球壳分布有自由电荷 $-Q$. 取 O 为球心，r 为半径 $(R_1<r<R_2)$ 作一闭合球面为高斯面.

解题过程 根据介质中的高斯定理

有 $$\oint_S \boldsymbol{D}\cdot d\boldsymbol{S}=D_1 2\pi r^2+D_2 2\pi r^2=Q$$

$$D_1=\varepsilon_0 E_1,\quad D_2=\varepsilon_0\varepsilon_r E_2,\quad E_1=E_2$$

得 $$E_1=E_2=\frac{Q}{2\pi\varepsilon_0(\varepsilon_r+1)r^2}$$

则两球壳间的电势差为

$$U=\int \boldsymbol{E}\cdot d\boldsymbol{l}=\int_{R_1}^{R_2}E dr=\int_{R_1}^{R_2}\frac{Q}{2\pi\varepsilon_0(\varepsilon_r+1)r^2}dr$$

$$=\frac{Q}{2\pi\varepsilon_0(\varepsilon_r+1)}\frac{R_2-R_1}{R_1R_2}$$

电容量为

$$C=\frac{Q}{U}=2\pi\varepsilon_0(\varepsilon_r+1)\frac{R_1R_2}{R_2-R_1}=4\pi\varepsilon_0\varepsilon'_r\frac{R_1R_2}{R_2-R_2} \qquad ①$$

其中 $\varepsilon'_r=\frac{\varepsilon_r+1}{2}$.

依题意可知①式即为用相对电容率为 $\frac{1+\varepsilon_r}{2}$ 的电介质充满电容器时的电容量.

> 小　结　本题的关键是求得两球面的电场强度及电势差.

7-46 **解题过程** 解 7-46 图所示. 此题可用等效的方法求解. 先假设插入的金属板不带电，则因为金属块处于两极板中间，可知其上电势为 $\frac{V}{2}$，再假设两极板电势均为零，现有一带电量为 q 的金属板从中插入，求金属板电势.

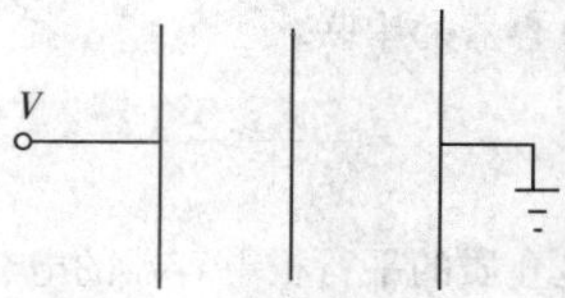

解 7-46 图

插入的金属板与原来的金属板形成两个电容器，电容均为 $\varepsilon_0 \dfrac{S}{\frac{d}{2}}$，这两个电容器是并联关系，所以合电容为 $4\dfrac{\varepsilon_0 S}{d}$.

则 $U=\dfrac{Q}{C}$，得 $U=\dfrac{q}{4\dfrac{\varepsilon_0 S}{d}}=\dfrac{qd}{4\varepsilon_0 S}$，此为插入的金属板的电势.

实际板上电势为两者叠加　$U=\dfrac{V}{2}+\dfrac{qd}{4\varepsilon_0 S}$

7-47 **解题过程**　此电容可等效为两个不同介质的电容器并联，则 ε_1 介质对应电容器电容 $C_1=\varepsilon_1\dfrac{S_1}{d}$，$\varepsilon_2$ 介质对应电容器电容为 $C_2=\varepsilon_2\dfrac{S_2}{d}$.

所以电容为

$$C=\varepsilon_1\frac{S_1}{d}+\varepsilon_2\frac{S_2}{d}$$

又 $S_1+S_2=S$，$S_1/S_2=3$，代入得

$$C=\varepsilon_1\frac{3S}{4d}+\varepsilon_2\frac{S}{4d}=\frac{(3\varepsilon_1+\varepsilon_2)S}{4d}$$

若 $S_1+S_2=S$，$S_1=S_2$，则计算得

$$C=\varepsilon_1\frac{S}{2d}+\varepsilon_2\frac{S}{2d}=(\varepsilon_1+\varepsilon_2)\frac{S}{2d}.$$

7-48 **解题过程**　设极板电荷量为 q，$\boldsymbol{D}$ 和 $\boldsymbol{E}$ 方向都与板面垂直，根据高斯定理

$$D_1=D_2=\sigma=\frac{q}{S}$$

$$E_1=\frac{D_1}{\varepsilon_1}=\frac{q}{\varepsilon_1 S},E_2=\frac{D_2}{\varepsilon_2}=\frac{q}{\varepsilon_2 S}$$

则极板间的电势差为

$$U_{AB}=E_1 d_1+E_2 d_2=\left(\frac{d_1}{\varepsilon_1}+\frac{d_2}{\varepsilon_2}\right)\frac{q}{S}$$

电容量为

$$C=\frac{q}{U_{AB}}=\frac{\varepsilon_1\varepsilon_2 S}{\varepsilon_1 d_2+\varepsilon_2 d_1}$$

上式也可表示为

$$\frac{1}{C}=\frac{d_1}{\varepsilon_1 S}+\frac{d_2}{\varepsilon_2 S}=\frac{1}{C_1}+\frac{1}{C_2}$$

即可等效为两个电容器的串联.

$d_1=d_2=d/2$,有 $$C'=\frac{2\varepsilon_1\varepsilon_2 S}{(\varepsilon_1+\varepsilon_2)d}$$

7-49 解题过程 (1)依题意,充满电介质的平行板电容器的电容量为

$$C=\frac{\varepsilon_0\varepsilon_r S}{d}$$

极板间的均匀电场强度大小为

$$E=\frac{U}{d}=\frac{CU}{\varepsilon_0\varepsilon_r S}$$

$$=\frac{50\times100\times10^{-12}}{5.4\times8.85\times10^{-12}\times100\times10^{-4}}\text{V/m}$$

$$=1.05\times10^4\text{ V/m}$$

(2)电容器极板上的自由电荷

$$Q_0=CU=100\times10^{-12}\times50\text{ C}=5.0\times10^{-9}\text{C}$$

(3)设电容器上极板带正自由电荷,则介质上表面处的极化强度 $\boldsymbol{P}$ 的方向与面法向 $\boldsymbol{e}_n$ 方向相反,在介质下表面处则方向相同. 所以,介质上表面的极化电荷为

$$Q'_1=\sigma'_1 S=(\boldsymbol{P}\cdot\boldsymbol{e}_n)S$$

$$=-(1-\frac{1}{\varepsilon_r})\sigma_0 S=-(1-\frac{1}{\varepsilon_r})Q_0$$

$$=-4.1\times10^{-9}\text{C}$$

介质下表面的极化电荷为

$$Q'_2=\sigma'_2 S=(\boldsymbol{P}\cdot\boldsymbol{e}_n)S$$

$$=(1-\frac{1}{\varepsilon_r})Q_0$$

$$=4.07\times10^{-9}\text{C}$$

7-50 解题过程 (1)如解 7-50 图所示作一高斯面,由有介质存在时的高斯定理

$$\oiint_S \boldsymbol{D}\cdot d\boldsymbol{S}=Q$$

$$\boldsymbol{D}\cdot\boldsymbol{S}=Q$$

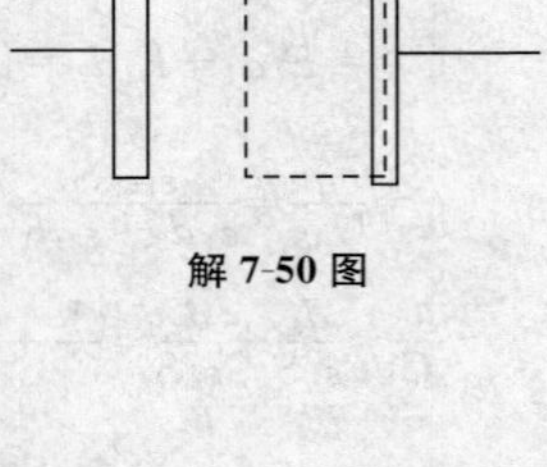

解 7-50 图

得 $$D=\frac{Q}{S}=\frac{8.9\times10^{-7}}{100\times10^{-4}}=8.9\times10^{-5}\ \mathrm{C/m^2}$$

又 $\boldsymbol{D}=\varepsilon_0\varepsilon_r\boldsymbol{E}$，所以

$$\varepsilon_r=\frac{D}{\varepsilon_0 E}=\frac{8.9\times10^{-5}}{8.85\times10^{-12}\times1.4\times10^{6}}=7.2$$

(2)设介质面上极化面电荷密度为 ρ

$$\boldsymbol{P}=\chi_e\varepsilon_0\boldsymbol{E}=(\varepsilon_r-1)\varepsilon_0\boldsymbol{E}=7.7\times10^{-5}\mathrm{C/m}$$

介面上极化电荷为 $$Q=\rho S=7.7\times10^{-5}\times100\times10^{-4}=7.7\times10^{-7}\mathrm{C}$$

7-51 解题过程 (1)电容器放电过程电流满足 $i=\frac{Q}{RC}e^{-\frac{t}{RC}}$，$t=0$ 时刻电流为

$$i_0=\frac{Q}{RC}=\frac{U}{R}=\frac{100}{10\times10^3}\mathrm{A}=0.01\mathrm{A}$$

(2)电容器放电过程电量满足 $q=Qe^{-\frac{t}{RC}}$，当 $q=\frac{Q}{2}$时，所需的时间为

$$t=RC\ln2=10\times10^3\times10\times10^{-6}\times\ln2\ \mathrm{s}=0.07\mathrm{s}$$

(3)电容器充电后的能量为 $W=\frac{Q^2}{2C}$，当容量减少一半时，有

$$W'=\frac{1}{2}W=\frac{1}{2C}\left(\frac{Q}{\sqrt2}\right)^2$$

即当 $q=\frac{Q}{\sqrt2}$时，所需的时间为

$$t=RC\ln\sqrt2=10\times10^3\times10\times10^{-6}\times\ln\sqrt2\ \mathrm{s}=0.035\mathrm{s}$$

7-52 解题过程 厚度为 d_0-d 的空气电容器电容 C_1 为

$$C_1=\frac{\varepsilon_0 S}{d_0-d}$$

厚度为 d 的介质电容器电容 C_2 为

$$C_2=\frac{\varepsilon_0\varepsilon_r S}{d}$$

总电容为两电容串联

$$C=\frac{C_1C_2}{C_1+C_2}=\frac{\varepsilon_0\varepsilon_r S}{d+\varepsilon_r(d_0-d)}$$

得

$$d=\frac{\varepsilon_r d_0}{\varepsilon_r-1}-\frac{\varepsilon_0\varepsilon_r S}{(\varepsilon_r-1)C}$$

如果流水线上金属材料通过传感装置的速率不是很大，在 A、B 之间的金属材料处于静电平衡状态，其内部的场强为零．这时 A、B 间的电容为C_1，即

$$C=C_1=\varepsilon_0\ \frac{S}{(d_0-d)}$$

式中 d 为金属材料的厚度.

7-53 分析 电介质内任一点的电极化强度 $\boldsymbol{P}$ 与该点的合场强 $\boldsymbol{E}$ 成正比,根据 $\boldsymbol{D}$、$\boldsymbol{E}$、$\boldsymbol{P}$ 三者之间的关系求解本题.

解题过程 (1)在电介质内,电极强度 $\boldsymbol{P}$、电位移矢量 $\boldsymbol{D}$ 与合场强 $\boldsymbol{E}$ 的方向相同,量值上三者满足关系:

$$P=D-\varepsilon_0 E$$

其中 $D=\varepsilon E=\varepsilon_0\varepsilon_r E$,所以 $\varepsilon_0 E=\dfrac{D}{\varepsilon_r}$

故电介质的电极化强度 P 为:

$$P=D-\frac{D}{\varepsilon_r}=1-\frac{1}{5}=0.8\text{c/m}^2$$

(2)电介质总的电偶极矩为

$$\sum p_i=P\Delta V=0.8\times0.1\text{C}\cdot\text{m}=8\times10^{-2}\text{C}\cdot\text{m}$$

7-54 解题过程 (1)由电极化强度与极化电荷关系 $\sigma'=\boldsymbol{P}\cdot\boldsymbol{e}_n=\boldsymbol{P}_n$,有

电极化强度为 $P=0.5\ \text{C/m}^2$

由电位移 $D=\varepsilon_0 E+P=\varepsilon_r\varepsilon_0 E$

$$E=\frac{P}{\varepsilon_0(\varepsilon_r-1)}$$

所以,电位移为 $D=\dfrac{P}{\varepsilon_r-1}+P=\dfrac{\varepsilon_r}{\varepsilon_r-1}P$

$$=\frac{4}{4-1}\times0.5\ \text{C/m}^2=0.67\ \text{C/m}^2$$

(2)由有电介质时的高斯定理可知,电介质里、外的电位移矢量连续,所以电介质板外电位移为

$$D=0.67\ \text{C/m}^2$$

(3)电介质里的场强为

$$E_{内}=\frac{D}{\varepsilon_r\varepsilon_0}=\frac{0.67}{8.85\times10^{-12}\times4}\ \text{N/C}=1.89\times10^{10}\ \text{N/C}$$

电介质板外的场强为

$$E_{外}=\frac{D}{\varepsilon_0}=\frac{0.67}{8.85\times10^{-12}}\ \text{N/C}=7.53\times10^{10}\ \text{N/C}$$

7-55 分析 设平行板电容器的上极板带有正的自由电荷,下极板带等量负的自由电荷.自由电荷面密度大小为 σ_0.

解题过程 (1)依题意电介质中电位移矢量的大小为

$$D=\sigma_0=\varepsilon_r\varepsilon_0 E=3.0\times 8.85\times 10^{-12}\times 1.0\times 10^6\ \mathrm{C/m^2}$$
$$=2.66\times 10^{-5}\ \mathrm{C/m^2}$$

(2)平板上自由电荷密度为

$$\sigma_0=D=2.66\times 10^{-5}\ \mathrm{C/m^2}$$

(3)电介质中的极化强度大小为

$$P=\sigma'=\left(1-\frac{1}{\varepsilon_r}\right)\sigma_0=1.77\times 10^{-5}\ \mathrm{C/m^2}$$

(4)电介质面上的极化电荷面密度为

上表面 $\sigma'=\boldsymbol{P}\cdot\boldsymbol{e}_n=-P=-1.77\times 10^{-5}\ \mathrm{C/m^2}$

下表面 $\sigma'_2=\boldsymbol{P}\cdot\boldsymbol{e}_n=P=1.77\times 10^{-5}\ \mathrm{C/m^2}$

即 $\sigma'_2=-\sigma'_1=\sigma'$

由此可见在介质的两个等势界面上分布有等量异号的极化电荷.

(5)上下两块极板上的自由电荷激发的电场强度的大小为

$$E_0=\frac{\sigma_0}{\varepsilon_0}=\frac{2.66\times 10^{-5}}{8.85\times 10^{-12}}\ \mathrm{V/m}=3.0\times 10^6\ \mathrm{V/m}$$

方向向下.

上下两层极化电荷激发的电场强度的大小为

$$E'=\frac{\sigma'}{\varepsilon_0}=2.0\times 10^6\ \mathrm{V/m}$$

方向向上.

故,电介质中的合场强为

$$E=E_0-E'=1.0\times 10^6\ \mathrm{V/m}$$

方向向下.

7-56 解题过程 (1)如解 7-56 图中所示虚线做一高斯面,由电介质中的高斯定理

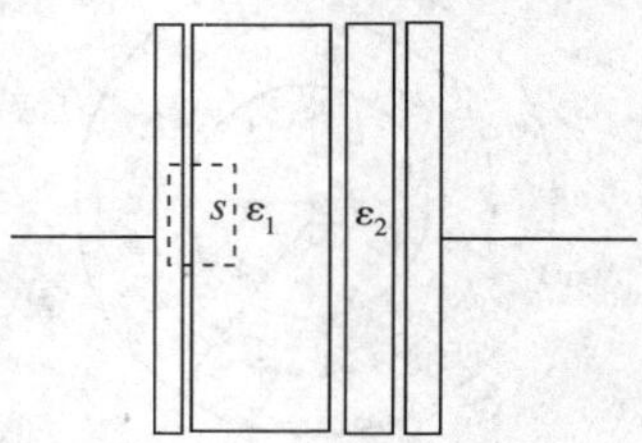

解 7-56 图

$$\oiint_S \boldsymbol{D}\cdot d\boldsymbol{S}=q$$

$$D\cdot S=q$$

$$D=\frac{q}{S}=\sigma=2\times10^{-5}\,\text{C/m}^2$$

在两种电介质中，此结论都成立.

所以两种电介质中电位移矢量均为 $2\times10^{-5}\ \text{C/m}^2$.

(2)$\boldsymbol{D}=\varepsilon_0\varepsilon_r\boldsymbol{E}$，所以 $\boldsymbol{E}=\frac{\boldsymbol{D}}{\varepsilon_0\varepsilon_r}$

在相对电容率为 3 的电介质中

$$\boldsymbol{E}=\frac{2\times10^{-5}}{8.85\times10^{-12}\times3}=7.5\times10^{5}\ \text{V/m}$$

在相对电容率为 4 的电介质中

$$\boldsymbol{E}=\frac{2\times10^{-5}}{8.85\times10^{-2}\times4}=5.7\times10^{5}\ \text{V/m}$$

(3)$\sigma'=\boldsymbol{P}\cdot\boldsymbol{e}_n=P=\chi_e\varepsilon_0E$

当 $\varepsilon_r=3$ 时，$\chi_e=\varepsilon_r-1=2$

$$\sigma'_1=2\times8.85\times10^{-12}\times7.5\times10^{5}=13.3\mu\text{C/m}^2$$

当 $\varepsilon_r=4$ 时，$\chi_e=\varepsilon_r-1=3$

$$\sigma'_2=3\times8.85\times10^{-12}\times5.7\times10^{5}=15\mu\text{C/m}^2$$

两种电介质交界面上极化电荷面密度

$$\sigma'_3=\sigma'_1-\sigma'_2=-1.7\mu\text{C/m}^2$$

7-57 解题过程 (1)如解 7-57 图中虚线所示，做一球形高斯面，由介质中的高斯定理

$$\oiint_S\boldsymbol{D}\cdot\text{d}\boldsymbol{S}=Q$$

$$D\cdot4\pi r^2=Q$$

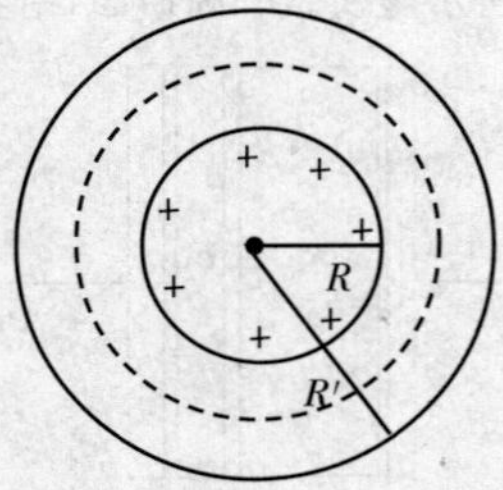

解 7-57 图

所以 $$D=\frac{Q}{4\pi r^2}$$

又因为 $\boldsymbol{D}=\varepsilon_0\varepsilon_r\boldsymbol{E}$，故 $$\boldsymbol{E}=\frac{\boldsymbol{D}}{\varepsilon_0\varepsilon_r}=\frac{Q}{4\pi\varepsilon_0\varepsilon_r r^3}\boldsymbol{r}\quad(R<r<R')$$

$$\boldsymbol{E}=\frac{Q}{4\pi\varepsilon_0 r^3}\boldsymbol{r} \qquad (r>R')$$

(2)当 $R<r<R'$ 时,$U=\int_r^{+\infty}\boldsymbol{E}\cdot \mathrm{d}l$

$$=\int_r^{R'}\boldsymbol{E}\cdot \mathrm{d}\boldsymbol{l}+\int_{R'}^{+\infty}\boldsymbol{E}\cdot \mathrm{d}\boldsymbol{l}$$

$$=\frac{Q}{4\pi\varepsilon_0\varepsilon_r}\int_r^{R'}\frac{1}{r^2}\mathrm{d}r+\frac{Q}{4\pi\varepsilon_0}\int_{R'}^{+\infty}\frac{1}{r^2}\mathrm{d}r$$

$$=\frac{Q}{4\pi\varepsilon_0\varepsilon_r}\left(\frac{1}{r}-\frac{1}{R'}\right)+\frac{Q}{4\pi\varepsilon_0}\frac{1}{R'}$$

$$=\frac{Q}{4\pi\varepsilon_0\varepsilon_r}\left(\frac{1}{r}+\frac{\varepsilon_r-1}{R'}\right)$$

当 $r>R'$ 时,$U=\int_r^{+\infty}\boldsymbol{E}\cdot \mathrm{d}\boldsymbol{l}=\int_r^{+\infty}\frac{Q}{4\pi\varepsilon_0}\frac{1}{r^2}\mathrm{d}l=\frac{Q}{4\pi\varepsilon_0 r}$

(3)令 $r=R$,即可求出金属球的电势

代入得 $$U=\frac{Q}{4\pi\varepsilon_0\varepsilon_r}\left(\frac{1}{R}+\frac{\varepsilon_r-1}{R'}\right)$$

7-58 **解题过程** (1)以导体球心为球心,做一半径 $R_1<r<R_2$ 的球形高斯面. 由介质中的高斯定理

$$\oiint_S \boldsymbol{D}\cdot \mathrm{d}\boldsymbol{S}=Q$$

$$\boldsymbol{D}\cdot\boldsymbol{S}=Q$$

$$D=\frac{Q}{4\pi r^2}$$

又 $\boldsymbol{D}=\varepsilon_1\varepsilon_r\boldsymbol{E}$,有 $\boldsymbol{E}=\frac{\boldsymbol{D}}{\varepsilon_0\varepsilon_r}=\frac{Q}{4\pi\varepsilon_0\varepsilon_r r^3}\boldsymbol{r}$

当 $r>R_2$ 时,由真空中高斯定理可得 $\boldsymbol{E}=\frac{Q}{4\pi\varepsilon_0 r^3}\boldsymbol{r}$

此时 D 为 $\frac{Q}{4\pi r^2}$.

(2)$\boldsymbol{P}=\chi_e\varepsilon_0\boldsymbol{E}=(\varepsilon_r-1)\varepsilon_0\boldsymbol{E}$

当 $R_1<r<R_2$ 时,$\boldsymbol{P}=\frac{(\varepsilon_r-1)Q}{4\pi\varepsilon_r r^3}\boldsymbol{r}$

当 $r>R_2$ 时,$\boldsymbol{P}=0$

内表面极化电荷面密度 $\sigma'_{R_1}=\boldsymbol{P}\cdot\boldsymbol{e}_n|_{r=R_1}=-\frac{(\varepsilon_r-1)}{4\pi\varepsilon_r R_1{}^2}Q$

外表面极化电荷面密度 $\sigma'_{R_2}=\boldsymbol{P}\cdot\boldsymbol{e}_n|_{r=R_2}=\frac{\varepsilon_r-1}{4\pi\varepsilon_r R_2^2}Q$

7-59 **解题过程** 如习题 7-59 图所示.

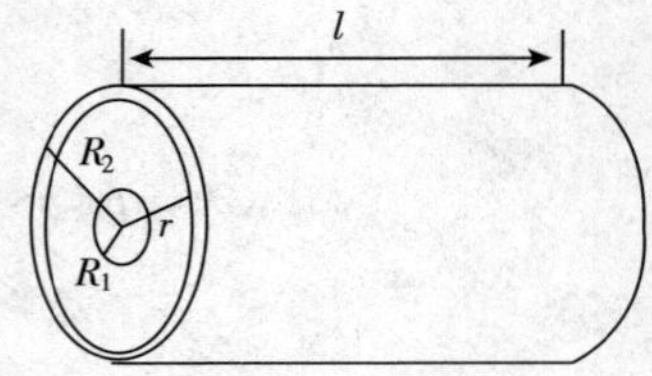

习题 7-59 图

(1)根据有介质时的高斯定理 $\oint_S \boldsymbol{D}\cdot \mathrm{d}\boldsymbol{S}=D2\pi rl=\lambda_0 l$

得 $\boldsymbol{D}=\dfrac{\lambda_0}{2\pi r}\boldsymbol{e}_0 \quad (R_1<r<R_2)$

则电介质中电场强度 $\boldsymbol{E}$ 为

$$\boldsymbol{E}=\frac{\lambda_0}{2\pi\varepsilon_0\varepsilon_r r}\boldsymbol{e}_0 \quad (R_1<r<R_2)$$

由 $\boldsymbol{P}=\boldsymbol{D}-\varepsilon_0\boldsymbol{E}$,得介质内电极化强度的大小

$$\boldsymbol{P}=\boldsymbol{D}-\varepsilon_0\boldsymbol{E}=\frac{(\varepsilon_r-1)\lambda_0}{2\pi\varepsilon_r r}\boldsymbol{e}_0 \quad (R_1<r<R_2)$$

可见电介质层内为非均匀极化.

(2)电介质表面的极化电荷面密度,由 $\sigma'=\boldsymbol{P}\cdot\boldsymbol{e}_n$ 得

在介质内表面 $\sigma'_1=-P_{r=R_1}=-\dfrac{\varepsilon_r-1}{2\pi\varepsilon_r R_1}\lambda_0$

在介质外表面 $\sigma'_2=P_{r=R_2}=\dfrac{\varepsilon_r-1}{2\pi\varepsilon_r R_2}\lambda_0$

7-60 分析 电场的能量储藏于电场空间,利用高斯定理求得各处的场强 $\boldsymbol{E}$,通过电能密度 w_e 对电场空间积分,可求得电能.利用电容器储能公式,或者由电荷分布和各面的电势,也可得到相同结果.

如果用导线把球壳与导体球联在一起,球壳内($r<R_2$)的场强为零.系统储藏的电能将减小.

解题过程 (1)当导体球所带电荷量为 q 时,电场分布在导体球与球壳之间和球壳外部的整个空间.

设这两部分电场的能量分别为 W_1 和 W_2,电场的能量密度分别为 w_{e1} 和 w_{e2},则系统储藏电能为

$$W=W_1+W_2=\int_{V_1} w_{e1}\,\mathrm{d}V+\int_{V_2} w_{e_2}\,\mathrm{d}V$$
$$=\int_{V_1}\frac{1}{2}\varepsilon_0 E_1^2\,\mathrm{d}V+\int_{V_2}\frac{1}{2}\varepsilon_0 E_2^2\,\mathrm{d}V$$

其中 $E_1=\dfrac{1}{4\pi\varepsilon_0}\cdot\dfrac{q}{r^2}(R<r<R_1)$

$E_2=\dfrac{1}{4\pi\varepsilon_0}\cdot\dfrac{q}{r^2}(r>R_2)$

所以 $W=\int_R^{R_1}\dfrac{1}{2}\varepsilon_0\left(\dfrac{q}{4\pi\varepsilon_0 r^2}\right)^2 4\pi r^2\,\mathrm{d}r+\int_{R_2}^{\infty}\dfrac{1}{2}\varepsilon_0\left(\dfrac{q}{4\pi\varepsilon_0 r^2}\right)^2 4\pi r^2\,\mathrm{d}r$

$$=\frac{q^2}{8\pi\varepsilon_0}\left(\frac{1}{R}-\frac{1}{R_1}+\frac{1}{R_2}\right)=1.82\times10^{-4}\,\mathrm{J}$$

(2)如果用导线把球壳与导体球联在一起,在静电平衡状态时,导体球所带电荷将全部分布在球壳的外表面,球壳内($r<R_2$)的场强为零,所以系统储藏电能将减少

$$W'=W_2=\frac{q^2}{8\pi\varepsilon_0 R_2}=8.1\times10^{-5}\,\mathrm{J}$$

7-61 解题过程 (1)铜板从电容器中抽出,电容器内的电场强度为

$$E=\frac{\sigma}{\varepsilon_0}=\frac{q}{\varepsilon_0 S}$$

由于电量 q 不变,面积 S 也不变,所以电场强度 E 不变,为

$$E=\frac{U_1}{d_1-d_2}=\frac{300}{3\times10^{-3}-10^{-3}}\ \mathrm{V/m}=1.5\times10^5\ \mathrm{V/m}$$

(2)抽出铜板外界所做的功为

$$A=\Delta W=\frac{1}{2}\varepsilon_0 E^2\cdot\Delta V=\frac{1}{2}\varepsilon_0 E^2 S d_2^2$$

$$=\frac{1}{2}\times8.854\times(1.5\times10^5)^2\times3\times10^{-2}\times1\times10^{-3}\,\mathrm{J}$$

$$=2.99\times10^{-6}\,\mathrm{J}$$

7-62 解题过程 (1)设空气电容器的电容量为 C.

$$W=\frac{1}{2}\frac{Q^2}{C}=\frac{1}{2}CU^2$$

将电容器浸入煤油,设电容增大为 C',保持电荷量 Q 不变,C' 的静电能为

$$W'=\frac{Q^2}{2C'}$$

浸入煤油前后静电场能增量为

$$\Delta W=W'-W=\frac{1}{2}\frac{Q^2}{C'}-\frac{1}{2}\frac{Q^2}{C}=\frac{1}{2}C^2U^2\left(\frac{1}{\varepsilon_r C}-\frac{1}{C}\right)$$

$$=-1.82\times10^{-4}\,\mathrm{J}$$

即浸入煤油过程中损失的静电场能为 1.82×10^{-4} J.

(2)并联前两电容器均带电荷

$$Q=CU$$

两电容的静电能为 $W=\frac{1}{2}\frac{Q^2}{C}+\frac{1}{2}\frac{Q^2}{C'}$

并联后等效电容器的电容 $C''=C+C'=(1+\varepsilon_r)C$

电荷量 $Q'=2Q$

静电荷 $W''=\frac{1}{2}\frac{Q''^2}{C''}$

则并联前后静电能增量为

$$\Delta W=W''-W=-\frac{1}{12}CU^2=-6.08\times10^{-5}\,\text{J}$$

即并联过程中损失的静电能为 6.08×10^{-5} J.

7-63 解题过程 (1)$w_e=\frac{1}{2}\varepsilon E^2$

当 $\varepsilon_{r_1}=4$ 时，$w_e=\frac{1}{2}\varepsilon_0\varepsilon_r E_1^2$

设两电容器电容为 C_1、C_2，$C_1=\varepsilon_0\varepsilon_{r_1}\frac{S}{d_1}$，$C_2=\varepsilon_0\varepsilon_r\frac{S}{d_2}$

$$\frac{C_1}{C_2}=\frac{\varepsilon_{r_1}d_2}{\varepsilon_{r_2}d_1}=\frac{4\times3\times10^{-3}}{2\times2\times10^{-3}}=\frac{3}{1}$$

所以 $U_1:U_2=1:3$

又 $U_1+U_2=U=200$ V，所以 $U_1=50\text{V}$，$U_2=150\text{V}$

$$E_1=\frac{U_1}{\varepsilon_{r_1}d}=\frac{50}{4\times2\times10^{-3}}=6.25\times10^3\ \text{N/C}$$

得 $$w_{e_1}=\frac{1}{2}\times8.85\times10^{-12}\times4\times(6.25\times10^3)^2=1.11\times10^{-2}\,\text{J/m}^3$$

$$E_2=\frac{U_2}{\varepsilon_{r_2}d_2}=\frac{50}{2\times3\times10^{-3}}=\frac{5}{6}\times10^4\ \text{N/C}$$

$$w_{e_2}=\frac{1}{2}\varepsilon_0\varepsilon_{r_2}E_2{}^2=2.22\times10^{-2}\,\text{J/m}^3$$

(2) $W_1=w_{e1}V=1.11\times10^{-2}\times40\times10^{-4}\times2\times10^{-3}=8.88\times10^{-8}\,\text{J}$

$W_2=w_{e2}V=2.22\times10^{-2}\times40\times10^{-4}\times3\times10^{-3}=2.66\times10^{-7}\,\text{J}$

7-64 解题过程 (1)C_1 充电后 $Q_1=C_1U_1=4\times10^{-6}\times800=3.2\times10^{-3}\,\text{C}$

相连后，设电荷为 Q'_1、Q'_2

$$\begin{cases}Q'_1+Q'_2=Q_1\\ \dfrac{Q'_1}{Q'_2}=\dfrac{C_1U'}{C_2U'}=\dfrac{C_1}{C_2}=\dfrac{2}{3}\end{cases}$$

$Q'_1=1.28\times10^{-3}\,\text{C}$，$Q'_2=1.92\times10^{-3}\,\text{C}$

(2)相连前 $$W=\frac{Q^2}{2C}=\frac{(3.2\times10^3)^2}{2\times4\times10^{-6}}=1.28\text{J}$$

连接后 $$W'=\frac{Q'^2_1}{2C_1}+\frac{Q'^2_2}{2C_2}=0.512\text{J}$$

7-65 解题过程 (1)设两圆柱无限长，电荷均匀分布. 其电场具有轴对称性. 根据有介质时高斯定理，可得圆柱壳中任一 P 点的电位移为

$$D=\frac{Q}{2\pi lr}$$

电场强度为 $E=\dfrac{Q}{2\pi lr\varepsilon}$

电场能量密度 $w_e=\dfrac{1}{2}DE=\dfrac{Q^2}{8\pi^2\varepsilon r^2l^2}$

(2)壳中的总电场能为

$$\mathrm{d}W=w_e\mathrm{d}V=\frac{Q^2}{8\pi^2\varepsilon r^2l^2}2\pi rl\mathrm{d}r=\frac{Q^2}{4\pi\varepsilon rl}\mathrm{d}r$$

(3)电介质中的总电场能为

$$W=\int\mathrm{d}W=\int_{R_1}^{R_2}\frac{Q^2}{4\pi\varepsilon rl}\mathrm{d}r=\frac{Q^2}{4\pi\varepsilon l}\ln\frac{R_2}{R_1}$$

(4)由 $W=\dfrac{1}{2}\dfrac{Q^2}{C}$ 可得电容量

$$C=\frac{Q^2}{2W}=2\pi\varepsilon l\Big/\ln\frac{R_2}{R_1}$$

则圆柱形电容器单位长度的电容量为

$$C_l=2\pi\varepsilon\Big/\ln\frac{R_2}{R_1}$$

7-66 解题过程 参考程序：

```
clear all
```

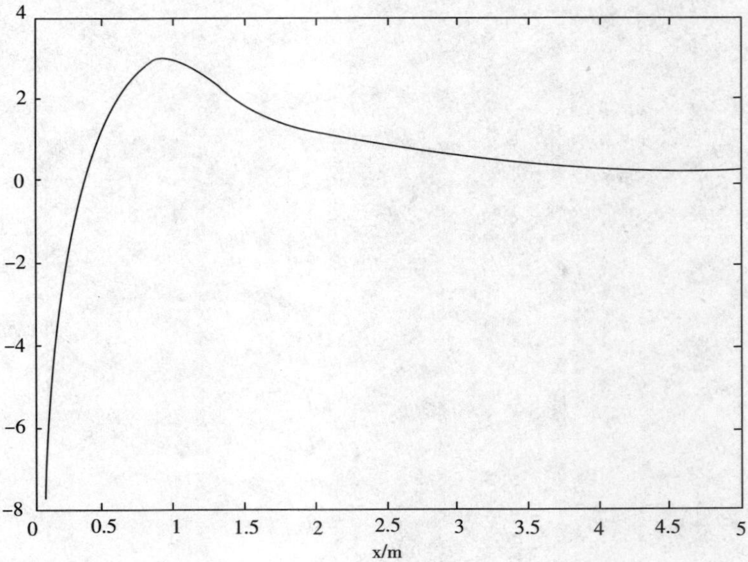

解 7-66 图

```
close all
```

```
x=0.1:0.001:5;
U=2./sqrt(0.25+(x-0.5*sqrt(3)).^2)-1./x;
plot(x,U)
grid off
xlabel('x/m');
ylabel('U/V');
```

运算结果如解 7-66 图所示.

在教材图 7-3 中,$F(x)-x$ 曲线与本题比较,在图 7-3 中 $x=1$ 时,$F=0$,与之相对应在解 7-66 图中 $x=1$ 时,$u=u_{max}$,即电势梯度(电场强度)为零.

第八章 恒定电流的磁场

本章知识要点

1. 电流强度、电流密度、电动势的概念.
2. 欧姆定律的内容及其在简单电路中的应用.
3. 毕奥-萨伐尔定律、磁场的高斯定理和安培环路定理的内容及利用它们解决简单稳恒磁场的问题.
4. 带电粒子在磁场中的运动规律和安培定律的内容及应用.
5. 顺磁质、抗磁质和铁磁质磁化的宏观特征和微观解释.
6. 有磁介质存在时的安培环路定理的内容及应用.

知识点归纳

一、恒定电流

1. 电流密度

电流密度是一个矢量，其方向和该点正电荷运动的方向一致，大小等于通过垂直于电流方向的单位面积的电流，记作

$$j=\frac{\mathrm{d}I}{\mathrm{d}S}$$

2. 电源的电动势

电源就是将其他形式的能量转换为电能，在电路中能够对自由电荷提供非静电力的装置. 电源的作用是克服静电力，迫使正电荷从低电势处经电源内部返回到高电势处，以维持恒定电流沿着闭合的回路持续流动.

不同的电源,非静电力做功的本领不同,电源电动势是衡量电源中非静电力做功本领的物理量.

电源电动势定义 $$\varepsilon=\frac{\mathrm{d}A}{\mathrm{d}q}$$

电源电动势在数值上等于把单位正电荷从负极经过电源内部移到正极所做的功.

3. 欧姆定律

(1)含源电路的欧姆定律

若干电源和电阻组成的回路的电流为

$$I=\frac{\sum\varepsilon_j}{\sum R_j+\sum R_{ij}}$$

(2)欧姆定律微分形式

$$j=\gamma E$$

二、磁感应强度 *B*

定义 $\boldsymbol{B}$ 的大小:$\boldsymbol{B}=\frac{\mathrm{d}F_{max}}{I\mathrm{d}l}$,其中 $\mathrm{d}F_{max}$ 为电流元 $I\mathrm{d}l$ 在该点受到的最大磁场力. $\boldsymbol{B}$ 的方向为电流元 $I\mathrm{d}l$ 在该点受到的磁场力为零时电流元所指的方向,且其满足安培力公式 $\mathrm{d}\boldsymbol{F}=I\mathrm{d}\boldsymbol{l}\times\boldsymbol{B}$.

磁感应强度 $\boldsymbol{B}$ 是用来描述磁场的基本物理量.

三、毕奥-萨伐尔定律

1. 毕奥-萨伐尔定律

微分形式 $$\mathrm{d}\boldsymbol{B}=\frac{\mu_0}{4\pi}\ \frac{I\mathrm{d}\boldsymbol{l}\times\boldsymbol{e}_r}{r^2}$$

积分形式 $$\boldsymbol{B}=\int_L\frac{\mu_0}{4\pi}\ \frac{I\mathrm{d}\boldsymbol{l}\times\boldsymbol{e}_r}{r^2}$$

式中,$I\mathrm{d}\boldsymbol{l}$ 是在电流上任取的电流元,$\boldsymbol{e}_r$ 是由 $I\mathrm{d}\boldsymbol{l}$ 指向研究场点的单位矢量,r 为 $\boldsymbol{r}$ 的大小.

毕奥-萨伐尔定律是电流激发磁场的基本规律,由它很容易得到运动电荷的磁场.

2. 运动电荷的磁场

$$\boldsymbol{B}=\frac{\mu_0}{4\pi}\ \frac{q\boldsymbol{v}\times\boldsymbol{e}_r}{r^2}$$

式中,$\boldsymbol{e}_r$ 是从电荷 q 指向研究场点的单位位矢,$\boldsymbol{v}$ 是电荷的运动速度,q 是电荷的电量.

四、稳恒磁场的高斯定理和安培环路定理

1. 高斯定理

$$\oint\!\!\!\oint_S\boldsymbol{B}\cdot\mathrm{d}\boldsymbol{S}=0$$

此定理表明,磁场线是无头无尾的闭合曲线,即磁场是无源场.

2. 安培环路定理

$$\oint_L \boldsymbol{B} \cdot \mathrm{d}\boldsymbol{L} = \boldsymbol{\mu}_0 \sum_i \boldsymbol{I}_{i(内)}$$

式中，$\sum\limits_i I_{i(内)}$是环路 L 包围的所有电流的代数和，当 I_i 与 L 绕行方向满足右螺旋法则时，$I_i>0$，反之，$I_i<0$. 此式表明，稳恒磁场是有旋场.

五、带电粒子在电场和磁场中的运动

1. 洛伦兹力

$$\boldsymbol{F} = q\boldsymbol{v} \times \boldsymbol{B}$$

式中，q 为带粒子的电荷量，是代数量；v 为带电粒子的运动速度.

洛伦兹力对电荷不做功.

2. 霍耳效应

当通有电流的导体或半导体置于与电流垂直的磁场中时，在垂直于电流和磁场的方向，导体或半导体两侧面之间产生一横向电场，这一现象称为霍耳效应.

霍耳电压 $$U = V_1 - V_2 = R_H \frac{\boldsymbol{IB}}{\boldsymbol{d}}$$

式中，$R_H = -\frac{1}{ne}$或$R_H = \frac{1}{nq}$为霍耳系数，I、$\boldsymbol{B}$ 分别为导电体中的电流和磁感应强度，d 为磁场方向上导体的厚度，n 为载流子浓度，q 是单个载流子的电量.

六、磁场对载流导线的作用

1. 磁场对载流导线的作用力——安培力

微分形式 $$\mathrm{d}\boldsymbol{F} = I\mathrm{d}\boldsymbol{l} \times \boldsymbol{B}$$

积分形式 $$\boldsymbol{F} = \int_L I\mathrm{d}\boldsymbol{l} \times \boldsymbol{B}$$

其中，$I\mathrm{d}\boldsymbol{l}$ 是载流导线上的电流元，$\boldsymbol{B}$ 是 $I\mathrm{d}\boldsymbol{l}$ 所在处的磁感应强度.

2. 均匀磁场对平面载流线圈的作用

合力 $$\sum \boldsymbol{F} = 0$$

磁力矩 $$\boldsymbol{M} = \boldsymbol{m} \times \boldsymbol{B}$$

式中，$\boldsymbol{m}$ 是载流线圈的磁矩，$\boldsymbol{m} = NIS\boldsymbol{e}_n$. 其中，$N$ 是线圈匝数，I 是线圈中的电流，S 是线圈的面积，且 $\boldsymbol{e}_n$ 的方向与电流环绕方向满足右螺旋法则.

3. 在国际单位制中，电流强度的单位安培(A)的定义

在真空中横截面积可忽略的两根相距 1 m 的无限长平行圆直导线内通以等量恒定电流时，若导线间相互作用力在每米长度上为 2×10^{-7} N，则每根导线中的电流为 1 A.

七、磁介质的分类

顺磁质（$\mu_r>1$）、抗磁质（$\mu_r<1$）、铁磁质（$\mu_r\gg1$）.

八、磁介质的磁化

磁介质被磁化后，在其表面出现磁化电流.

磁介质的磁化机制：在外磁场中，分子固有磁矩沿外磁场方向排列是产生顺磁效应的原因，而分子在外磁场中产生附加磁矩将导致抗磁效应，分子固有磁矩不为零的磁介质，在外磁场中，既有分子固有磁矩的取向变化，又有分子附加磁矩，但以分子固有磁矩的取向变化为主，从而表现出顺磁性；而分子固有磁矩为零的磁介质，在外磁场中，仅有分子附加磁矩，故表现出抗磁性.

九、有磁介质时的安培环路定理　磁场强度

1. 磁化强度

$$\boldsymbol{M}=\frac{\sum \boldsymbol{m}_{分子}+\sum \triangle \boldsymbol{m}_{分子}}{\triangle \boldsymbol{V}}$$

对于顺磁质，$\sum \triangle \boldsymbol{m}_{分子}$ 可以忽略；对于抗磁质，$\sum \boldsymbol{m}_{分子}=0$；对于真空，$\boldsymbol{M}=0$. 如果在介质中各点的 $\boldsymbol{M}$ 相同，就称磁介质被均匀磁化. 在国际单位制中，$\boldsymbol{M}$ 的单位是 A/m.

2. 有磁介质时的安培环路定理

$$\oint_L \boldsymbol{H}\cdot \mathrm{d}\boldsymbol{l}=\sum_L I_{传}$$

式中，$\sum\limits_L I_{传}$ 为闭合路径 L 所包围的传导电流的代数和，$\boldsymbol{H}$ 为磁场强度矢量.

在各向同性均匀磁介质中　$\boldsymbol{H}=\dfrac{\boldsymbol{B}}{\mu}=\dfrac{\boldsymbol{B}}{\mu_0\mu_r}$

十、铁磁质

铁磁质的主要特征为：(1)高磁导率 μ；(2)非线性；(3)具有磁滞现象.

复习思考题解答

8-1-1　电流是电荷的流动，在电流密度 $j\neq0$ 的地方，电荷的体密度 ρ 是否可能等于零？

解题过程　可能. 将欧姆定律微分形式 $\boldsymbol{j}=\gamma\boldsymbol{E}$ 代入恒稳电流方程 $\nabla\cdot\boldsymbol{j}=0$，可得 $\nabla(\gamma\boldsymbol{E})\cdot j=\gamma\nabla\cdot\boldsymbol{E}=0$，$\nabla\cdot\boldsymbol{E}=\dfrac{\rho}{\varepsilon_0}$，所以 $\nabla\cdot\boldsymbol{j}=\dfrac{\gamma\rho}{\varepsilon_0}$，因为 $\varepsilon_0\neq0$，$\gamma\neq0$，所以可得 $\rho=0$.

8-1-2 一金属板(如图)上 A、B 两点如同流电源连接,电流是否仅在 AB 直线上存在?为什么?试说明金属板上电流分布的大致情况.

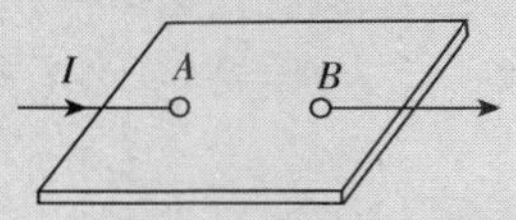

思考题 8-1-2 图

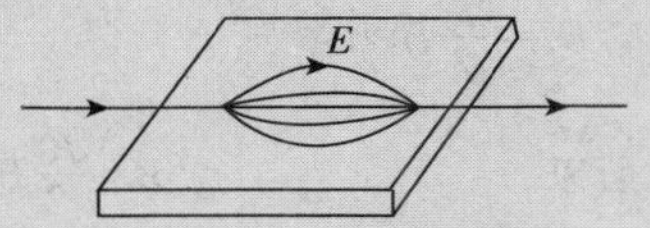

答 8-1-2 图

解题过程 由欧姆定律微分形式 $\boldsymbol{j}=\gamma\boldsymbol{E}$ 可知,电流方向与电力线方向一致,A、B 间的电力线分布如答 8-1-2 图所示,所以电流不仅仅在 AB 直线上存在.

8-1-3 两截面不同的铜杆串接在一起(如图),两端加有电压 U,通过两杆的电流是否相同?两杆的电流密度是否相同?两杆内的电场强度是否相同?如两杆的长度相等,两杆上电压是否相同?

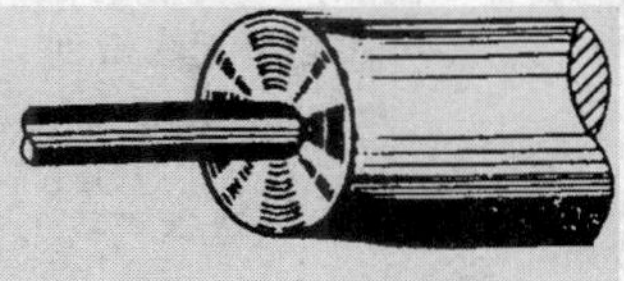

思考题 8-1-3 图

解题过程 由电荷守恒定律可知通过两杆的电流是相同的. 因为两杆的截面积不同,所以两杆的电流密度不相同,由公式 $\boldsymbol{j}=\gamma\boldsymbol{E}$ 可知两杆内的电场强度也不同. 如果两杆长度相同,而截面积不同,则两杆电阻不同,所以两杆上的电压也不同.

8-1-4 电源中存在的电场与静电场有何不同?

解题过程 静电场是由静止电荷激发产生的,场的分布不随时间变化,电源中电场则是由非静电力产生的. 静电场中电荷是静止的,电源中电场电荷是运动的. 静电场场强方向总是由电势高处指向电势低处,非静电场强总是由电源的低电势端指向高电势端.

8-2-1 一正电荷在磁场中运动,已知其速度 $\boldsymbol{v}$ 沿着 Ox 轴方向,若它在磁场中所受力有以下几种情况,试指出各种情况下磁感应强度 $\boldsymbol{B}$ 的方向.

(1)电荷不受力.

(2)$\boldsymbol{F}$ 的方向沿 Oz 轴正方向,且此时磁场力的值最大.

(3)$\boldsymbol{F}$ 的方向沿 Oz 轴负方向,且此时磁场力的值是最大值的一半.

解题过程 (1)磁场中运动电荷所受的力 $\boldsymbol{F}=q\boldsymbol{v}\times\boldsymbol{B}$

$\boldsymbol{F}=0$ 所以 $\boldsymbol{v}\times\boldsymbol{B}=0$

$\boldsymbol{v}$、$\boldsymbol{B}$ 夹角为 0

$$\boldsymbol{B}=B\boldsymbol{i} \text{ 或 } \boldsymbol{B}=B(-\boldsymbol{i})$$

(2)$\boldsymbol{F}=q\boldsymbol{v}\times\boldsymbol{B}=qvB\boldsymbol{k}$

$$\boldsymbol{F}=q\boldsymbol{v}\times\boldsymbol{B}=qv(\boldsymbol{i})\times B\boldsymbol{j}=qvB\boldsymbol{k}$$

所以 $$\boldsymbol{B}=B\boldsymbol{j}$$

(3)$\boldsymbol{F}=F(-\boldsymbol{k})=-\dfrac{1}{2}qvB\boldsymbol{k}$

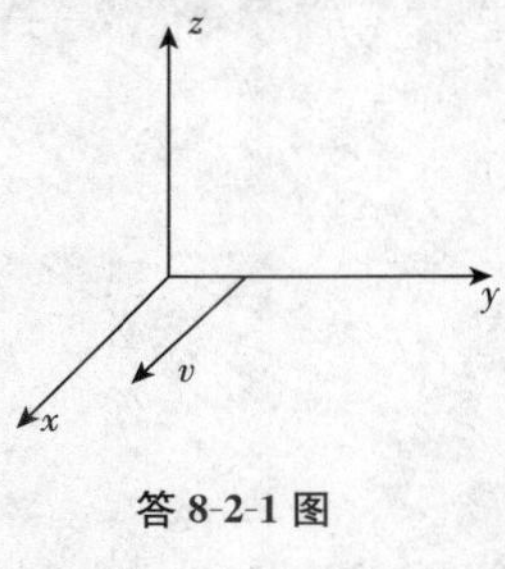

答 8-2-1 图

$$q\boldsymbol{v}\times\boldsymbol{B}=qv\boldsymbol{i}\times(B_x\boldsymbol{i}-B_y\boldsymbol{j})=qvB_y(-\boldsymbol{k})=-\frac{1}{2}qvB\boldsymbol{k}$$

$\therefore B_y=\frac{1}{2}B, B_x=\frac{\sqrt{3}}{2}B$

所以 $$\boldsymbol{B}=\frac{\sqrt{3}}{2}B\boldsymbol{i}-\frac{1}{2}B\boldsymbol{j}$$

8-2-2 (1)一带电的质点以已知速度通过某磁场的空间,只用一次测量能否确定磁场?
(2)如果同样的质点通过某电场的空间,只用一次测量能否确定电场?

解题过程 (1)带电质点在磁场中所受力为 $\boldsymbol{F}=q\boldsymbol{v}\times\boldsymbol{B}$,要确定磁场必须确定其大小和方向,只用一次测量无法做到.

(2)如果带电质点满足检验电荷的条件,由 $\boldsymbol{F}=q\boldsymbol{E}$,测量一次即可确定电场强度 $\boldsymbol{E}$.

8-2-3 为什么当磁铁靠近电视机的屏幕时会使图像变形?

解题过程 当磁铁靠近电视机屏幕时,电子受到磁场作用力其运行轨道发生改变后打在屏幕上,因而电视机屏幕图像变形.

8-3-1 在载有电流 I 的圆形回路中,回路平面内各点磁感应强度的方向是否相同?回路内各点的 $\boldsymbol{B}$ 是否均匀?

解题过程 由毕奥—萨伐尔定律,回路平面各点的 $\boldsymbol{B}$ 的方向相同,均与回路平面垂直,但平面上各点 $\boldsymbol{B}$ 的大小不同.

8-3-2 长螺线管中部的磁感应强度是 $\mu_0 nI$,边缘部分轴线上是$\frac{\mu_0 nI}{2}$,这是不是说螺线管中部的磁感应线比边缘部分的磁感应线多?或说在螺线管内部某处有$\frac{1}{2}$磁感应线突然中断了?

解题过程 因为磁感应线是闭合的曲线,所以磁感应线是不会中断的,边缘处与中部一样多,但是疏密程度不同,而磁感应线的疏密程度代表磁感应强度的大小.

8-3-3 两根无限长载流导线十字交叉,流有相同的电流 I,但它们并不接触,如图所示的哪些区域中存在磁感应强度为零的点?

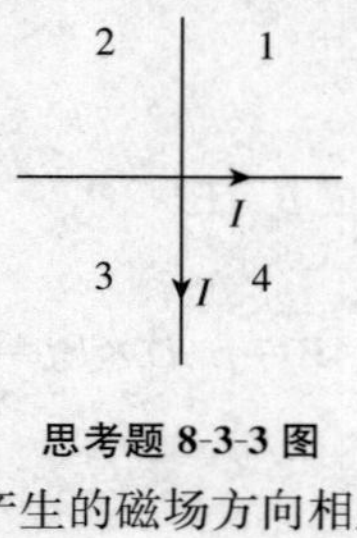

思考题 8-3-3 图

解题过程 两根导线在区域 2 和区域 4 产生的磁场方向相反,存在磁感应强度为零的点.

8-3-4 一个半径为 R 的假想球面中心有一个运动电荷. 问:

(1)在球面上哪些点的磁场最强?

(2)在球面上哪些点的磁场为零?

(3)穿过球面的磁通量是多少?

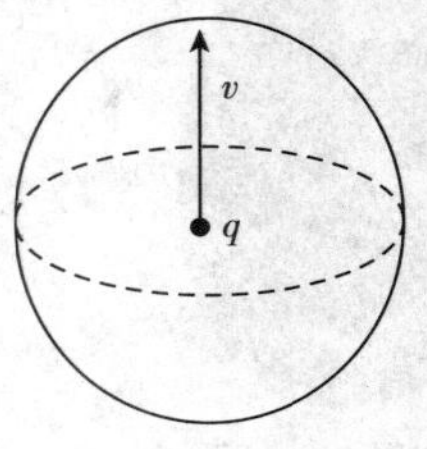

答 8-3-4 图

解题过程 (1)

$$\boldsymbol{B}=\frac{\mu_0}{4\pi}\frac{q\boldsymbol{v}\times\boldsymbol{r}}{r^3}$$

所以以 v 为轴线,垂直于 v 的过球心圆形面 $\boldsymbol{B}$ 最强.

(2)$\boldsymbol{v}$ 与球面两交点 $\boldsymbol{B}$ 为 0.

(3)

$$\oiint_S \boldsymbol{B}\cdot d\boldsymbol{S}=0$$

穿过球面磁通量为 0.

8-4-1 用安培环路定理能否求出有限长一段载流直导线周围的磁场?

解题过程 安培环路定理为 $\oint_L \boldsymbol{B}\cdot d\boldsymbol{l}=\mu_0 I$. 如果 $\boldsymbol{B}$ 选取的积分回路具有对称性,则 $\boldsymbol{B}$ 可以提到积分号外,则 $\boldsymbol{B}$ 可求,否则 $\boldsymbol{B}$ 不可求. 因为该载流导线为有限长,所以在邻近两端点处,$\boldsymbol{B}$ 难以确定.

8-4-2 为什么两根通有大小相等方向相反电流的导线扭在一起能减小杂散磁场?

解题过程 因为两导线产生的磁场大小近似相等,而方向相反,两磁场合场强近似为零,所以能减小杂散磁场.

8-4-3 设图中两导线中的电流 I_1、I_2 均为 8A,试分别求如图所示的三个闭合线路 L_1、L_2、L_3 的环路积分 $\oint \boldsymbol{B}\cdot d\boldsymbol{l}$ 的值,并讨论.

解题过程 (1)

$$\oint_{L_1}\boldsymbol{B}d\boldsymbol{l}=\mu_0 I=8\mu_0$$

$$\oint_{L_2}\boldsymbol{B}d\boldsymbol{l}=\mu_0(I_2-I_1)=0$$

$$\oint_{L_3}\boldsymbol{B}d\boldsymbol{l}=\mu_0 I_2=8\,\mu_0$$

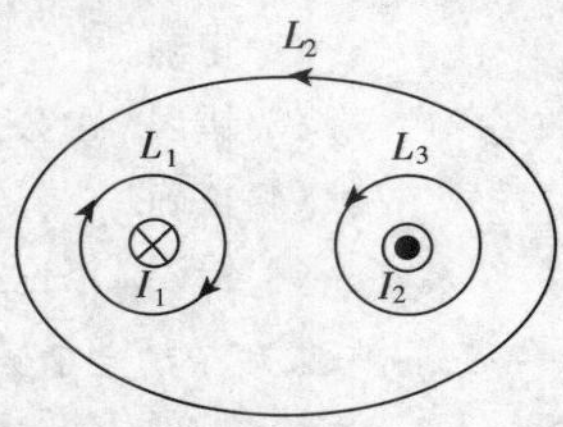

思考题 8-4-3 图

因为空间磁感应强度为电流在该点激发的磁感应强度矢量和 $\boldsymbol{B}=\boldsymbol{B}_1+\boldsymbol{B}_2$,各点的 $\boldsymbol{B}$ 不相等.

(2)各点的 $\boldsymbol{B}$ 不为零,只是环路积分等于零.

8-4-4 证明穿过以闭合曲线 C 为边界的任意曲面 S_1 和 S_2 的磁通量相等.

证　　明　闭合曲面 $S=S'+S_1$,如答 8-4-4 图所示.

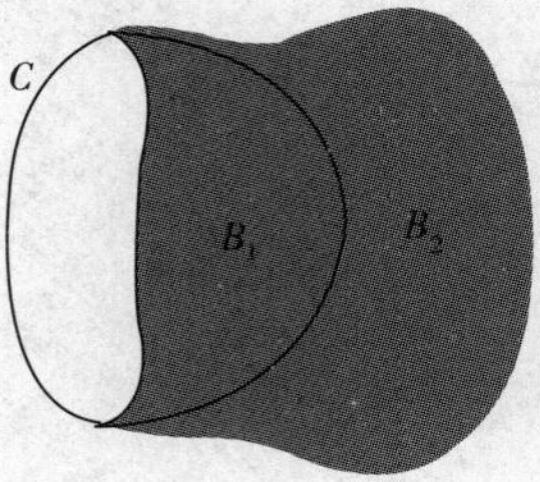

思考题 8-4-4 图

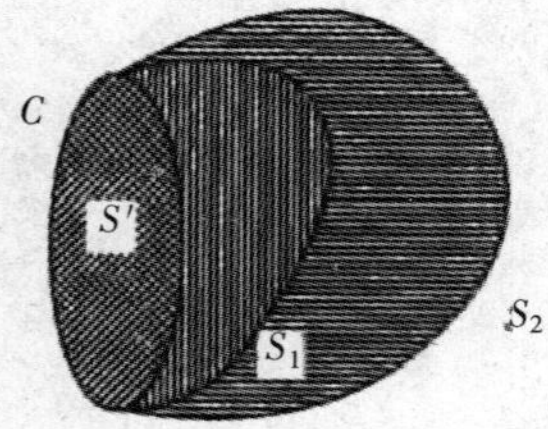

答 8-4-4 图

$$\oiint_S \boldsymbol{B}\mathrm{d}\boldsymbol{S}=0=\iint_S \boldsymbol{B}\mathrm{d}\boldsymbol{S}+\iint_S \boldsymbol{B}\mathrm{d}\boldsymbol{S}$$

所以
$$\iint_{S_1} \boldsymbol{B}\mathrm{d}\boldsymbol{S}=-\iint_{S'} \boldsymbol{B}\mathrm{d}\boldsymbol{S}$$

又另一闭合曲面 $S=S'+S_2$

$$\oiint_S \boldsymbol{B}\mathrm{d}\boldsymbol{S}=0=\iint_{S'} \boldsymbol{B}\mathrm{d}\boldsymbol{S}+\iint_{S_2} \boldsymbol{B}\mathrm{d}\boldsymbol{S},\therefore \iint_{S_2}\boldsymbol{B}\cdot\mathrm{d}\boldsymbol{S}=-\iint_{S'}\boldsymbol{B}\cdot\mathrm{d}\boldsymbol{S}$$

所以 $\iint_{S_1} \boldsymbol{B}\mathrm{d}\boldsymbol{S}=\iint_{S_2} \boldsymbol{B}\mathrm{d}\boldsymbol{S}$

S_1,S_2 均以 C 为边界,所以 S_1,S_2 磁通相等.

8-5-1 一电荷 q 在均匀磁场中运动,判断下列说法是否正确,并说明理由:

(1)只要电荷速度的大小不变,它朝任何方向运动时所受的洛伦兹力都相等.

(2)在速度不变的前提下,电荷量 q 改变为 $-q$,它所受的力将反向,而力的大小不变.

(3)电荷量 q 改变为 $-q$,同时其速度反向,则它所受的力也反向,而大小不变.

(4)$\boldsymbol{v}$、$\boldsymbol{B}$、$\boldsymbol{F}$ 三个矢量,已知任意两个矢量的大小和方向,就能确定第三个矢量的大小和方向.

(5)质量为 m 的运动带电粒子,在磁场中受洛伦兹力后动能和动量不变.

解题过程　(1)错误. $\boldsymbol{F}=q\boldsymbol{v}\times\boldsymbol{B}$,$|F|=qv|B|\cdot\sin\theta$,可见不仅与电荷速度有关,而且与速度方向和磁场方向夹角有关.

(2)正确.

(3)错误. 由公式 $\boldsymbol{F}=qv\times\boldsymbol{B}$ 可知,当电荷由 q 变为 $-q$,同时速度反向,则其受力不变.

(4)正确.

(5)错误. 洛伦兹力不做功,所以能量不变,但速度方向改变,所以动量改变.

8-5-2 一束质子发生了侧向偏转,造成这个偏转的原因可否是(1)电场?(2)磁场?(3)若是电场或者是磁场在一起作用,如何判断是哪一种场?

解题过程　一束质子发生了侧向偏转,可能是电场作用,也可能是磁场作用,或是两者共同作用. 如果该束粒子偏转后运动轨迹是抛物线则是电场作用，如果轨迹是圆则是磁场作用.

8-5-3 如图所示，一对正、负电子同时在同一点射入一均匀磁场中，已知它们的速率分别为 $2v$ 和 v，都和磁场垂直，指出它们的偏转方向. 经磁场偏转后，哪个电子先回到出发点？

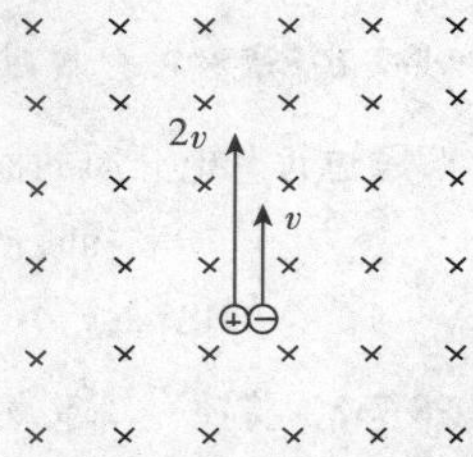

思考题 8-5-3 图

解题过程 由 $\boldsymbol{F}=q\boldsymbol{v}\times\boldsymbol{B}$ 知正电子向左偏，负电子向右偏 $m\dfrac{v^2}{R}=qv\boldsymbol{B}$

所以 $R=\dfrac{mv}{q\boldsymbol{B}}, T=\dfrac{2\pi R}{v}=\dfrac{2\pi m}{q\boldsymbol{B}}$

所以粒子在磁场中受洛伦兹力，圆周运动周期只与粒子荷质比有关，与速度无关，则两电子同时到出发点.

8-6-1 一个弯曲的载流导线在均匀磁场中应如何放置才不受磁场力作用？

解题过程 带电导体在磁场中受力 $\boldsymbol{F}=\int_L \boldsymbol{I}\,\mathrm{d}\boldsymbol{l}\times\boldsymbol{B}=I(\int_L \mathrm{d}\boldsymbol{l})\times\boldsymbol{B}$，因为磁场均匀，如果要导线不受磁场力作用，则要求 $(\int_L d\boldsymbol{l})\times\boldsymbol{B}=\boldsymbol{l}\times\boldsymbol{B}=0$，即导体首尾连线与 $\boldsymbol{B}$ 平行.

8-6-2 在一均匀磁场中，有两个面积相等、通有相同电流的线圈，一个是三角形，一个是圆形. 这两个线圈所受的磁力矩是否相等？所受的最大磁力是否相等？所受磁场力的合力是否相等？两线圈的磁矩是否相等？当它们在磁场中处于稳定位置时，由线圈中电流所激发的磁场的方向与外磁场的方向是相同、相反还是相互垂直？

解题过程 载流线圈在磁场中所受磁力矩为 $\boldsymbol{M}=\boldsymbol{m}\times\boldsymbol{B}, \boldsymbol{m}=IS\boldsymbol{e}_n$. S 相同，I 相同，则 $\boldsymbol{m}$ 大小相同；$\boldsymbol{M}$ 是否相同取决于 $\boldsymbol{m}$ 与 $\boldsymbol{B}$ 的夹角是否相同. 若 $\boldsymbol{m}$ 与 $\boldsymbol{B}$ 夹角为 $\dfrac{\pi}{2}$，则两线圈磁力矩最大且相等.

线圈在磁场中受合力 $\boldsymbol{F}=I\int_L \mathrm{d}\boldsymbol{l}\times\boldsymbol{B}=I(\int_L \mathrm{d}\boldsymbol{l})\times\boldsymbol{B}$，因为 $\int_L \mathrm{d}\boldsymbol{l}=0$，所以 $F=0$. 线圈所受磁力矩为零时，即 $\boldsymbol{m}$ 与 $\boldsymbol{B}$ 夹角 $\varphi=0$ 或 $\varphi=\pi$ 时，线圈处于稳定位置，$\varphi=0$ 两者的 $\boldsymbol{B}$ 方向相同，$\varphi=\pi$ 两者的方向相反.

8-6-3 两根彼此绝缘的长直载流导线交叉放置，电流方向如图所示，可绕垂直于它们所在平面的轴转动. 问它们将如何转动？

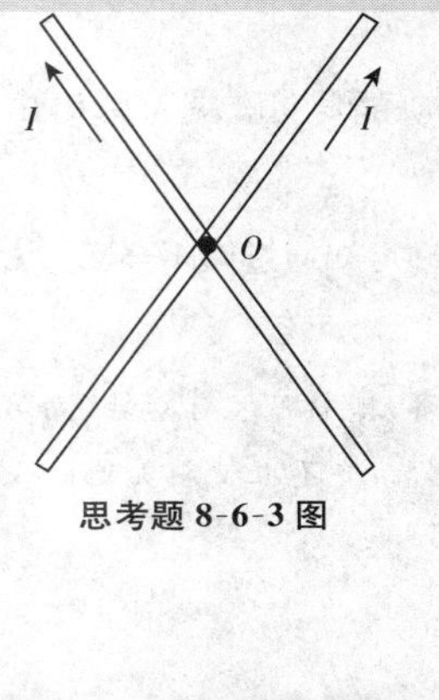

思考题 8-6-3 图

解题过程　两根长直载流导线产生相互吸引的磁场力致使两导线沿轴向中心转动.

8-7-1　试对磁介质磁化机制与电介质极化机制作一比较.

解题过程　电介质的极化机制:若在电介质内任取一物理无限小的体积元(其中有大量的分子),未加电场时,体积元中所有分子的电偶极矩的矢量和$\sum \boldsymbol{P}$等于零,加电场后,电介质发生极化,$\sum \boldsymbol{P}$不等于零,所加外电场越强,被极化的程度越大,$\sum \boldsymbol{P}$的值也越大.

8-7-2　将磁介质做成针状,在其中部用细线吊起来,放在均匀磁场中,发现不同的磁介质针静止时或者与磁场方向平行,或者与磁场方向垂直,试判断处于哪个位置的是顺磁质?哪个位置的是抗磁质?

解题过程　当静止时与磁场方向平行者为顺磁质,与磁场方向垂直者为抗磁质.

8-8-1　试说明$\boldsymbol{B}$与$\boldsymbol{H}$的联系和区别.

解题过程　$\boldsymbol{B}$是磁感应强度,$\boldsymbol{H}$是磁场强度.

二者联系:$\boldsymbol{H}=\dfrac{\boldsymbol{B}}{\mu_0}-\boldsymbol{M}$,真空中$\boldsymbol{B}=\mu_0\boldsymbol{H}$

都是闭合线,$\boldsymbol{B}$是基本量,$\boldsymbol{H}$是导出量.

二者区别:$\oint_L \boldsymbol{B}\cdot d\boldsymbol{l}=\mu_0\sum(I_i+I_i')$,$I_i$为传导电流,$I_i'$为磁化电流

$$\oint_L \boldsymbol{H}\cdot d\boldsymbol{l}=\sum I_i$$

8-8-2　下面的几种说法是否正确,试说明理由:

(1)若闭合曲线内不包围传导电流,则曲线上各点的$\boldsymbol{H}$必为零.

(2)若闭合曲线上各点的$\boldsymbol{H}$为零,则该曲线所包围的传导电流的代数和为零.

(3)不论抗磁质与顺磁质,$\boldsymbol{B}$总是和$\boldsymbol{H}$同方向.

(4)通过闭合回路L为边界的任意曲面的$\boldsymbol{B}$通量均相等.

(5)通过闭合回路L为边界的任意曲面的$\boldsymbol{H}$通量均相等.

解题过程　(1)错误. 若闭合曲线内不包围传导电流,只能说明$\boldsymbol{H}$对此环路的环流为零,而不能说明各点$\boldsymbol{H}$都为零.

(2)正确. 各点都为零,则对整个环路的环流也为零,根据安培环路定理可以确定环路内传导电流的代数和为零.

(3)正确. 抗磁质与顺磁质都是弱磁质$\boldsymbol{M}\ll\boldsymbol{B}$,由$\boldsymbol{H}=\dfrac{\boldsymbol{B}}{\mu_0}-\boldsymbol{M}$,可以认为$\boldsymbol{H}$与$\boldsymbol{B}$是同方向的.

(4)正确. 由磁场高斯定理可知通过以闭合回路$\boldsymbol{L}$为边界的任意曲面的$\boldsymbol{B}$通量均相等.

(5)错误.

8-9-1　有两根铁棒,其外形完全相同,其中一根为磁铁,而另一根不是,你怎样辨别它们?不准将任一根棒作为磁针而悬挂起来,亦不准使用其他的仪器.

解题过程 因为条形磁铁的磁极在两端，中间磁力较弱. 因此可以用一根铁棒 A 的一端去接触另一根铁棒 B 的中间，如果与接触 B 两端相比吸引力不强，则 B 为磁铁，如果吸引力相同则 A 是磁铁.

8-9-2 试说出软磁材料和硬磁材料的主要区别及用途.

解题过程 软磁材料的磁滞回线成细长条形状，其矫顽力小，磁滞性不显著，主要用于制造变压器、继电器、电磁铁、电机的铁芯；而硬磁材料的磁滞回线所包围的面积比较大，矫顽力大，剩磁也大，磁滞特性显著，主要用于制造电磁式电表、永磁扬声器、耳机、小型直流电机等永磁装置.

习题全解

8-1 解题过程 $q=\int_t I\mathrm{d}t=\int_1^3 (t^2-0.5t+6)\mathrm{d}t=\left[\frac{t^3}{3}-\frac{t^2}{4}+6t\right]_1^3=18.7\ \mathrm{C}$

8-2 解题过程 由电流定义式 $\mathrm{I}=\frac{\mathrm{d}q}{\mathrm{d}t}$

则每秒打击在管子荧屏上的电子数为 $N'=\frac{\Delta q}{e}=\frac{I\Delta t}{e}=\frac{I}{e}$，其中电子电荷量 $e=1.60\times10^{-19}\mathrm{C}$，$\Delta t=1\ \mathrm{s}$，故 10 s 内打击在管子荧屏上的电子数为

$$N=N't=\frac{60\times10^{-6}\times10}{1.60\times10^{-19}}=3.75\times10^{15}\text{个}$$

8-3 解题过程 (1)由电阻定义 $R=\frac{l}{\gamma S}=\frac{2.0}{5.7\times10^7\times20\times80\times10^{-6}}\Omega=2.2\times10^{-5}\Omega$

(2)由欧姆定律 $I=\frac{U}{R}=\frac{50\times10^{-3}}{2.2\times10^{-5}}\mathrm{A}=2.3\times10^3\mathrm{A}$

(3)电流密度 $j=\frac{I}{S}=\frac{2.3\times10^3}{20\times80\times10^{-6}}\mathrm{A/m^2}=1.4\times10^6\mathrm{A/m^2}$

(4)棒内的电场强度 $E=\frac{U}{l}=\frac{50\times10^{-3}}{2.0}\mathrm{V/m}=2.5\times10^{-2}\mathrm{V/m}$

8-4 解题过程 (1)R_1 与 R_2 电阻并联，$R_{12}=\frac{R_1R_2}{R_1+R_2}=2.0\ \Omega$

干路中电流 $I=\frac{\varepsilon_1+\varepsilon_2}{R_{i_1}+R_{i_2}+R_{12}+R_3+R_4}=2.0\ \mathrm{A}$

所以 $I_3=I_4=2.0\ \mathrm{A}$

$I_1=I\frac{R_2}{R_1+R_2}=0.4\ \mathrm{A}$，$\mathrm{I_2=I-I_1}=1.6\ \mathrm{A}$.

(2)$U_1=\varepsilon_1-IR_{i1}=6.0-2\times0.4=5.2\ \mathrm{V}$

$U_2=\varepsilon_2-IR_{i2}=8.0-2\times0.6=6.8\ \mathrm{V}$

(3)$U_{AD}=U_A-U_D=\varepsilon_1-I(R_3+R_4+R_{i_1})=-2.8\ \mathrm{V}$

(4)$U_{BC}=U_B-U_C=-\varepsilon_2+I(R_{i_2}+R_4)=-4.8\ \mathrm{V}$

(5)$U_B=0$　所以 $U_C=4.8\mathrm{V}$，$U_A=IR_{12}=4.0\mathrm{V}$

$$U_D=\varepsilon-IR_{i_2}=6.8\mathrm{V}$$

8-5 分析　地球磁场整体是个非均匀场，但相对 $1\mathrm{m}^2$ 的小区域来说，可认为是均匀磁场.

解题过程　(1)取水平平面 S_1 的法线方向向上为正，则穿过的磁通量为

$\Phi=\boldsymbol{B}\cdot\boldsymbol{S}_1=BS_1\cos60°=2\times10^{-5}\,\mathrm{Wb}$

(2)取竖直平面 S_2 的法线方向向南为正，则穿过的磁通量的最大值为 $\theta=30°$时，即

$$\Phi_{\min}=\boldsymbol{B}\cdot S_2=BS_2\cos150°=-3.46\times10^{-5}\,\mathrm{Wb}$$

最小值为 0.

8-6 解题过程　(1)取 yz 面法线方向沿 x 轴正方向，穿过该面积的磁通量为

$$\Phi_{yz}=\boldsymbol{B}\cdot\boldsymbol{S}=BS\cos0°=2\ \mathrm{Wb}$$

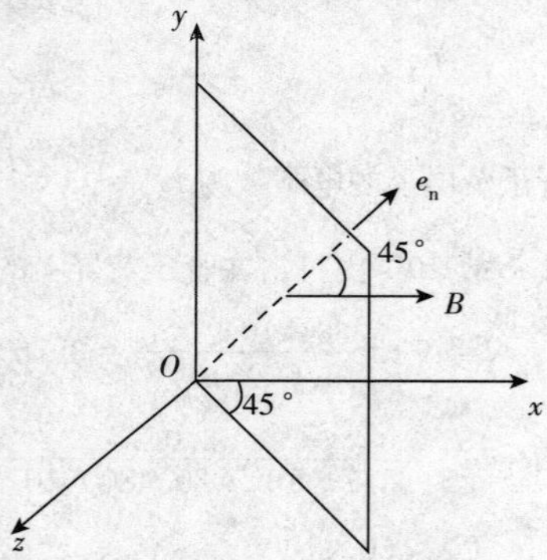

解 8-6 图

(2)xz 面法线方向垂直于 B，故穿过该面的磁通量为零，即

$$\Phi_{xz}=\boldsymbol{B}\cdot\boldsymbol{S}=BS\cos90°=0$$

(3)如解 8-6 图所示，平面法线的正方向与 Ox 轴成 45°角，则通过该平面的磁通量为

$$\Phi_y=\boldsymbol{B}\cdot\boldsymbol{S}=BS\cos45°=1.44\ \mathrm{Wb}$$

8-7 解题过程　(1)通过立方体上阴影面积的磁通量为

$$\Phi=\boldsymbol{B}\cdot\boldsymbol{S}=(6\boldsymbol{i}+3\boldsymbol{j}+1.5\boldsymbol{k})\cdot(0.15)^2\boldsymbol{i}=0.135\mathrm{Wb}$$

(2)通过立方体六面的总磁通量为

$$\Phi=\oiint\boldsymbol{B}\cdot\mathrm{d}\boldsymbol{S}=0$$

8-8 解题过程　取凹面为半球面的正方向，将 $\boldsymbol{B}$ 分解为半球面轴线平行的分量 $B_{/\!/}$ 和相垂直的分量

$B_\perp$，则

$$\boldsymbol{B}=\boldsymbol{B}_{/\!/}+\boldsymbol{B}_\perp$$

通过半球面的磁通量

$$\Phi=\boldsymbol{B}\cdot\boldsymbol{S}=(\boldsymbol{B}_{/\!/}+\boldsymbol{B}_\perp)\cdot\boldsymbol{S}=\boldsymbol{B}_{/\!/}\cdot\boldsymbol{S}+\boldsymbol{B}_\perp\cdot\boldsymbol{S}$$

式中，$\boldsymbol{B}_{/\!/}=\boldsymbol{B}\cos\alpha\boldsymbol{e}_n$，$\boldsymbol{B}_\perp=B\sin\alpha\boldsymbol{e}_\perp$，$e_\perp$是垂直于 $\boldsymbol{e}_n$ 的单位矢量，如解 8-8 图所示，

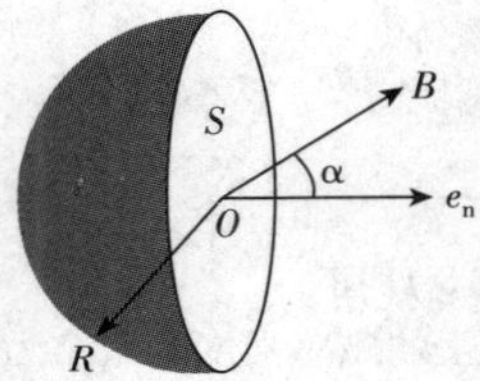

习题 8-8 图

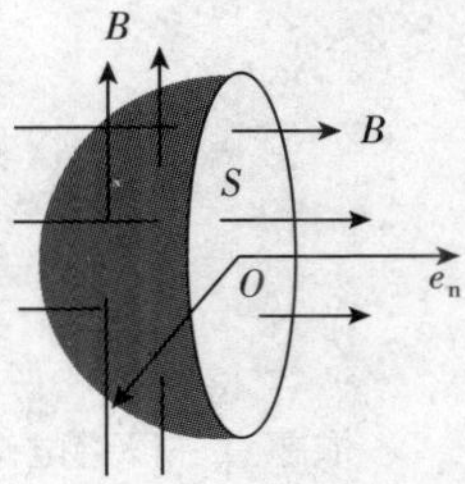

解 8-8 图

$$B_\perp\cdot S=0$$

所以 $\Phi=\boldsymbol{B}_{/\!/}\cdot\boldsymbol{S}=\boldsymbol{B}\cos\alpha\boldsymbol{e}_n\cdot S$

式中 $\boldsymbol{e}_n\cdot\boldsymbol{S}=\boldsymbol{S}\cdot\boldsymbol{e}_n=\pi R^2$，就是半球在其轴线上的投影面积.

所以 $\Phi=\boldsymbol{B}\cdot\boldsymbol{S}=B\pi R^2\cos\alpha$

8-9 解题过程 如解 8-9 图所示，$B_1=\dfrac{\mu_0 I_1}{2\pi|PI_1|}=\dfrac{4\pi\times10^{-7}\cdot10}{2\pi\times0.5}=4\times10^{-6}\,\mathrm{T}$

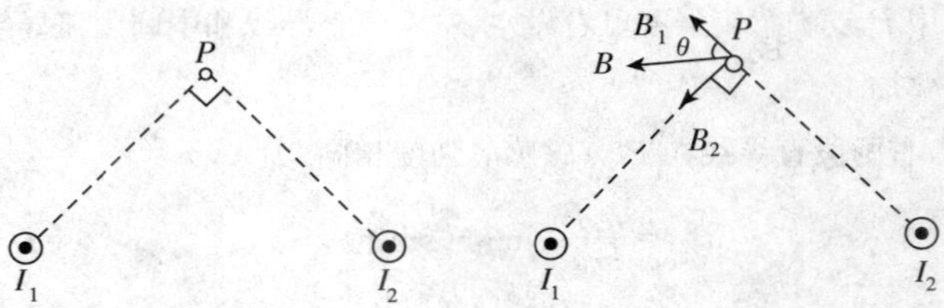

解 8-9 图

$$B_2=\frac{\mu_0 I_2}{2\pi|PI_2|}=4\times10^{-6}\,\mathrm{T}$$

$$B=|\boldsymbol{B}_1+\boldsymbol{B}_2|=\sqrt{2}B_1=5.66\times10^{-6}\,\mathrm{T}$$

$$\theta=\arctan\left(\frac{B_2}{B_1}\right)=\arctan(1)=45^\circ$$

方向为 I_2 指向 I_1.

8-10 解题过程 PQ 段对 A 点磁感应强度为 0.

OQ 段对 A 点磁感应强度

$$B=\frac{\mu_0 I}{4\pi r}(\cos\theta_1-\cos\theta_2)=\frac{\mu_0 I}{4\pi r}(\cos60^\circ-\cos180^\circ)$$

$$=\frac{4\pi\times10^{-7}\times20}{4\pi\cdot d\cdot\sin60^{\circ}}\left(\frac{1}{2}+1\right)=\sqrt{3}\times10^{-4}=1.7\times10^{-4}\,\mathrm{T}$$

方向垂直纸面向外.

8-11 解题过程 每段直电流对 O 点的起始角和终止角为 $\beta_1=-\frac{\pi}{3}$,$\beta_2=\frac{\pi}{3}$,如解 8-11 图所示.

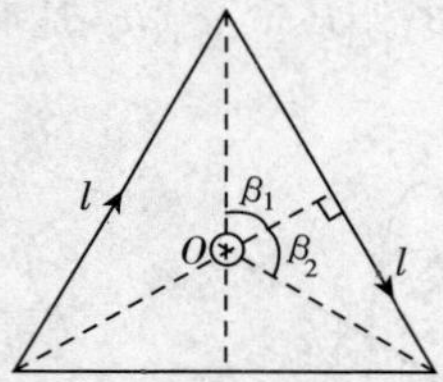

解 8-11 图

依题意一段直电流在 O 点产生的磁感强度的大小为

$$B_1=\frac{\mu_0 I}{4\pi r}(\sin\beta_2-\sin\beta_1)=\frac{3\sqrt{3}\mu_0 I}{4\pi h}$$

则载流三角形线圈中心 O 点的总磁感应强度大小为

$$B=3B_1=\frac{9\sqrt{3}\mu_0 I}{4\pi h}$$

根据右手螺旋法则可知方向垂直于纸面,与电流成右手螺旋关系,如解 8-11 图所示.

8-12 解题过程 图中 P 点磁感应强度可看做左、右两段直导线和中间圆弧导线在 P 点磁感应强度的叠加.

左、右两段直导线在 P 点磁感应强度相同,为

$$\begin{aligned}B_1&=\frac{\mu_0 I}{4\pi a}(\sin\beta_2-\sin\beta_1)\\&=\frac{\mu_0 I}{4\pi R\cos60^{\circ}}\left[\sin\left(-\frac{\pi}{3}\right)-\sin\left(-\frac{\pi}{2}\right)\right]\\&=\frac{\mu_0 I}{2\pi R}\left(-\frac{\sqrt{3}}{2}+1\right)\end{aligned}$$

圆弧导线产生的磁感应强度为整个圆环电流在圆心处磁感应强度的$\frac{1}{3}$,为

$$B_2=\frac{1}{3}\frac{\mu_0 I}{2R}$$

所以,P 点磁感应强度为

$$B=2B_1+B_2=2\times\frac{\mu_0 I}{2\pi R}\left(-\frac{\sqrt{3}}{2}+1\right)+\frac{1}{3}\frac{\mu_0 I}{2R}$$

$$=\frac{\mu_0 I}{R}\left(\frac{1}{6}+\frac{1}{\pi}-\frac{\sqrt{3}}{2\pi}\right)$$

8-13 解题过程 如图设两段圆弧电流对 O 的磁感应强度大小分别为 B_1 和 B_2，导线长度分别为 l_1 和 l_2，导线横截面积为 S，电阻率为 ρ，则电流 I_1 和 I_2 的关系为

$$\frac{I_1}{I_2}=\frac{R_2}{R_1}=\frac{\rho\dfrac{l_2}{S}}{\rho\dfrac{l_1}{S}}=\frac{l_2}{l_1}$$

即 $$I_1l_1=I_2l_2$$

两圆弧电流对 O 点的磁感应强度的大小分别为

$$B_1=\frac{\mu_0 I_1}{4\pi}\int_{l_1}\frac{\mathrm{d}l}{r^2}=\frac{\mu_0 I_1 l_1}{4\pi\ r^2}$$

$$B_2=\frac{\mu_0 I_2}{4\pi}\int_{l_2}\frac{\mathrm{d}l}{r^2}=\frac{\mu_0 I_2 l_2}{4\pi\ r^2}=\frac{\mu_0 I_1 l_1}{4\pi r^2}$$

则圆心处 O 的合磁感应强度为

$$B=B_1-B_2=0$$

8-14 解题过程 设线圈有 n 匝，$B=n\dfrac{\mu_0 I}{2R}$

代入数据 $$1.26=n\ \frac{4\pi\times10^{-7}\times2.5}{2\times0.2}$$

得 $$n=\frac{1.26\times0.4\times10^{-4}}{4\pi\times10^{-7}\times2.5}=16\text{ 匝}$$

8-15 解题过程 A、B 两线圈在各自圆心处的磁感应强度分别为

$$\boldsymbol{B}_A=\frac{N_A\mu_0 I_A}{2R_A}=3.14\times10^{-4}\boldsymbol{j}\mathrm{T}$$

$$\boldsymbol{B}_B=\frac{N_B\mu_0 I_B}{2R_B}=6.28\times10^{-4}\boldsymbol{i}\mathrm{T}$$

$\boldsymbol{B}_A$ 与 $\boldsymbol{B}_B$ 垂直则经过叠加后两线圈公共中心处的磁感应强度的大小为

$$B=\sqrt{B_A^2+B_B^2}=7.0\times10^{-4}\mathrm{T}$$

$\boldsymbol{B}$ 与 x 轴的夹角为 $\alpha=\arctan\dfrac{B_A}{B_B}=26.56°$

8-16 解题过程 解 8-16 图所示.

(1)取宽度为 $\mathrm{d}x$ 的一段进行微元分析.

$$\mathrm{d}B=\frac{\mu_0\mathrm{d}I}{2\pi(2b-x)},\mathrm{d}I=\frac{I}{b}\mathrm{d}x$$

得 $$B=\int\mathrm{d}B=\int_0^b\frac{\mu_0}{2\pi}\frac{I}{b}\frac{1}{2b-x}\mathrm{d}x=\frac{\mu_0 I}{2\pi b}\mathrm{In}2$$

(2)取宽度为 $\mathrm{d}y$ 的微元分析.

$$\mathrm{d}I=\frac{I}{b}\mathrm{d}y,\mathrm{d}B=\frac{\mu_0\mathrm{d}I}{2\pi r}=\frac{\mu_0 I\mathrm{d}y}{2\pi bx/\cos\theta}=\frac{\mu_0 I\cos\theta}{2\pi bx}\mathrm{d}y$$

得 $$B=By=\int dB\cdot\cos\theta=\frac{\mu_0 I}{2\pi bx}\int\cos^2\theta dy$$

$$y=x\tan\theta, dy=x\sec^2\theta d\theta$$

$$B=\frac{\mu_0 I}{2\pi xb}\int_{\arctan(-b/2x)}^{\arctan(b/2x)}x d\theta=\frac{\mu_0 I}{\pi b}\arctan\frac{b}{2x}$$

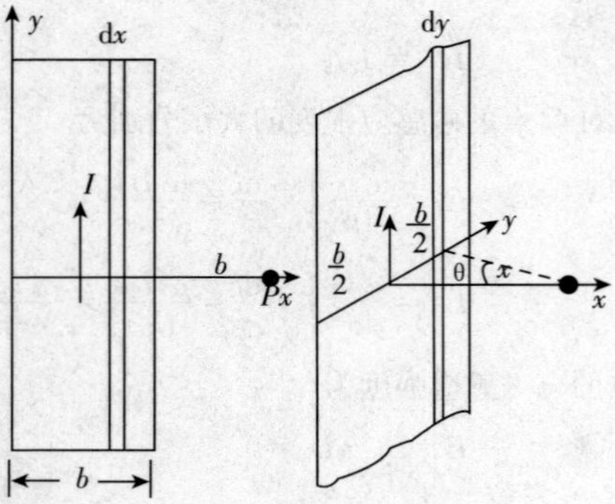

解 8-16 图

8-17 解题过程 建立如解 8-17 图所示的坐标系，将半圆柱形无限长载流薄板无限细分成宽为 $dl=R d\theta$ 的长直电流，其电流大小为 $dI=\frac{I}{\pi R}dl=\frac{I}{\pi}d\theta$，在 P 点处的磁感应强度为

$$dB=\frac{\mu_0 dI}{2\pi R}=\frac{\mu_0 I d\theta}{2\pi^2 R}$$

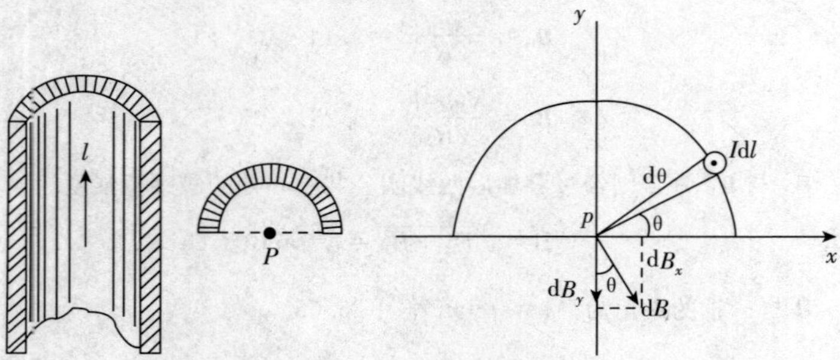

解 8-17 图

由右手螺旋定则判断其方向在与圆柱轴线垂直的 x-y 平面内，与 y 轴夹角为 θ，见解8-17图.

$$dB_x=dB\sin\theta=\frac{\mu_0 I}{2\pi^2 R}\sin\theta d\theta$$

$$dB_y=-dB\cos\theta=\frac{\mu_0 I}{2\pi^2 R}\cos\theta d\theta$$

$$B_x=\int \mathrm{d}B_x=\int_0^{\pi}\frac{\mu_0 I}{2\pi^2 R}\sin\theta\mathrm{d}\theta=\frac{\mu_0 I}{\pi^2 R}$$

$$B_y=\int \mathrm{d}B_y\int_0^{\pi}\left(-\frac{\mu_0 I}{2\pi^2 R}\right)\cos\theta\mathrm{d}\theta=0$$

则 P 点的合磁感应强度为　$B=B_x=\frac{\mu_0 I}{\pi^2 R}=6.37\times10^{-5}\,\mathrm{T}$

方向沿 x 轴正向.

8-18 **解题过程**　如解 8-18 图所示，以球心 O 为原点建立坐标系 xOy，在距球心 x 处，沿球面取长为 $\mathrm{d}l=R\mathrm{d}\theta$ 的一段微圆弧，该微圆弧上绕有 $\mathrm{d}N$ 匝半径为 y 的线圈.

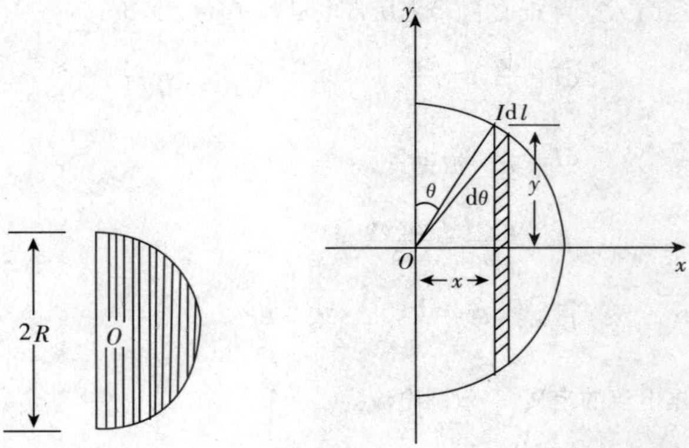

解 8-18 图

$$\mathrm{d}N=\frac{N}{\frac{\pi R}{2}}\mathrm{d}l=\frac{2N}{\pi}\mathrm{d}\theta$$

则通过该圆环的电流为　$\mathrm{d}I=I\mathrm{d}N=\frac{2NI}{\pi}\mathrm{d}\theta$

根据载流圆轴线上磁感应强度的结论，$\mathrm{d}I$ 在球心 O 处的磁感应强度的大小为

$$\mathrm{d}B=\frac{\mu_0\mathrm{d}Iy^2}{2(x^2+y^2)^{3/2}}=\frac{\mu_0 NIy^2}{\pi(x^2+y^2)^{3/2}}\mathrm{d}\theta$$

将 $x=R\sin\theta$，$y=R\cos\theta$ 代入上式得

$$\mathrm{d}B=\frac{\mu_0 NI}{\pi R}\cos^2\theta\mathrm{d}\theta$$

由于所有圆电流在 O 点处的磁感应强度的方向相同，故 O 点处的合磁感应强度的大小为

$$B=\int\mathrm{d}B=\int_0^{\frac{\pi}{2}}\frac{\mu_0 NI}{\pi R}\cos^2\theta\mathrm{d}\theta=\frac{\mu_0 NI}{4R}$$

方向沿 x 轴.

8-19 **解题过程**　如解 8-19 图所示，取距 O 为 r 的一段微元 $\mathrm{d}r$ 分析.

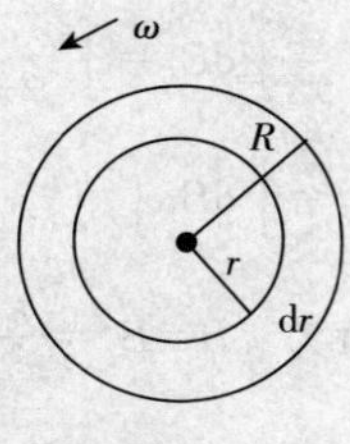

解 8-19 图

电荷面密度 $\sigma=\frac{q}{\pi R^2}$

半径为 r 宽为 $\mathrm{d}r$ 的圆带上所带电量为 $d\mathrm{q}=\sigma 2\pi r\mathrm{d}r$

$$\mathrm{d}I=\frac{\mathrm{d}q}{t},t=\frac{2\pi}{\omega}$$

$$\mathrm{d}I=\frac{\omega}{2\pi}\sigma 2\pi r\mathrm{d}r$$

$$\mathrm{d}B=\frac{\mu_0\mathrm{d}I}{2r}=\frac{\mu_0\omega\sigma\mathrm{d}r}{2}$$

$$B=\int_0^R\frac{\mu_0\omega\sigma\mathrm{d}r}{2}=\frac{\mu_0\omega\sigma R}{2}=\frac{\mu_0\omega q}{2\pi R}$$

8-20 解题过程 根据电流的定义，等效圆电流为

$$I=\frac{\mathrm{d}q}{\mathrm{d}t}=\frac{\lambda\mathrm{d}l}{\mathrm{d}t}=\lambda v=\lambda R\omega$$

(1)圆心 O 处磁感应强度 $\boldsymbol{B}_0$ 沿 x 轴正方向，大小为

$$B_0=\frac{\mu_0 I}{2R}=\frac{\mu_0\lambda\omega}{2}$$

(2)轴线上离圆心 x 的 a 点处的磁感应强度 $\boldsymbol{B}$ 沿 x 轴正方向，大小为

$$B=\frac{\mu_0 IR^2}{2(R^2+x^2)^{3/2}}=\frac{\mu_0\lambda R^3\omega}{2(R^2+a^2)^{3/2}}$$

8-21 解题过程 均匀带电的闭合回路绕 O 点转动相当于半径分别为 a 和 b 的半圆电流和宽为 $(b-a)$ 的环面电流在圆心 O 点磁感应强度的叠加，所以有

$$I_1=\frac{\mathrm{d}q}{\mathrm{d}t}=\frac{\lambda\mathrm{d}l}{\mathrm{d}t}=\lambda v=\lambda a\omega$$

$$I_2=\frac{\mathrm{d}q}{\mathrm{d}t}=\lambda b\omega$$

磁感应强度 B_1 为

$$B_1=\frac{1}{2}\frac{\mu_0 I_1}{2a}=\frac{\mu_0\lambda\omega}{4}$$

磁感应强度 B_2 为

$$B_2=\frac{1}{2}\frac{\mu_0 I_2}{2b}=\frac{\mu_0\lambda\omega}{4}$$

宽为$(b-a)$的环面电流为

$$dI_3=\frac{\omega 2\lambda dr}{2\pi}=\frac{\lambda\omega dr}{\pi}$$

磁感应强度 B_3 为

$$B_3=\int dB_3=\int\frac{\mu_0 dI_3}{2r}=\int_a^b\frac{\mu_0\lambda\omega}{2\pi r}dr=\frac{\mu_0\lambda\omega}{2\pi}\ln\frac{b}{a}$$

所以,圆心 O 点的磁感应强度为

$$B=B_1+B_2+B_3=\frac{\mu_0\lambda\omega}{2\pi}\ln\frac{b}{a}+\frac{\mu_0\lambda\omega}{2}$$

8-22 解题过程 (1)$B=B_1+B_2=2\times\frac{\mu_0 I_1}{2\pi\left(\frac{d}{2}\right)}=\frac{2\times 4\pi\times 10^{-7}\times 20}{\pi\times 40\times 10^{-2}}$

$=4.0\times 10^{-5}\,\text{T}$

(2)设距 I_1 为 x 的地方磁感应强度为 B.

$$B=\frac{\mu_0 I_1}{2\pi x}+\frac{\mu_0 I_2}{2\pi(d-x)}$$

所以 $\Phi=\iint \boldsymbol{B}\cdot d\boldsymbol{S}=\int_{r_1}^{r_1+r_2}\left[\frac{\mu_0 I_1}{2\pi x}+\frac{\mu_0 I_2}{2\pi(d-x)}\right]l dx=\frac{\mu_0 I_1 l}{\pi}\ln\left(\frac{d-r_1}{r_1}\right)$

$=2.2\times 10^{-6}\,\text{Wb}$

8-23 解题过程 依题意在导线内部与轴线相距 x 的 P 点处的磁感应强度大小为

$$B=\frac{\mu_0 I x}{2\pi R^2}$$

式中 R 为导线圆截面的半径.

设 S 平面的法线方向与 B 相同,则通过 S 平面的磁通量为

$$\Phi=\int B\cdot dS=\int_0^R Bl dx$$

$$=\frac{\mu_0 Il}{2\pi R^2}\int_0^R x dx=\frac{\mu_0 Il}{4\pi}$$

式中 $l=1$ m.

故 $\Phi=\frac{\mu_0 I}{4\pi}=1.0\times 10^{-6}\,\text{Wb}$.

8-24 解题过程 设电流面密度为 σ,则

$$\sigma=\frac{I}{\pi(R_2^2-R_1^2)}$$

以半径为 r 的圆为积分路径

$$\oint \boldsymbol{B}\cdot d\boldsymbol{l}=\mu_0 I', B\cdot 2\pi r=\mu_0 I'$$

$$I'=\sigma S=\frac{I}{\pi(R_2^2-R_1^2)}\cdot\pi(r^2-R_1^2)$$

所以 $$B=\frac{\mu_0 I(r^2-R_1^2)}{2\pi r(R_2^2-R_1^2)}$$

当 $R_1=0$ 时 $$B=\frac{\mu_0 Ir}{2\pi R_2^2}$$

当 $r=R_2$ 时 $$B=\frac{\mu_0 I}{2\pi R_2}$$

等效于电流集中在轴线上的磁感应强度.

8-25 解题过程 (1)由磁场中的安培环路定理

$$\oint \boldsymbol{B}\cdot d\boldsymbol{l}=\mu_0 I', \frac{I'}{\pi r^2}=\frac{I}{\pi R_1^2}$$

$$I'=\frac{r^2}{R_1^2}I, B\cdot 2\pi r=\mu_0\frac{r^2}{R_1^2}I$$

所以 $$B=\frac{\mu_0 rI}{2\pi R_1^2}\quad (r<R_1)$$

(2) $\oint \boldsymbol{B}\cdot d\boldsymbol{l}=\mu_0 I, B\cdot 2\pi r=\mu_0 I, B=\frac{\mu_0 I}{2\pi r}(R_1<r<R_2)$

(3) $\oint \boldsymbol{B}\cdot d\boldsymbol{l}=\mu_0\left(I-\frac{r^2-R_2^2}{R_3^2-R_2^2}I\right), B\cdot 2\pi r=\mu_0\frac{R_3^2-r^2}{R_3^2-R_2^2}I$

所以 $$B=\frac{\mu_0 I}{2\pi r}\frac{R_3^2-r^2}{R_3^2-R_2^2}(R_2<r<R_3)$$

(4) $\oint \boldsymbol{B}\cdot d\boldsymbol{l}=\mu_0 I=0$

$B\cdot 2\pi r=0$,所以 $B=0(r<R_3)$

8-26 解题过程 (1)空心部分可以看做有电流密度与大圆柱与大圆柱相同的两反向电流通过,则 O 点的磁场等效为大圆柱体的磁场与小圆柱体反向磁场的叠加.

$$\oint \boldsymbol{B}_0\cdot d\boldsymbol{l}=\mu_0 I'$$

设电流密度为 σ

$$\sigma=\frac{I}{\pi(R^2-r^2)}$$

所以 $$I'=\frac{\pi r^2 I}{\pi(R^2-r^2)}=\frac{r^2 I}{R^2-r^2}$$

$$\oint \boldsymbol{B}_0\cdot d\boldsymbol{l}=\mu_0 I'$$

$$B_0 \cdot 2\pi d=\frac{\mu_0 r^2 I}{R^2-r^2}$$

$$B_0=\frac{\mu_0 r^2 I}{2\pi d(R^2-r^2)}$$

(2)
$$\oint \boldsymbol{B}_{0'}\mathrm{d}\boldsymbol{l}=\mu_0 I''$$

$$I''=\sigma\pi d^2=\frac{Id^2}{R^2-r^2}$$

所以
$$B_{0'} \cdot 2\pi d=\frac{\mu_0 Id^2}{R^2-r^2}$$

$$B_{0'}=\frac{\mu_0 Id}{2\pi(R^2-r^2)}$$

8-27 解题过程　设磁感应强度 $\boldsymbol{B}$

$$\boldsymbol{F}=q\boldsymbol{v}\times\boldsymbol{B}$$

由题意知 $\boldsymbol{B}$ 沿 Oz 轴负方向.

所以 $F_2=-qv_2\times B_z, B_z=\frac{-4\times10^2}{4\times10^{-9}\cdot 2\times10^6}=-5\times10^4\,\mathrm{T}$

$$\boldsymbol{B}=B_z\boldsymbol{k}=-5\times10^4\boldsymbol{k}\mathrm{T}$$

$$|\boldsymbol{F}_1|=|q\boldsymbol{v}_1\times\boldsymbol{B}|=qv_1B\sin135°$$

$$=4.0\times10^{-9}\times3\times10^6\times(-5\times10^4)\times\left(\frac{-\sqrt{2}}{2}\right)=424.2\ \mathrm{N}$$

8-28 解题过程　依题意根据洛伦兹力 $\boldsymbol{F}=q\boldsymbol{v}\times\boldsymbol{B}$,得电子所受磁力为

$$\boldsymbol{F}=-e\boldsymbol{v}\times\boldsymbol{B}=(-1.60\times10^{-19})(5\times10^6)\boldsymbol{j}\times(0.2\boldsymbol{i}+0.5\boldsymbol{j})\mathrm{N}$$
$$=1.6\times10^{-13}\boldsymbol{k}\mathrm{N}$$

所受磁力沿 z 轴正方向.

8-29 解题过程　(1)依题意可知电子的速度方向与磁场垂直时所受洛伦兹力最大并且电子作圆周运动,由 $evB=\frac{mv^2}{R}$,得磁感应强度的大小为

$$B=\frac{mv}{eR}=5.69\times10^{-5}\,\mathrm{T}$$

(2)由 $T=\frac{2\pi R}{v}=\frac{2\pi m}{eB}$,可得电子作圆周运动的角速度为

$$\omega=\frac{2\pi}{T}=\frac{eB}{m}=1.0\times10^7\,\mathrm{rad/s}$$

8-30 解题过程　(1)如解 8-30 图所示.

$$v_y=v\sin\theta=5.0\times10^6\ \mathrm{m/s}$$

$$R=\frac{mv_y}{qB}=\frac{1.67\times10^{-27}\cdot5.0\times10^{6}}{1.6\times10^{-19}\cdot1.5}=3.48\times10^{-2}\,\text{m}$$

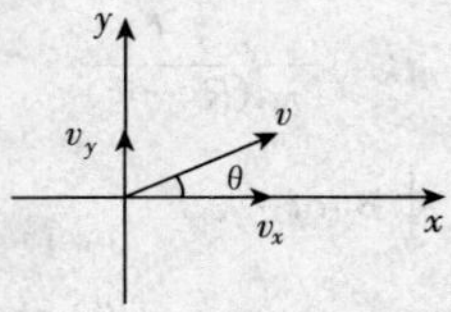

解 8-30 图

(2) $T=\dfrac{2\pi m}{qB}$

螺距 $d=v_x\cdot T=v_x\cdot\dfrac{2\pi m}{qB}=1\times10^{7}\cdot\dfrac{\sqrt{3}}{2}\cdot\dfrac{2\pi\cdot1.67\times10^{-27}}{1.6\times10^{-19}\cdot1.5}=0.38\text{ m}$

(3)旋转频率 $f=\dfrac{1}{T}=\dfrac{qB}{2\pi m}=\dfrac{1.6\times10^{-16}\cdot1.5}{2\pi\times1.67\times10^{-27}}=2.28\times10^{7}/\text{s}$

8-31 解题过程

$$R=\frac{mv_\perp}{qB}$$

$$v_\perp=\frac{qBR}{m}=1.76\times10^{11}\times2.0\times10^{-3}\times0.2=7.04\times10^{7}\,\text{m/s}$$

$$h=v_{/\!/}\cdot T=v_{/\!/}\cdot\frac{2\pi m}{qB}$$

$$v_{/\!/}=\frac{qBh}{2\pi m}=\frac{1.76\times10^{11}\cdot2.0\times10^{-3}\cdot0.5}{2\pi}=2.8\times10^{7}\,\text{m/s}$$

$$v=\sqrt{v_\perp^2+v_{/\!/}^2}=7.58\times10^{7}\,m/s$$

$$\theta=\arctan\frac{v_\perp}{v_{/\!/}}=\arctan\left(\frac{7.04}{2.08}\right)=68.3^\circ$$

8-32 解题过程 63u 的铜在磁场中运动半径设为 R_1

$$R_1=\frac{m_1v}{qB}$$

65u 的铜在磁场中运动半径设为 R_2

$$R_2=\frac{m_2v}{qB}$$

两同位素分开距离设为 d

$$d=2(R_2-R_1)=\frac{2v}{qB}(m_2-m_1)=\frac{4vu}{qB}=\frac{4\times1.0\times10^{5}\times1.66\times10^{-27}}{1.6\times10^{-19}\times0.5}$$

$$=8.3\times10^{-3}\,\text{m}$$

8-33 证明 设离子经电场加速后，在磁场入口 处的速度为 v，根据动能定理有

$$\frac{mv^2}{2}=Uq \qquad ①$$

当速率为 v 的离子垂直进入均匀磁场后，受磁场力作用作匀速圆周运动，有

$$\frac{mv^2}{R}=Bqv$$

其中 $R=\frac{x}{2}$，得 $$v=\frac{Bqx}{2m} \quad ②$$

将②代入①式得 $$m=\frac{B^2q}{8U}x^2$$

命题得证.

8-34 解题过程 (1)霍耳电势差

$$U=\bar{v}B\cdot b$$

得 $$\bar{v}=\frac{U}{Bb}=\frac{1.0\times10^{-5}}{1.5\times1\times10^{-2}}=6.7\times10^{-4}\,\text{m/s}$$

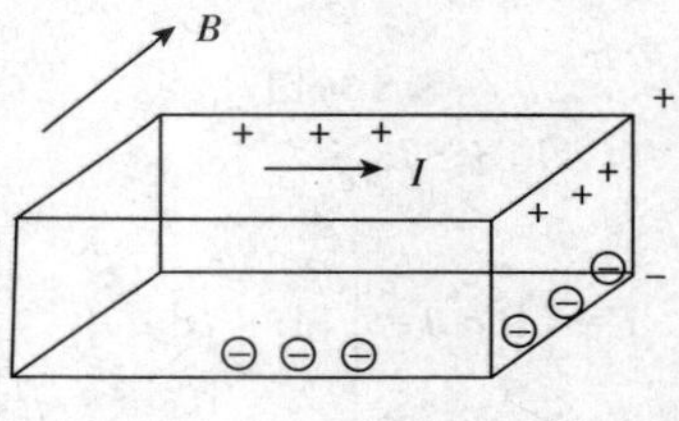

解 8-34 图

(2)设每立方米载流子数为 n，导体厚为 d

$$I=ne\bar{v}db,\quad U=\frac{IB}{ned}$$

所以 $$n=\frac{BI}{eUd}=\frac{1.5\times3}{1.6\times10^{-19}\times1\times10^{-5}\times1\times10^{-5}}=2.8\times10^{29}\,\text{m}^{-3}$$

给定电流和磁场方向，霍耳电压极性如解 8-34 图所示.

8-35 解题过程 如解 8-35 图建立坐标系

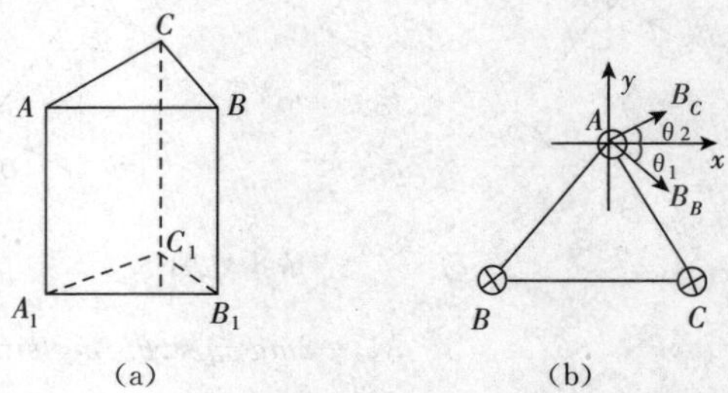

解 8-35 图

$$B_B=\frac{\mu_0 I}{2\pi l}\quad(\theta_1=30^\circ),\quad B_C=\frac{\mu_0 I}{2\pi l}\quad(\theta_2=30^\circ)$$

A 点磁场 $$B=2B_B\cos30^\circ=\frac{\mu_0 I}{\pi l}\frac{\sqrt{3}}{2}$$

$$=\frac{4\pi\times10^{-7}\cdot10}{\pi\cdot10\times10^{-2}}\cdot\frac{\sqrt{3}}{2}=3.46\times10^{-5}\,\text{T}$$

导线上每 1 cm 受的力

$$F=BlI=3.46\times10^{-5}\times1\times10^{-2}\times10=3.46\times10^{-6}\,\text{N}$$

8-36 证明　如解 8-36 图所示,令 $\boldsymbol{B}=B(-\boldsymbol{k})$

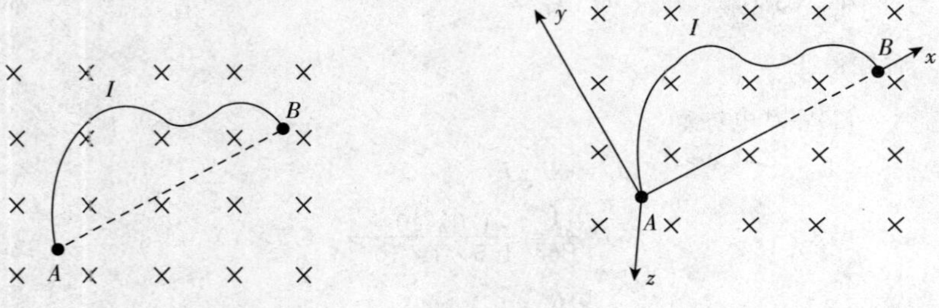

解 8-36 图

$$I\mathrm{d}\boldsymbol{l}=I\mathrm{d}x\boldsymbol{i}+I\mathrm{d}y\boldsymbol{j}$$

$$\mathrm{d}\boldsymbol{F}=I\mathrm{d}\boldsymbol{l}\times\boldsymbol{B}=\begin{bmatrix}\boldsymbol{i}&\boldsymbol{j}&\boldsymbol{k}\\I\mathrm{d}x&I\mathrm{d}y&0\\0&0&-B\end{bmatrix}=BI\mathrm{d}x\boldsymbol{j}-BI\mathrm{d}y\boldsymbol{i}$$

$$\boldsymbol{F}=BI\left[\int_0^{|AB|}\mathrm{d}x\boldsymbol{j}-\int_0^0\mathrm{d}y\boldsymbol{i}\right]=BI|AB|\cdot\boldsymbol{j}$$

命题成立.

8-37 解题过程　设正方形各边长度为 l,质量为 m. 由解 8-37 图可知,重力对 OO' 轴的力矩为

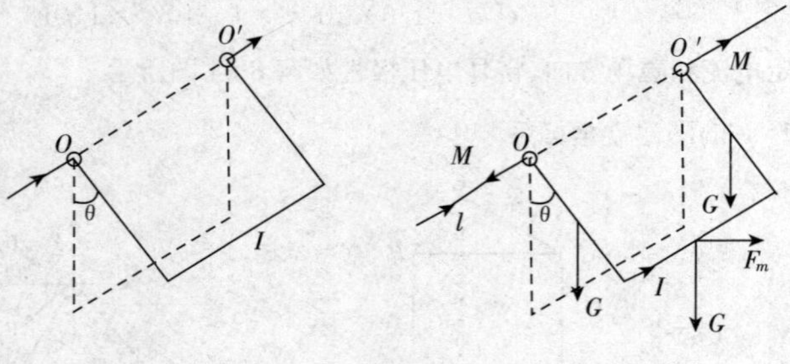

解 8-37 图

$$M_G=2mg\,\frac{l}{2}\sin\theta+mgl\sin\theta=2\rho l^2Sg\sin\theta$$

方向由 O 指向 O'.

正方形两斜边所受安培力等值反向且与转轴 OO' 平行,均不对 OO' 轴产生力矩,水平边所受安培力的大小为

$$F_m=IlB$$

方向如解 8-37 图所示.

对 OO' 的力矩大小为 $M_m = F_m l\cos\theta = Il^2 B\cos\theta$

方向由 O' 指向 O.

平衡时,有 $$M_G = M_m$$

故 $$B = \frac{2S\rho g}{I}\tan\theta = 9.35\times10^{-3}\,\mathrm{T}$$

8-38 证明 如解 8-38 图所示,以 O 点为原点建立坐标系,该坐标原点位于导轨的轴线上,可知 $\boldsymbol{B}$ 的方向垂直纸面向外,导电物体的宽度为 d,流过的电流为 I,受磁场力的大小为

$$F = \int \mathrm{d}F = \int IB\,\mathrm{d}y \qquad ①$$

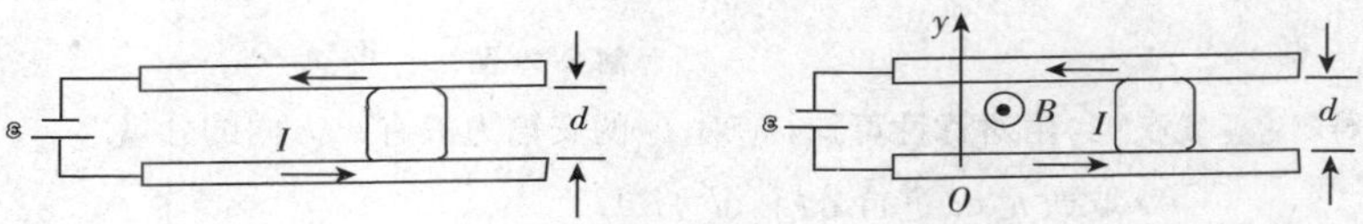

解 8-38 图

其中 $$B = \frac{\mu_0 I}{4\pi}\left(\frac{1}{y} + \frac{1}{d+2r-y}\right) \qquad ②$$

将 ② 式代入 ① 式得

$$\begin{aligned}F &= \int I\cdot\frac{\mu_0}{4\pi}\left(\frac{1}{y} + \frac{1}{d+2r-y}\right)\mathrm{d}y \\ &= \frac{\mu_0 I^2}{4\pi}\int_r^{r+d}\left(\frac{1}{y} + \frac{1}{d+2r-y}\right)\mathrm{d}y \\ &= \frac{\mu_0 I^2}{2\pi}\ln\frac{d+r}{r}\end{aligned}$$

F 的方向向右.

8-39 解题过程 依题意左段导线受力大小为

$$F_{左} = I_2 B_1 l = \frac{\mu_0 I_1 I_2 l}{2\pi d}$$

方向向左,如解 8-39 图所示.

右段导线受力大小为

$$F_{右} = I_2 B'_1 l = \frac{\mu_0 I_1 I_2 l}{2\pi(d+b)}$$

方向向右.

则线圈所受合力的大小为

$$F = F_{左} - F_{右} = \frac{\mu_0 I_1 I_2}{2\pi} l\left[\frac{1}{d} - \frac{1}{(d+b)}\right] = 7.2\times10^{-4}\,\mathrm{N}$$

方向向左.

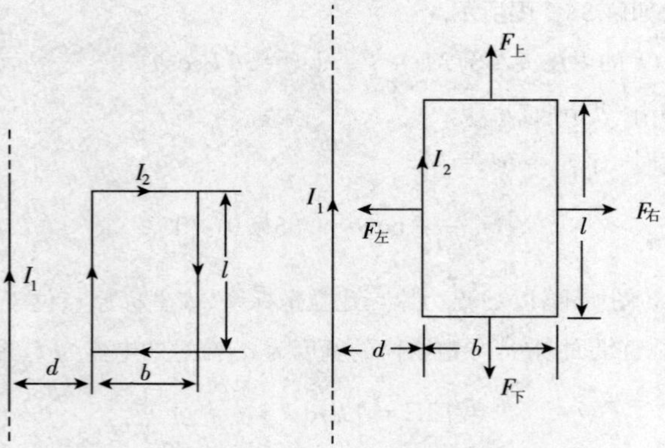

解 8-39 图

8-40 解题过程 (1)由对称性可知，I_1 对 I_2 的安培力只有 x 方向的分量.

取微元 dl 进行分析，$dl=Rd\theta$

dl 处的磁感应强度为 $B=\frac{\mu_0 I_1}{2\pi R\cos\theta}$

$$dF=I_2B_1dl=\frac{\mu_0 I_1 I_2 R}{2\pi R\cos\theta}d\theta$$

$$dF_x=dF\cos\theta=\frac{\mu_0 I_1 I_2}{2\pi}d\theta$$

$$F=\int dF_x=\frac{\mu_0 I_1 I_2}{2\pi}\int_0^{2\pi}d\theta=\mu_0 I_1 I_2$$

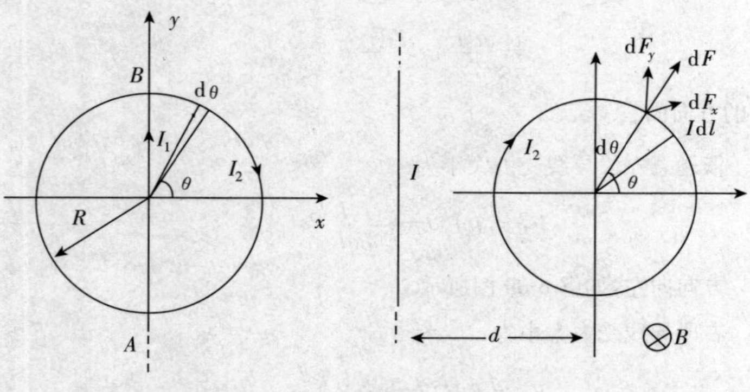

解 8-40 图

(2)取圆上某一电流元进行微元分析，如解 8-40 图(b)所示，电流元处磁感应强度为

$$B'=\frac{\mu_0 I_1}{2\pi(d+R\cos\theta)}$$

$$dF=I_2dlB'=\frac{\mu_0 I_1 I_2 Rd\theta}{2\pi(d+R\cos\theta)}$$

由对称性知 I_2 在 y 方向合力为零.

$$F=F_x=\int \mathrm{d}F\cos\theta=\int_0^{2\pi}\frac{\mu_0 I_1 I_2 R\cos\theta\mathrm{d}\theta}{2\pi(d+R\cos\theta)}=\mu_0 I_1 I_2\left(1-\frac{d}{\sqrt{d^2-R^2}}\right)$$

8-41 解题过程　磁悬浮列车行驶速度为

$v=400\ \mathrm{km/h}=\frac{400\times10^3}{3600}\mathrm{m/s}=111\mathrm{m/s}$

在磁悬浮列车行驶过程中，车内磁体与车外钢轨内的线圈对齐时两极性相同，当运行至下一个线圈时极性仍相同，即半个周期的变化磁悬浮列车行驶 10 m.

所以　$\frac{10}{0.5T}=v, T=20/v$

又因为　$f=1/T$

所以　$f=\frac{1}{T}=\frac{v}{20}=\frac{400\times10^3}{20\times3600}=5.56\mathrm{Hz}$

8-42 解题过程　解 8-42 图所示.

(1)在线圈上取一 $\mathrm{d}\theta$ 的微元分析

$\mathrm{d}l=R\mathrm{d}\theta$

$\mathrm{d}\boldsymbol{F}=I\ \mathrm{d}\boldsymbol{l}\times\boldsymbol{B}=BI\mathrm{d}l\sin\alpha=BI\mathrm{d}l\cos\theta=BIR\cos\theta\mathrm{d}\theta$

$\mathrm{d}M=\mathrm{d}F\cdot R\cos\theta=BIR^2\cos^2\theta\mathrm{d}\theta$

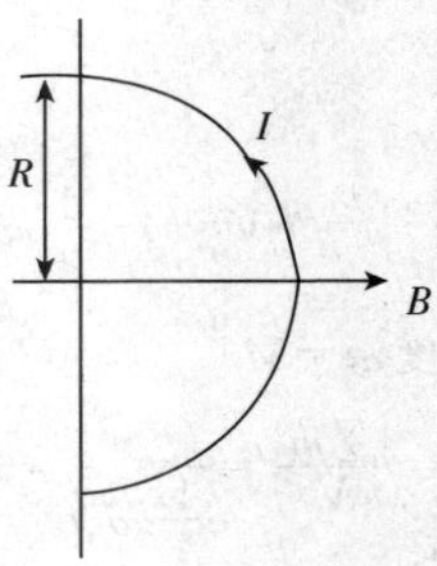

解 8-42 图

$$M=\int\mathrm{d}M=\int_{-\frac{\pi}{2}}^{\frac{\pi}{2}}BIR^2\cos^2\theta\mathrm{d}\theta$$

$$=BIR\left[\int_{-\frac{\pi}{2}}^{\frac{\pi}{2}}\frac{1}{2}\mathrm{d}\theta+\frac{1}{2}\int_{-\frac{\pi}{2}}^{\frac{\pi}{2}}\cos^2\theta\mathrm{d}\theta\right]$$

$\boldsymbol{M}=\boldsymbol{m}\times\boldsymbol{B}$

∴　$M=I\cdot SB$

$=I\cdot\frac{1}{2}\pi R^2\cdot B$

$=\frac{\pi}{2}R^2\cdot BI$

$$=\frac{\pi}{2}BIR^2=7.85\times10^{-2}\text{ N}\cdot\text{m}$$

(2)线圈在磁场中磁场矩做的功等于电流与磁通量变化量的乘积.

$$\Phi_1=0,\Phi_2=\frac{\pi R^2}{2}B$$

$$\triangle\Phi=\frac{1}{2}\pi R^2B$$

力矩所做的功为

$$A=\triangle\Phi\cdot I=\frac{\pi}{2}IBR^2=7.85\times10^{-2}\text{ J}$$

8-43 解题过程 依题意线圈受磁力矩大小为

$$M=mB\sin\alpha=mB\sin60^\circ=\text{ISB}sin60^\circ=0.1\times0.06\times0.08\times0.5\times\frac{\sqrt{3}}{2}$$

$$=2.08\times10^{-4}\text{ N}\cdot\text{m}$$

则外力矩应与其大小相等,方向相反.

8-44 解题过程 (1)由磁矩计算式有 $m=NIS=100\times30\times2\times\pi\left(\frac{15}{2}\times10^{-3}\right)^2=1.06\text{ A}\cdot\text{m}^2$

(2)螺线管所受力矩最大值为 $M_{max}=m\times B$(m 与 B 正交)$=mB=1.06\times4=4.24$ N·m

8-45 解题过程 由 $M=\frac{\sum m}{V}$得

$$|\sum m|=MV=M\cdot\frac{1}{4}\pi d^2l=1.57\times10^{-2}\text{ A}\cdot\text{m}^2$$

8-46 解题过程 因为磁化面电流线密度 $\alpha_S=M$

且 $$M=\frac{|\sum m|}{V}=\frac{|\sum m|}{\frac{1}{4}\pi d^2l}=6.37\times10^7\text{ A/m}$$

所以 $\alpha_S=M=6.37\times10^7$ A/m

8-47 解题过程 依题意均匀磁化棒内的磁场强度、磁感应强度及磁化强度满足下式

$$H=\frac{B}{\mu_0}-M$$

其中磁化强度为 $M=\frac{\sum m}{V}$

设 H、B、M 三者方向相同,有

$$H=\frac{B}{\mu_0}-\frac{|\sum \boldsymbol{m}|}{V}$$

得 $$H=-7.20\times10^5\text{ A/m}$$

H 与 B 方向相反.

8-48 解题过程 (1) $H_0=\frac{NI}{l}=\frac{200\times100\times10^{-3}}{0.10}=200\ \text{A/m}$

$B_0=\mu_0H_0=4\pi\times10^{-7}\times200=2.5\times10^{-4}\ \text{T}$

(2) $H=H_0=200\ \text{A/m}$

$B=\mu_0\mu_rH=\mu_rB_0=4200\times2.5\times10^{-4}=1.06\ \text{T}$

(3) $B_0=\mu_0H_0=2.5\times10^{-4}\ \text{T}$

$B=B_0+B'$

由磁化电流所产生的磁场为 $B'=B-B_0=1.06-2.5\times10^{-4}=1.06\ \text{T}$

$B_0\ll B'$,传导电流产生的磁场是微不足道的,在高磁导率的物质中,磁场主要是由磁化电流产生的.

8-49 解题过程 (1)因为 $B=\frac{\mu IN}{l}$,$H=\frac{B}{\mu}$

所以 $H=\frac{NI}{l}=2.0\times10^4\ \text{A/m}$

(2) $M=\frac{B}{\mu_0}-H=\frac{1.0}{4\pi\times10^{-7}}-2.0\times10^4=7.76\times10^5\ \text{A/m}$

(3)因为 $B=\mu_0\mu_rH$,$\chi_m=\mu_r-1$

所以 $\chi_m=\frac{M}{H}=\frac{7.76\times10^5}{2.0\times10^4}=38.8$

(4)磁化面电流 $I_S=\alpha_Sl=Ml=3.1\times10^5\ \text{A}$

对每匝导线 $i_S=\frac{I_S}{N}=775\ \text{A}$

相对磁导率 $\mu_r=\chi_m+1=39.8$

8-50 解题过程 (1)$r<R_1$,由环路定理可知

$$\oint H\cdot dl=\frac{I}{\pi R_1^2}\cdot\pi r^2$$

$$2\pi rH=I\frac{r^2}{R_1^2},H=\frac{Ir}{2\pi R_1^2},B=\mu_1H=\frac{\mu_1Ir}{2R_1^2}$$

$R_1<r<R_2$ 时 $2\pi rH=I$

$$H=\frac{I}{2\pi r},B=\mu_2H=\frac{\mu_2I}{2\pi r}$$

$r>R_2$ 时 $H=\frac{I}{2\pi r},B=\mu_0H=\frac{\mu_0I}{2\pi r}$

(2)设 R_1 处磁化面电流线密度为 α_S

导线表面为 $\alpha_{S_1}=M_1=\frac{B_1}{\mu_0}-H_1$

介质表面为 $\alpha s_2 = M_2 = \frac{B_2}{\mu_0} - H_2$

两个磁化电流方向相反，$H_1 = H_2$

所以 $\alpha s = \alpha s_2 - \alpha s_1 = \frac{1}{\mu_0}(B_2 - B_1) = \frac{(\mu_2 - \mu_1)I}{2\pi\mu_0 R_1}$

在 R_2 处，磁介质表面的磁化面电流线密度为

$$\alpha' s = M' = \frac{B'}{\mu_0} - H' = \frac{\mu_2 I}{2\pi R_2 \mu_0} - \frac{I}{2\pi R_2} = \frac{(\mu_2 - \mu_0)I}{2\pi R_2 \mu_0}$$

8-51 解题过程 设铁芯中的磁场强度均匀分布.

(1)根据介质的安培环路定理，得铁芯中磁场强度为

$$H_1 = \frac{NI_1}{2\pi r}$$

磁感应强度为 $B_1 = \mu_1 H_1 = \mu_0 \mu_{r_1} H_1 = \frac{N\mu_0 \mu_{r_1} I_1}{2\pi r}$

磁通量为 $\Phi_{m1} = B_1 S = \frac{N\mu_0 \mu_{r_1} I_1}{2\pi r} S = 4.48\times 10^{-4}\ \text{Wb}$ ①

(2)由①式，得 $I_2 = \frac{\Phi_{m2} 2\pi r}{N\mu_0 \mu_{r_2} S} = 0.43\ \text{A}$

8-52 解题过程 (1)$\frac{\mathrm{d}B}{\mathrm{d}x} = -\frac{3\mu_0 IR^2}{2}\left[R^2 + \left(\frac{r}{2} + x\right)^2\right]^{\frac{5}{2}}\left(\frac{r}{2} + x\right) + \left[R^2 + \left(\frac{r^2}{2} - x\right)^2\right]^{-\frac{5}{2}}\left(\frac{r}{2} - x\right)$

(2)仅当 $r = R$ 时在轴线中心附近磁场变化率几乎为零，其他情况则随位置几乎线性增大，参考程序如下：

```
%亥姆霍兹线圈磁场的变化率
dear
mu0=4*pi*10^(-7); I=1; R=0.2; N=100;      %设定电流线圈的各参考量
A=mu0*I*N*R^2/2;
n=R; r2=0.9*R; r3=1.1*R;                  %假设两线圈分别等于、小于和大于 R
x=[0:0.001:0.1*R];                        %设定位置步长为 0.001
                                          %仅计算轴线中点附近的磁场(0～0.1R)
Bx1=-3*A*((R^2+(r1/2+x).^2).^(-5/2).*(r1/2+x)-(R^2+(r1/2-
x).^2).^(-5/2).*(r1/2-x))
                                          %计算 r=R 时的磁场变化率
Bx2=-3*A*((R^2+((r2/2+x).^2).^(-5/2).*(r2/2+x)-(R^2+(r2/2-
x).^2).^(-5/2).*(r2/2-x));
                                          %计算 r=0.9R 时的磁场变化率
```

Bx3=-3*A*((R^2+(r3/2+x).^2).^(-5/2).*(r3/2+x)-(R^2+(r3/2-x).^2).^(-5/2).*(r3/2-x));

%计算 r=1.1R 时的磁场变化率

plot(x,Bx1,'b',x,Bx2,'k',x,Bx3,'k:');

%画出两线圈间磁场大小的曲线图

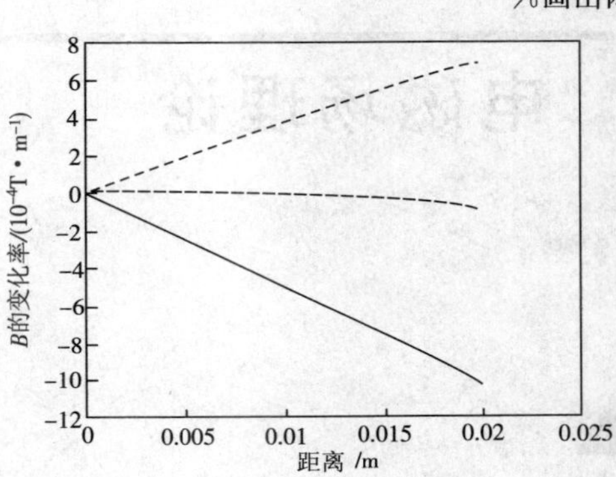

解 8-52 图

xlael('距离/m');ylabel('B的变化率/T/m');

运算结果如解 8-52 图所示.

第九章

电磁感应　电磁场理论

本章知识要点

1. 楞次定律、法拉第电磁感应定律的内容及意义.
2. 动生电动势和感生电动势产生的原因及相关计算.
3. 自感、互感的意义及相应系数的计算.
4. 磁场能量的概念.
5. 位移电流假说的内容及全电流定律
6. 麦克斯韦方程组的形式.

知识点归纳

一、电磁感应现象

当通过回路所包围面积的磁通量发生变化时，回路中就要产生感应电动势的现象，称为电磁感应现象.

二、楞次定律

在闭合回路中，感应电流的方向总是使得它所激发的磁场来阻止引起感应电流的磁通量的变化. 楞次定律也是能量守恒和转换定律在电磁感应现象中的具体表现.

三、法拉第电磁感应定律

回路中产生的感应电动势与通过回路所包围面积的磁通量的变化率成正比，其数学表达式为

$$\varepsilon_i=-\frac{\mathrm{d}\Phi}{\mathrm{d}t}$$

对该定律的理解应明确以下几点：

(1)感应电动势的大小只取决于磁通量随时间的变化率$\frac{\mathrm{d}\Phi}{\mathrm{d}t}$，因而具有瞬时性. 感应电动势与磁通量 Φ 本身无关，也与磁通量的变化无直接关系，$\Delta\Phi$ 大，ε_i 不一定大.

(2)式中的"—"号代表感应电动势的方向，公式表明 ε_i 总是与磁通量的变化率$\frac{\mathrm{d}\Phi}{\mathrm{d}t}$的正负符号相反.

四、动生电动势

磁场不随时间变化，仅由于导体回路的整体或局部运动切割磁场线而产生的感应电动势，叫做动生电动势，引起动生电动势的非静电力是洛伦兹力，一般的表达式为

$$\varepsilon_i=\int_a^b(\boldsymbol{v}\times\boldsymbol{B})\cdot\mathrm{d}\boldsymbol{l}$$

当 $\varepsilon_i>0$ 时，表示积分终点 b 为高电势.

当 $\varepsilon_i<0$ 时，表示积分终点 b 为低电势.

在计算动生电动势时应注意两点：

(1)注意两个角度——$\boldsymbol{v}$ 与 $\boldsymbol{B}$ 的夹角 θ，以及($\boldsymbol{v}\times\boldsymbol{B}$)与 $\mathrm{d}\boldsymbol{l}$ 的夹角 α. 在 $\boldsymbol{v}/\!/\boldsymbol{B}$ 时，$\theta=0$ 或 π，则 $\varepsilon_i=0$，以及($\boldsymbol{v}\times\boldsymbol{B}$)的方向与 $\mathrm{d}\boldsymbol{l}$ 相垂直时，$\varepsilon_i=0$.

(2)如果各段线元的运动速度不同，或各线元所在处的磁场不同，则应该对各线元进行积分来求总电动势.

一般也可以采用大小和方向分开处理的方法.

五、感生电动势

当一段导体或一个导体回路相对于参考系是静止的时候，由于磁场随时间变化，在导体内也会产生感应电动势的现象，这种感应电动势称为感生电动势.

$$\varepsilon_i=\int_L\boldsymbol{E}_{感}\cdot\mathrm{d}\boldsymbol{l}=-\iint_S\frac{\partial\boldsymbol{B}}{\partial t}\cdot\mathrm{d}\boldsymbol{S}$$

式中面积分的区间 S 是以环路 L 为周界的曲面. $\boldsymbol{E}_{感}$ 是感生电场场强. 由于 $\boldsymbol{E}_{感}$ 的电场线是闭合线，因此也称为涡旋电场.

六、自感应

回路中电流变化时所激发的变化磁场在自身回路中产生的感应电动势称为自感电动势.

在回路的几何形状不变和周围空间磁介质不变的情况下，穿过回路所包围面积的磁通量与通过回路自身的电流强度成正比，即

$$\Phi = LI$$

自感电动势 $$\varepsilon_L = -L\frac{\mathrm{d}I}{\mathrm{d}t}$$

以上两式是计算线圈自感系数 L 的基本公式.

长螺线管的自感系数 $L=\mu n^2 V$.

七、互感应

两个邻近的线圈回路，当一个回路中电流发生变化时，在另一回路中产生的感生电动势称为互感电动势.

回路 1 中的电流 I_1 所激发的磁场穿过回路 2 的全磁能 Φ_{21} 与 I_1 成正比，即

$$\Phi_{21} = M_{21} I_1$$

同理 $$\Phi_{12} = M_{12} I_2$$

比例系数 $M_{12}=M_{21}=M$ 称为互感系数，M 仅决定于两个线圈的形状、匝数、相对位置及磁介质的情况，与线圈中是否通有电流无关.

互感电动势为

$$\begin{cases} \varepsilon_{21} = -M\dfrac{\mathrm{d}I_1}{\mathrm{d}t} \\ \varepsilon_{12} = -M\dfrac{\mathrm{d}I_2}{\mathrm{d}t} \end{cases}$$

八、磁场的能量和能量密度

一个自感量为 L 的线圈通有电流 I 时所具有的磁能

$$W_{\mathrm{m}} = \frac{1}{2}LI^2$$

磁场的能量存在于磁场所波及的全部磁场空间. 磁场能量密度

$$w_{\mathrm{m}} = \frac{1}{2}BH = \frac{B^2}{2\mu}$$

$$W_{\mathrm{m}} = \int_V w_m \mathrm{d}V = \int_{\mathrm{V}} \frac{B^2}{2\mu}\cdot \mathrm{d}V$$

九、位移电流假说

1. 位移电流

“位移电流”是一种假设，它不是电荷的流动，其本质是变化的电场，通过电场中某曲面的位移电流

等于穿过该曲面的电位移通量的时间变化率，即

$$I_d=\frac{d\psi_D}{dt}=\int_S\frac{\partial \boldsymbol{D}}{\partial t}\cdot d\boldsymbol{S}\quad (D\text{ 为电位移矢量})$$

2. 位移电流密度

电场中某点的位移电流密度为该点处电位移矢量的时间变化率，即

$$j_d=\frac{dD}{dt}$$

3. 全电流

传导电流 I 和位移电流 I_d 相加的合电流，即 $I_{全}=I+I_d$，叫做全电流.

注意：传导电流不总是连续的，如在电容器的两极板之间，传导电流中断；位移电流也一样，如在导线内，可能只有传导电流，而无位移电流；但全电流总是连续的.

十、全电流定律

变化的电场即位移电流与传导电流在激发磁场方面是等效的，它们都是激发磁场的源. 在磁场中沿任一闭合回路，磁场强度 $\boldsymbol{H}$ 的线积分在数值上都等于穿过以该闭合回路为边线的任意曲面的全电流，即

$$\oint \boldsymbol{H}\cdot d\boldsymbol{l}=\sum(I+I_d)$$

该方程称为全电流定律.

十一、位移电流和传导电流的异同

1. 相同点

两者在产生磁场方面是一样的.

2. 不同点

(1)来源不同

传导电流是由电荷定向移动形成的，而位移电流是将变化的电场看成电流，不存在电荷的定向运动.

(2)电流强度定义不同

传导电流 $$I=\frac{dq}{dt}$$

位移电流 $$I_d=S\frac{dD}{dt}=\frac{d\Psi_D}{dt}$$

(3)传导电流能产生焦耳热，而位移电流不产生焦耳热(位移电流可通过其他形式发热，如使分子间相互摩擦发热等，但与传导电流产生焦耳热的机制不同，不遵循焦耳—楞次定律).

十二、麦克斯韦方程组

麦克斯韦总结电场(包括静电场和有旋电场)、磁场(包括由传导电流产生的和位电流产生的)的性质,得出

麦克斯韦方程组(积分形式)
$$\begin{cases}\oint\!\!\oint_S \boldsymbol{D}\cdot d\boldsymbol{S}=\Sigma q\\ \oint\!\!\oint_S \boldsymbol{B}\cdot d\boldsymbol{S}=0\\ \oint_L \boldsymbol{E}\cdot d\boldsymbol{l}=-\iint_S \frac{\partial \boldsymbol{B}}{\partial t}\cdot d\boldsymbol{S}\\ \oint_L \boldsymbol{H}\cdot d\boldsymbol{l}=I+\iint_S \frac{\partial \boldsymbol{D}}{\partial t}\cdot d\boldsymbol{S}\end{cases}$$

(1)第一式中 q 为自由电荷. 由于有旋电场 E_r 的电场线是闭合的,其穿过任一闭合曲面的 D 通量一定为零.

(2)第二式中无论是传导电流还是位移电流产生的磁场的磁感应线均是闭合的,故穿过任一闭合曲面的磁通量总为零.

(3)第三式中由于静电场为保守力场,其 E 的环流为零,故此式右端为有旋电场强度的环流的结果.

(4)第四式是全电流定律.

十三、麦克斯韦方程组的微分形式

$$\oint\!\!\oint_S \boldsymbol{D}\cdot d\boldsymbol{S}=\sum q=\iiint dV_p$$

$$\oint\!\!\oint_S \boldsymbol{B}\cdot d\boldsymbol{S}=0$$

$$\oint_L \boldsymbol{H}\cdot d\boldsymbol{l}=I+I_d=\iint_S j\cdot d\boldsymbol{S}+\iint_S \frac{\partial \boldsymbol{D}}{\partial t}\cdot d\boldsymbol{S}$$

$$\oint_L \boldsymbol{E}\cdot d\boldsymbol{l}=-\frac{d\Phi}{dt}=-\iint_S \frac{\partial \boldsymbol{B}}{\partial t}\cdot d\boldsymbol{S}$$

十四、电磁场

变化的磁场激发有旋电场,而变化的电场激发有旋磁场,变化的电场和磁场不是彼此独立的,它们相互联系、相互激发,组成一个统一的电磁场.

电磁场具有能量、质量、动量、角动量等,这些都是物质的表现,因此电磁场也是一种物质,场与实物一样都遵守能量守恒、动量守恒、角动量守恒等物质运动的普遍规律.

复习思考题解答

9-1-1 在下列情况下,绕圈中是否会产生感应电动势?为什么?若产生感应电动势,其方向如何确定?

(1)线圈在载流长直导线激发的磁场中平动,如图(a)、(b).

(2)线圈在均匀磁场中旋转,图(c)、(d)、(e).

(3)在均匀磁场中线圈变形,图(f),从圆形变成椭圆形.

(4)在磁铁产生的磁场中线圈向右移动,图(g).

(5)两个相邻近的螺线管1与2,当1中电流改变时,试分别讨论在增加或减少的情况下,2中的感应电动势,图(h).

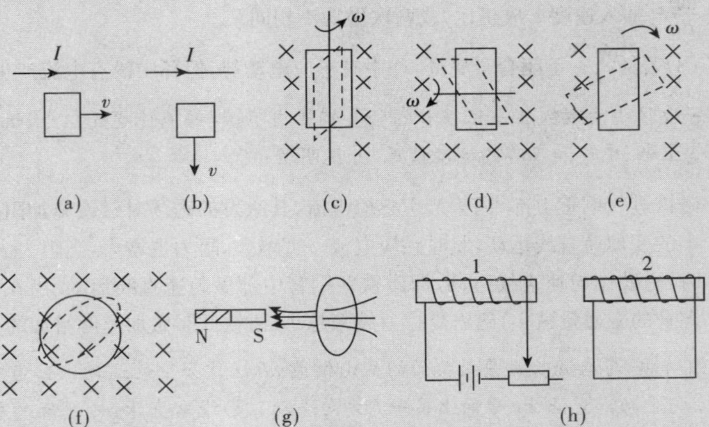

思考题 9-1-1 图

解题过程 (1)(a)中无感应电动势,因为线圈中没有磁通量的变化.

(b)中有感应电动势,电动势为顺时针方向.

(2)(c)中有感应电动势,电动势为顺时针方向.

(d)中有感应电动势,电动势为顺时针方向.

(e)中无感应电动势,因为没有磁通量的变化.

(3)(f)中有感应电动势,电动势为顺时针方向.

(4)(g)中有感应电动势,从右向左看为逆时针方向.

(5)1中电流增大时,2中感应电动势为逆时针方向.

1中电流减小时,2中感应电动势为顺时针方向.

9-1-2 将一个磁铁插入一个由导线组成的闭合电路线圈中，一次迅速插入，另一次缓慢地插入.问：

(1)两次插入时在线圈中产生的感生电荷量是否相同？

(2)两次手推磁铁的力所做的功是否相同？

(3)若将磁铁插入一不闭合的金属环中，在环中将发生什么变化？

解题过程 (1)两次插入磁通量的变化量 $\Delta\Phi$ 是相同的.

$$\varepsilon=\frac{\Delta\Phi}{\Delta t}=\frac{d\Phi}{dt}\quad I=\frac{\varepsilon}{R}\quad q=\int I dt=\int\frac{\varepsilon}{R}dt=\int\frac{1}{R}d\Phi=\frac{\Delta\Phi}{R}$$

所以 q 相同.

(2)手推磁铁的力做的功等于感应电动势做的功.

$$W=\int\frac{\varepsilon^2}{R}dt=\int\frac{1}{R}\left(\frac{d\Phi}{dt}\right)^2dt=\int\frac{1}{R}\frac{d\Phi^2}{dt}=q\cdot\frac{d\Phi}{dt}$$

$\frac{d\Phi}{dt}$与插入速度 v 成正比，或两次做功不相同.

(3)若插入一不闭合金属环，环中有感应电动势，但环中没有电流产生.

9-1-3 让一块很小的磁铁在一根很长的竖直铜管内下落，若不计空气阻力，试定性说明磁铁进入铜管上部、中部和下部的运动情况，并说明理由.

解题过程 磁铁进入铜管上部，铜管产生感应电流，其激发的磁场对磁铁施加阻力，磁铁作加速度减小的变加速直线运动，此时感应电流一直增大，阻力也增大，当阻力大小与磁铁重力相等时，磁铁作匀速直线运动，即磁铁在钢管中部做匀速直线运动. 当在钢管下部时，磁铁对铜管的磁通量减小，磁铁受拉力越来越小，磁铁此时做加速度增加的变加速直线运动.

9-2-1 如图所示，与载流长直导线共面的矩形线圈 $abcd$ 作如下的运动：(1)沿 x 方向平动，(2)沿 y 方向平动，(3)沿 xy 平面上某一 l 方向平动，(4)绕垂直于 xy 平面的轴转动，(5)绕 x 轴转动，(6)绕 y 轴转动，问在哪些情况下矩形线圈 $abcd$ 中产生的感应电动势不为零？

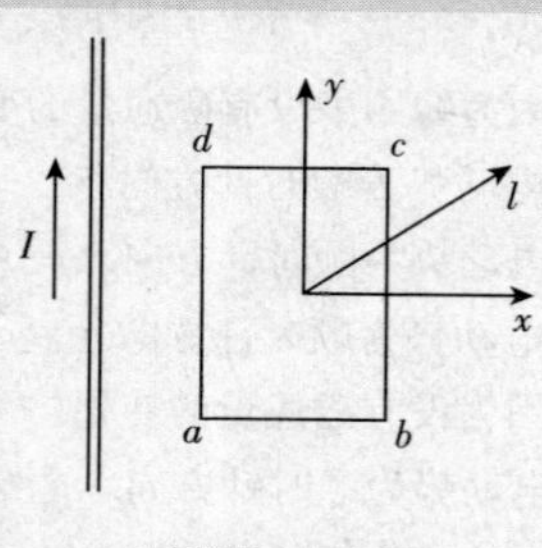

思考题 9-2-1 图

解题过程 (1)～(6)所有情况下矩形线圈 $abcd$ 中产生的感应电动势均不为零.

9-2-2 如图所示，一个金属线框以速度 v 从左向右匀速通过一均匀磁场区，试定性地画出线框内感应电动势与线框位置的关系曲线.

解题过程 关系曲线如答 9-2-2 图所示.

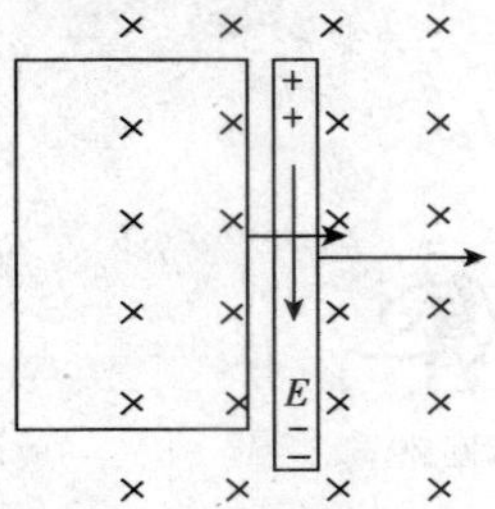

思考题 9-2-2 图

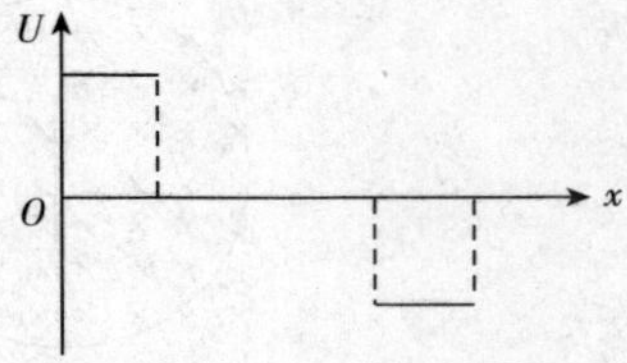

答 9-2-2 图

9-2-3 如图所示,当导体棒在均匀磁场中运动时,棒中出现稳定的电场 $E=vB$,这是否和导体中 $E=0$ 的静电平衡的条件相矛盾? 为什么? 是否需要外力来维持棒在磁场中作匀速运动?

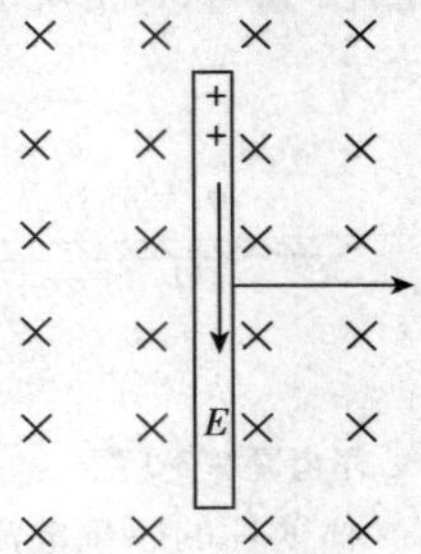

思考题 9-2-3 图

解题过程 导体处在静电场中与导体在磁场中运动两者没有联系,$E=0$ 是静电平衡条件,磁场中不存在此规律,所以在静电场中与磁场中导体内部电场不同是很正常的. 棒做匀速直线运动不需要外力维持.

9-3-1 如图所示,一质子通过磁铁附近发生偏转,如果磁铁静止,质子的动能保持不变,为什么? 如果磁铁运动,质子的动能将增加还是减小? 试说明理由.

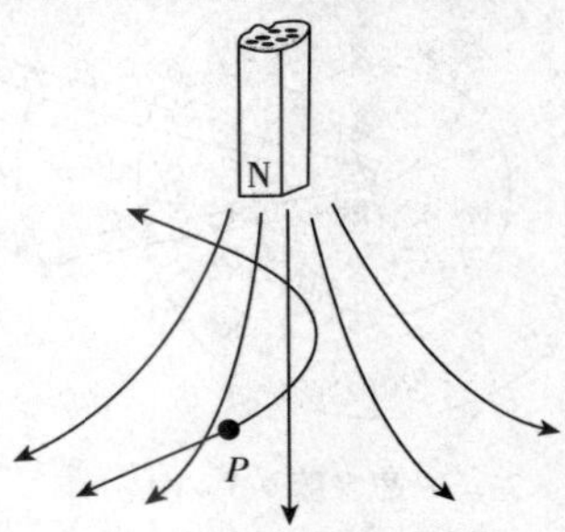

思考题 9-3-1 图

解题过程 磁铁静止时,只对质子施加洛伦兹力,洛伦兹力不做功,所以动能不变,磁铁运动使空间产生漩涡电场,电场力使粒子动能发生变化.

9-3-2 铜片放在磁场中，如图所示. 若将铜片从磁场中拉出或推近，则受到一阻力的作用，试解释这个阻力的来源.

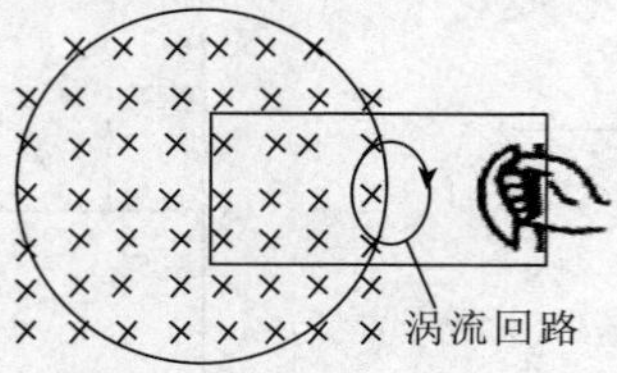

思考题 9-3-2 图

解题过程 将铜片拉出时，通过铜的磁通量减小，形成涡流回路如图所示，磁场对铜的力向左，这就是阻力的来源，把铜片推入也可分析得出同样的结论.

9-3-3 有一导体薄片位于与磁场 $\boldsymbol{B}$ 垂直的平面内，如图所示. 如果 $\boldsymbol{B}$ 突然变化，但在 P 点附近 $\boldsymbol{B}$ 的变化不能立即检查出来，试解释之.

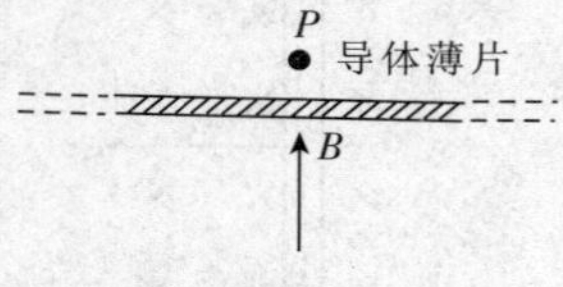

思考题 9-3-3 图

解题过程 P 点附近的 $\boldsymbol{B}$ 不会马上变化，导体薄片的感生电流产生的电场形成一磁场阻止 $\boldsymbol{B}$ 变化.

9-3-4 如图所示，一均匀磁场被限制在半径为 R 的圆柱面内，磁场随时间作线性变化. 问图中所示闭合回路 L_1 和 L_2 上每一点的 $\frac{\partial \boldsymbol{B}}{\partial t}$ 是否为零？感生电场 $\boldsymbol{E}$ 是否为零？$\oint_{L_1} \boldsymbol{E}\cdot \mathrm{d}\boldsymbol{l}$ 和 $\oint_{L_2} \boldsymbol{E}\cdot \mathrm{d}\boldsymbol{l}$ 是否为零？若回路是导线环，问环中是否有感应电流？L_1 环上任意两点的电势差是多大？L_2 环上点 P、Q、M 和 N 点的电势是否相等？

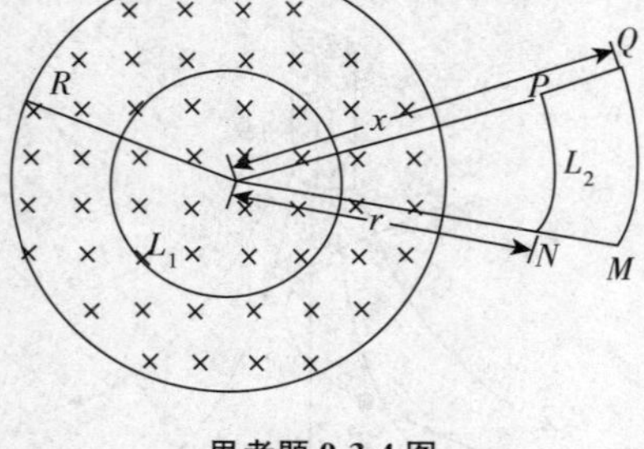

思考题 9-3-4 图

解题过程 L_1 处磁场区域范围之内，$\frac{\partial \boldsymbol{B}}{\partial t}\neq 0$，$L_2$ 在磁场区域范围之外，$\frac{\partial \boldsymbol{B}}{\partial t}=0$，感主电场 $\boldsymbol{E}$ 不为零. 若回路是导线环，环中有感应电流产生.

$$\oint_{L1} \boldsymbol{E} \cdot \mathrm{d}\boldsymbol{l} = -\iint \frac{\mathrm{d}\boldsymbol{B}}{\mathrm{d}t} \cdot \mathrm{d}\boldsymbol{S} = -\frac{\mathrm{d}\boldsymbol{B}}{\mathrm{d}t}\pi r^2$$

$$\boldsymbol{E} \cdot 2\pi r = -\frac{\mathrm{d}\boldsymbol{B}}{\mathrm{d}t}\pi r^2$$

所以 $$\boldsymbol{E} = -\frac{\mathrm{d}\boldsymbol{B}}{\mathrm{d}t} \cdot \frac{r}{2}$$

设 L_1 环上两点相距为 L，则 $\Delta U = E \times L = -\frac{\mathrm{d}B}{\mathrm{d}t}\frac{rL}{2}$，$PQ$、$MN$ 两点方向与感生电场方向垂直，所以 P 与 Q 电势相等，M 与 N 电势相等，但 P 与 N 的电势不相等.

在磁场外 $\mathrm{E} \cdot 2\pi \mathrm{r} = -\frac{d\mathrm{B}}{d\mathrm{t}} \cdot \pi \mathrm{R}^2$

$\mathrm{E} = -\frac{d\mathrm{B}}{d\mathrm{t}} \cdot \frac{\mathrm{R}^2}{2\mathrm{r}}$

$\therefore$ PN 上 $\mathrm{E}_1 = -\frac{d\mathrm{B}}{d\mathrm{t}} \cdot \frac{\mathrm{R}^2}{2\mathrm{r}_1}$

QM 上 $\mathrm{E}_2 = -\frac{d\mathrm{B}}{d\mathrm{t}} \cdot \frac{\mathrm{R}^2}{2\mathrm{r}_2}$

$$\oint_{L_2} \boldsymbol{E} \cdot \mathrm{d}\boldsymbol{l} = -\iint \frac{\mathrm{d}\boldsymbol{R}}{\mathrm{d}t} \cdot \mathrm{d}\boldsymbol{S} = 0$$

9-4-1 用电阻丝绕成的标准电阻要求没有自感，问怎样绕制方能使线圈的自感为零，试说明其理由.

解题过程 自感电动势 $\varepsilon_i = \left|\frac{\mathrm{d}\Phi}{\mathrm{d}t}\right| = L\left|\frac{\mathrm{d}I}{\mathrm{d}t}\right|$，所以 $L = \left|\frac{\mathrm{d}\Phi}{\mathrm{d}I}\right|$，如果要求线圈自感为零，则使线圈磁通为零即可. 故可以采用双线密绕法，把导线从中点对折，绕在线圈上，通电时两股导线中电流大小相等，产生大小相等方向相反的磁场，通过线圈的总磁通为零.

9-4-2 在一个线圈(自感为 L，电阻为 R)和电动势为 ε 的电源的串联电路中，当开关接通的瞬间，线圈中还没有电流，自感电动势怎么会最大？

解题过程 自感电动势 $\varepsilon = \left|\frac{\mathrm{d}\Phi}{\mathrm{d}t}\right| = L\left|\frac{\mathrm{d}I}{\mathrm{d}t}\right|$，在开关接通的瞬间，电流虽然为零，但是电流的变化率却是最大的，此时电动势最大.

9-4-3 自感电动势能不能大于电源的电动势？瞬时电流可否大于稳定时的电流值？

解题过程 在电源 ε 作用下，自感电动势 $\varepsilon_L = L\frac{\mathrm{d}I}{\mathrm{d}t} = -\varepsilon l^{-\frac{R}{L}t}$.

所以自感电动势不可能大于电源电动势，零输入响应瞬时电流可大于稳定电流.

9-4-4 有两个半径相接近的线圈，问如何放置方可使其互感最小？如何放置可使其互感最大？

解题过程 两线圈同心正交放置互感最小，同心同轴放置互感最大，分别如图(a)和图(b)所示.

(a)　　　　(b)

答 9-4-4 图

9-4-5 两个螺线管串联相接，两管中一直通有相同的恒定电流，试问两螺线管之间有没有互感存在？解释之.

解题过程　两螺线管中有互感存在. 因为两螺线管不是正交或者相距无限远，所以它们之间互感系数不为零，存在互感.

9-5-1 在螺绕环中，磁能密度较大的地方是在内半径附近，还是在外半径附近？

解题过程　磁能密度 $w_m=\dfrac{B^2}{2\mu}$，螺线环内感应强度 $B=\dfrac{\mu NI}{2\pi r}$，所以 $w_m=\dfrac{\mu N^2I^2}{8\pi^2r^2}$，从公式中可以看出在半径小的地方磁能密度大.

9-5-2 磁能的两种表达式

$$W_m=\frac{1}{2}LI^2$$

和

$$W_m=\frac{1}{2}\frac{B^2}{\mu_0}V$$

的物理意义有何不同？（式中 V 是均匀磁场所占体积.）

解题过程　$W_m=\dfrac{1}{2}LI^2$ 表示自感回路周围空间磁场的磁能与回路电流的关系；$W_m=\dfrac{1}{2}\dfrac{B^2}{\mu_0}V$ 表示磁感应强度为 B 的磁场空间的磁场能.

9-6-1 什么叫做位移电流？什么叫做全电流？位移电流和传导电流有什么不同？位移电流和位移电流密度的表达式是怎样得到的？

解题过程　位移电流就是变化的电场，其定义是：通过电场空间某截面电位移通量的时间变化率

$$I_d=\frac{d\Psi_0}{dt}=S\frac{dD}{dt}$$

全电流是位移电流与传导电流之和，全电流总是连续的.

位移电流与传导电流的区别：

传导电流由导体内部电荷定向运动形成，而位移电流则是电场和介质的极化随时间变化率.

传导电流存在于导体中，而位移电流可以在真空、介质和导体中.

传导电流热效应遵从焦耳—楞次定律，而位移电流在真空中没有热效应，在介质中也不遵从焦耳—楞次定律.

$$\oint \boldsymbol{H} \cdot \mathrm{d}\boldsymbol{l}=I+I_{\mathrm{d}}=\iint_S \boldsymbol{j} \cdot \mathrm{d}\boldsymbol{S}+\iint_S \frac{\partial \boldsymbol{D}}{\partial t} \cdot \mathrm{d}\boldsymbol{S}$$

$I_{\mathrm{d}}=\iint_S \boldsymbol{j}_{\mathrm{d}} \cdot \mathrm{d}\boldsymbol{S}, \boldsymbol{j}_{\mathrm{d}}=\frac{\mathrm{d}\boldsymbol{D}}{\mathrm{d}t}$即位移电流密度.

9-6-2 电容器极板间的位移电流与连接极板的导线中的电流大小相等，然而在极板间的磁场越靠近轴线中心越弱，而传导电流的磁场越靠近导线越强，为什么？

解题过程 因为位移电流是在空间分布的且关于中轴对称，由安培环路定理可知$\oint \boldsymbol{H} \cdot \mathrm{d}\boldsymbol{l}=\iint_S \left(\boldsymbol{j}+\frac{\mathrm{d}\boldsymbol{D}}{\mathrm{d}t}\right) \cdot \mathrm{d}\boldsymbol{S}$，越靠近轴线中心则 $\mathrm{d}\boldsymbol{S}$ 越小，而$\frac{\mathrm{d}\boldsymbol{D}}{\mathrm{d}t}$不变，所以磁场越弱.

而传导电流是束缚在导线中的，$H \cdot 2\pi r=I$，I 不变，则 r 越小，H 越大.

9-6-3 静电场中的高斯定理 $\varepsilon_0 \oiint_S \boldsymbol{E} \cdot \mathrm{d}\boldsymbol{S}=\sum q=\iiint_V \rho \mathrm{d}V$ 和使用于真空中电磁场时的高斯定理 $\oiint_S \varepsilon_0 \boldsymbol{E} \cdot \mathrm{d}\boldsymbol{S}=\sum q=\iiint_V \rho \mathrm{d}V$ 在形式上是相同的，但理解上述两式时有何区别？

解题过程 静电场是由静电荷激发的有源电场，是保守场．而真空中的电磁场是由电荷激发的电场和变化磁场激发的电场的合场，尤其是变化磁场所激发的电场是无源有旋的，是旋涡场，不是保守场．

9-6-4 对于真空中恒定电流的磁场，$\oiint_S \boldsymbol{B} \cdot \mathrm{d}\boldsymbol{S}=0$，对于一般的电磁场又碰到 $\oiint_S \boldsymbol{B} \cdot \mathrm{d}\boldsymbol{S}=0$ 这个式子，在这两种情况下，对 $\boldsymbol{B}$ 矢量的理解上有哪些区别？

解题过程 恒定电流的磁场是由传导电流激发的，而一般的电磁场是由全电流激发的，但是磁感应线是闭合的、无源的，它对任意闭合曲面的净磁通都是零.

习题全解

9-1 解题过程

$$\varepsilon=-\frac{\mathrm{d}\Phi}{\mathrm{d}t}$$

$$\frac{\mathrm{d}\Phi}{\mathrm{d}t}=12t+7$$

$t=2\mathrm{s}$ 时

$$\frac{\mathrm{d}\Phi}{\mathrm{d}t}=31$$

所以 $\varepsilon=3.1\times10^{-2}\,\mathrm{V}$

方向为逆时针方向.

9-2 解题过程

$$\varepsilon=\frac{\mathrm{d}\Phi}{\mathrm{d}t}$$

$$\Phi=\int_{d_1}^{d_1+l_2} B_1\mathrm{d}S-\int_{d_2}^{d_2+l_2} B_2\mathrm{d}S$$

$$=\int_{d_1}^{d_1+l_2} \frac{\mu_0 I}{2\pi r}l_1\mathrm{d}r-\int_{d_2}^{d_2+l_2} \frac{\mu_0 I}{2\pi r}l_1\mathrm{d}r$$

$$=\frac{\mu_0 Il_1}{2\pi}\ln\frac{d_1+l_2}{d_1}-\frac{\mu_0 Il_1}{2\pi}\ln\frac{d_2+l_2}{d_2}$$

$$=\frac{\mu_0 Il_1}{2\pi}\ln\frac{(d_1+l_2)d_2}{(d_2+l_2)d_1}$$

所以
$$\varepsilon=\frac{\mathrm{d}\Phi}{\mathrm{d}t}=\frac{\mu_0 l_1}{2\pi}\ln\frac{(d_1+l_2)d_2}{(d_2+l_2)d_1}\frac{\mathrm{d}I}{\mathrm{d}t}$$

9-3 解题过程　取坐标轴 Oy 与大回路电流方向相同.

(1)由题意可知，大回路电流在 y 处的磁感应强度 $\boldsymbol{B}$ 的方向向上，因为 y 远大于回路的半径 R，故 $y\gg R$

此时
$$B=\frac{\mu_0 IR^2}{2(R^2+y^2)^{3/2}}\approx\frac{\mu_0 IR^2}{2y^3}$$

通过小回路的磁通量为

$$\Phi=\boldsymbol{B}\cdot\boldsymbol{S}=B\pi r^2=\frac{\mu_0 I\pi r^2R^2}{2y^3}$$

可知，当位置 y 增大时，小回路的 φ 随之变小.

(2)小回路中的电动势为

$$\varepsilon_i=-\frac{\mathrm{d}\Phi}{\mathrm{d}t}=\frac{3\mu_0 I\pi r^2R^2}{2y^4}\mathrm{V}$$

所以
$$\varepsilon_i\Big|_{Y=NR}=\frac{3\mu_0 I\pi r^2}{2R^2N^4}\mathrm{V}$$

(3)$v=\dfrac{\mathrm{d}y}{\mathrm{d}t}>0$ 时，小回路向上运动，$\varepsilon_i>0$ 表明，此时小回路中电动势的绕行方向与大回路电流的绕向相同，这正阐明了楞次定律，即在小回路中以感生电流的磁通"补偿"因向上运动而减少的原磁通.

9-4 解题过程　动生电动势

$$\varepsilon=Blv=Bv(L_{PM}+L_{MN}\cos 30°)$$

$$=2.5\times10^{-2}\times1.5\times10\times10^{-2}(1+\frac{\sqrt{3}}{2})$$

$$=7.0\times10^{-3}\mathrm{V}$$

电动势 P 高，N 低.

9-5 解题过程

$$\varepsilon=\frac{\mathrm{d}\Phi}{\mathrm{d}t}=\frac{\mathrm{d}(\boldsymbol{B}\cdot\boldsymbol{S})}{\mathrm{d}t}$$

$$B=kt,S=lvt$$

$$\varepsilon=\frac{klv\mathrm{d}t^2}{\mathrm{d}t}\cos\theta=2klvt\times\frac{1}{2}=klvt$$

方向由 M 指向 N.

9-6 解题过程 设电动势 ε

$$\varepsilon=B_1lv-B_2lv=lv\left(\frac{\mu_0 I}{2\pi d}-\frac{\mu_0 I}{2\pi(b+d)}\right)=\frac{\mu_0 Ilv}{2\pi}\left(\frac{1}{d}-\frac{1}{d+b}\right)$$
$$=\frac{4\pi\times10^{-7}\times0.5\times4\times10^{-2}\times3.0}{2\pi}\left(\frac{1}{0.05}-\frac{1}{0.07}\right)$$
$$=6.86\times10^{-5}\,\mathrm{V}$$

9-7 解题过程 (1)设导线上电动势为 ε

$$\varepsilon=\int_k(\boldsymbol{v}\times\boldsymbol{B})\cdot\mathrm{d}\boldsymbol{l}=Blv$$
$$=0.5\times0.5\times4=1\mathrm{V}$$

(2)电阻 R 上所消耗的功率 $P=\frac{U^2}{R}=\frac{1}{0.2}=5\mathrm{W}$

(3)回路中电流 $I=\frac{U}{R}=\frac{\varepsilon}{R}=\frac{1}{0.2}=5\mathrm{A}$

MN 上的安培力 $F=BlI=0.5\cdot0.5\cdot5=1.25\mathrm{N}$

9-8 解题过程 (1)

$$\varepsilon_{PQ}=\int(\boldsymbol{v}_1\times\boldsymbol{B})\cdot\mathrm{d}\boldsymbol{l}=Blv_1=2\times1\times4=8\mathrm{V}$$
$$\varepsilon_{MN}=\int(\boldsymbol{v}_2\times\boldsymbol{B})\cdot\mathrm{d}\boldsymbol{l}=Blv_2=2\times1\times2=4\mathrm{V}$$

方向如解 9-8 图所示.

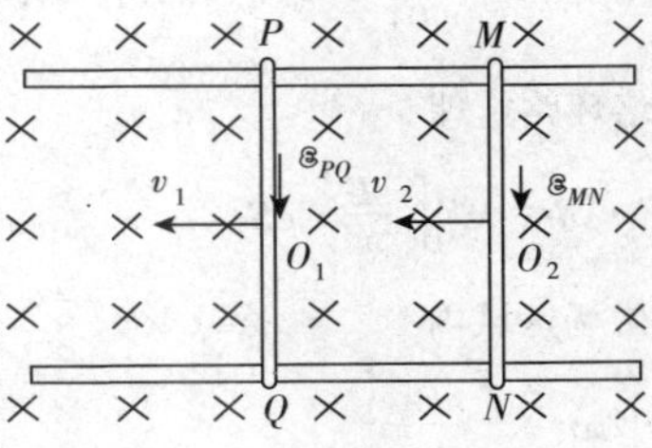

解 9-8 图

(2)设回路电流为 I

$$I=\frac{\varepsilon_{PQ}-\varepsilon_{MN}}{R_{PQ}+R_{MN}}=\frac{8-4}{8}=0.5\mathrm{A}$$

所以 $U_{PQ}=-IR_{PQ}+\varepsilon_{PQ}=6\mathrm{V}$

$U_{MN}=+IR_{MN}+\varepsilon_{MN}=6\mathrm{V}$

(3) $U_{O_1O_2}=U_{O_1}-U_{O_2}=-\frac{\varepsilon_{PQ}}{2}+\frac{\varepsilon_{MN}}{2}+\frac{R}{2}\mathrm{I}\times2=0$

9-9 解题过程 每秒转 3600 转,所以 $f=60\ \text{Hz},\omega=2\pi f=120\pi$

$$\Phi=\boldsymbol{B}\cdot\boldsymbol{S}=B\frac{\pi r^2}{2}\cos 2\pi ft$$

$$\varepsilon=-\frac{\mathrm{d}\Phi}{\mathrm{d}t}=B\cdot\frac{\pi r^2}{2}\cdot 2\pi f\cdot\sin 2\pi ft=B\pi^2r^2f\sin 2\pi ft$$

所以 $\varepsilon_{\max}=B\pi^2r^2f=0.5\pi^2\times0.1^2\times60=2.96\text{V}$

$$I_{\max}=\frac{\varepsilon_{\max}}{\mathrm{R}}=2.96\times10^{-3}\ \text{A}$$

9-10 解题过程 取一长方体进行分析.

其电阻 $R=\frac{1}{\gamma}\frac{l}{S}=\frac{l}{\gamma dl}=\frac{1}{\gamma d}$

$$\varepsilon=Blv=Blr\omega$$

$$I=\frac{\varepsilon}{R}=Blr\omega\gamma d$$

此长方体受的安培力

$$F=BlI=B\cdot Blr\omega\gamma d\cdot l=B^2\cdot l^2r\omega\gamma d$$

因为安培力产生的力矩阻止圆盘运动,所以圆盘会慢下来.

9-11 解题过程 设感生电动势 ε

$$\varepsilon=n\frac{\mathrm{d}\Phi}{\mathrm{d}t}$$

$$\Phi=\mu_0nI\cdot S=4\pi\times10^{-7}\times800\times5\times\pi(0.01)^2=1.58\times10^{-6}\ \text{Wb}$$

$$\varepsilon=30\cdot\frac{1.58\times10^{-6}}{0.01}=4.47\times10^{-3}\ \text{V}$$

9-12 解题过程 由磁场中的安培环路定理

$$\oint\boldsymbol{E}\cdot\mathrm{d}\boldsymbol{l}=-\iint\frac{\partial\boldsymbol{B}}{\partial t}\cdot\mathrm{d}\boldsymbol{S}$$

当 $r<R$ 时,在磁场区域内

$$E\cdot2\pi r=-\frac{\partial B}{\partial t}\pi r^2$$

所以 $E=-\frac{\partial B}{\partial t}\cdot\frac{r}{2}$

解 9-12 图所示.

当 $r>R$ 时

$$E\cdot2\pi r=-\frac{\partial B}{\partial t}\cdot\pi R^2$$

$$E=-\frac{\partial B}{\partial t}\frac{R^2}{2r}$$

$0.1\text{m}<\frac{0.50}{2}\text{m}$

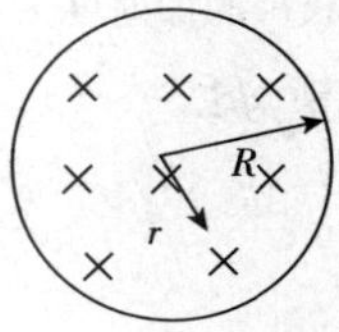

解 9-12 图

所以距中心 0.1m 处感生场强为

$$E=1.0\times10^{-2}\cdot\frac{0.1}{2}=5.0\times10^{-4}\ \text{V/m}$$

所以距中心 0.5 m 处感生场强为

$$E=1.0\times10^{-2}\cdot\frac{0.25}{2\cdot0.5}=6.25\times10^{-4}\ \text{V/m}$$

距中心 1m 处感生场强为

$$E=1.0\times10^{-2}\cdot\frac{(0.25)}{2\cdot1}=3.13\times10^{-4}\ \text{V/m}$$

9-13 解题过程 设距 O 为 r 处的感生电场强度为 E

$$\oint \boldsymbol{E}\cdot d\boldsymbol{l}=-\iint\frac{\partial \boldsymbol{B}}{\partial t}\cdot d\boldsymbol{S}$$

$$E\cdot2\pi r=-\frac{\partial B}{\partial t}\pi r^2$$

$$E=-\frac{\partial B}{\partial t}\frac{r}{2}\qquad(\text{当 } r<R \text{ 时})$$

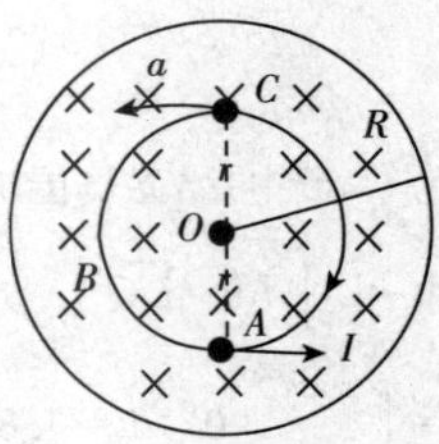

解 9-13 图

方向如解 9-13 图所示，所以 A 处电子加速度

$$a=\frac{qE}{m}=-\frac{\partial B}{\partial t}\cdot\frac{r}{2}\frac{q}{m}$$

$$=10^{-2}\cdot\frac{5\times10^{-2}}{2}\cdot\frac{1.6\times10^{-19}}{9.1\times10^{-31}}$$

$=4.4\times10^{7}\,\mathrm{m/s^{2}}$

方向如解 9-13 图所示，C 处电子距 O 与 A 同为 r.

C 处加速度也为 $4.4\times10^{7}\,\mathrm{m/s^{2}}$，方向如解图所示，

O 处电场强度为 0，电子获得的加速度为零.

9-14 解题过程 设感生电场强度为 E，动能为 E_k

$$qE\cdot2\pi r=E_k$$

所以 $E=\dfrac{E_k}{2\pi qr}$ ①

又
$$\oint\boldsymbol{E}\cdot\mathrm{d}\boldsymbol{l}=-\iint\frac{\partial\boldsymbol{B}}{\partial t}\cdot\mathrm{d}\boldsymbol{S}$$

$$E\cdot2\pi r=-\frac{\partial B}{\partial t}\pi r^{2},E=-\frac{\partial B}{\partial t}\cdot\frac{r}{2} \quad ②$$

$$\Phi=BS=B\cdot\pi r^{2},\frac{\mathrm{d}\Phi}{\mathrm{d}t}=\frac{\mathrm{d}B}{\mathrm{d}t}\cdot\pi r^{2}$$

②式代入①式 $\dfrac{\partial\boldsymbol{B}}{\partial t}\cdot\dfrac{r}{2}=\dfrac{E_k}{2\pi qr}$

$$\frac{\partial\boldsymbol{B}}{\partial t}\cdot\pi r^{2}=\frac{E_k}{q}=\frac{700\times1.6\times10^{-19}}{1.6\times10^{-19}}=700\ \mathrm{Wb/s}$$

9-15 解题过程 设绕 N 匝后 $L=6.0\times10^{-3}\,\mathrm{H}$

$$L=\mu_0\frac{N^2}{l}\pi r^2$$

$$N=\sqrt{\frac{lL}{\mu_0\pi r^2}}=\sqrt{\frac{6.0\times10^{-3}\cdot0.6}{4\pi\times10^{-7}\cdot\pi}}\frac{1}{0.025}=1.2\times10^{3}\ \text{匝}$$

9-16 解题过程 通电时自感线圈的磁场能设为 E

$$E=\frac{1}{2}LI^2$$

设自感电动势平均值为 $\overline{U}$，断电后，磁场能消耗在线圈的电阻上.

$$W=\int UI\mathrm{d}t=\overline{U}\int I\mathrm{d}t=\overline{U}Q$$

$$Q=\int\overline{I}\mathrm{d}t=\int_0^{1.2\times10^{-4}}0.4\mathrm{d}t=4.8\times10^{-5}\,\mathrm{C}$$

所以
$$\overline{U}=\frac{W}{Q}=\frac{\frac{1}{2}LI^2}{Q}=\frac{5\times10^{-5}\times0.64}{2\cdot4.8\times10^{-5}}=\frac{1}{3}\mathrm{V}$$

9-17 解题过程 设其自感为 L，磁链为 Φ_N，$\Phi_N=N\mu_0 nIS$

$$\mathrm{L}=\frac{\Phi_N}{I}=N\mu_0 nS=\frac{\mu_0N^2}{2\pi r}\cdot S=\frac{4\pi\times10^{-7}\cdot250^2}{2\pi\cdot0.1}\cdot6\times10^{-4}=7.5\times$$

10^{-5} H

$$\Phi_N = LI = 2.25 \times 10^{-4}\,\text{Wb}$$

所以 $$\Phi = \frac{\Phi_N}{N} = \frac{2.25\times 10^{-4}}{250} = 9\times 10^{-7}\,\text{Wb}$$

即磁链为 2.25×10^{-4} Wb，磁通量为 9×10^{-7} Wb.

9-18 解题过程 设距中心 r 处磁感应强度为 B，线圈中电流强度为 I

$$\oint \boldsymbol{B}\cdot \mathrm{d}\boldsymbol{l} = \mu_0 I'$$

$$B\cdot 2\pi r = \mu_0 NI$$

所以 $$B = \frac{\mu_0 NI}{2\pi r}$$

$$\Phi_N = N\Phi = N\iint B\mathrm{d}S = N\int_{R_1}^{R_2} \frac{\mu_0 NI}{2\pi r}\cdot h\mathrm{d}r$$

$$= \frac{\mu_0 N^2 Ih}{2\pi}\ln\frac{R_2}{R_1}$$

所以 $$L = \frac{\Phi_N}{I} = \frac{\mu_0 N^2 h}{2\pi}\ln\frac{R^2}{R_1}$$

9-19 解题过程 (1)线圈 B 在线圈 A 中产生的磁场设为 B_A

$$B_A = N_B\cdot\frac{\mu_0 I}{2r_B}$$

线圈 A 中磁链 $\Phi_{N_A} = N\cdot\Phi_A = N_A B_A\cdot S = \dfrac{N_A N_B \mu_0 IS}{2r_B}$

所以 $$M = \frac{\Phi_{N_A}}{I} = \frac{N_A N_B \mu_0 S}{2r_B} = \frac{50\times 100\times 4\pi\times 10^{-7}\times 4\times 10^{-4}}{2\times 0.2} = 6.28\times 10^{-6}\,\text{H}$$

(2) $$\frac{\mathrm{d}\Phi_{N_A}}{\mathrm{d}t} = M\frac{\mathrm{d}I_B}{\mathrm{d}t} = 6.28\times 10^{-6}\times(-50) = -3.14\times 10^{-4}\,\text{Wb/s}$$

所以 $$\frac{\mathrm{d}\Phi_A}{\mathrm{d}t} = \frac{\mathrm{d}\Phi_{N_A}}{\mathrm{d}t}\cdot\frac{1}{N_A} = -6.28\times 10^{-6}\,\text{Wb/s}$$

所以线圈 A 内磁通量以 6.28×10^{-6} Wb/s 的速度减小.

(3) $$\varepsilon_A = -\frac{\mathrm{d}\Phi_A}{\mathrm{d}t} = 3.14\times 10^{-4}\,\text{V}$$

9-20 解题过程 设大线圈在小线圈中产生的磁场为 B

$$B = \frac{N_1 \mu_0 IR^2}{2(R^2+d^2)^{3/2}}$$

所以小线圈中产生的磁链数 $\Phi_N = N_2\Phi = N_2 BS = \dfrac{\mu_0 N_1 N_2 \pi R^2 r^2}{2(R^2+d^2)^{3/2}}\cdot I$

所以 $$M = \frac{\Phi_{N_A}}{I} = \frac{\mu_0 N_1 N_2 \pi R^2 r^2}{2(R^2+d^2)^{3/2}}$$

9-21 解题过程　设(a)中长直导线电流为 I，距导线为 r 处的磁感应强度 $B=\frac{\mu_0 I}{2\pi r}$

线圈中磁通量 $\Phi=\oiint \boldsymbol{B}\cdot \mathrm{d}\boldsymbol{S}=\int_b^{2b}\frac{\mu_0 I}{2\pi r}l\,\mathrm{d}r=\frac{\mu_0 Il}{2\pi}\ln 2$

磁链　$\Phi_N=N\cdot\Phi=\frac{N\mu_0 Il}{2\pi}\ln 2$

所以　$M=\frac{N\mu_0 l}{2\pi}\ln 2=2.77\times 10^{-6}\,\mathrm{H}$

(b)中磁通量为 0，互感为 0.

9-22 解题过程　(1)设线圈自感为 L

$$L=\frac{\mu_0 N^2 S}{l}=\frac{\mu_0 N^2 \pi D^2}{4l}=\frac{4\pi\times 10^{-7}\times 1000^2\times\pi(1\times 10^{-2})^2}{4\cdot 0.1}=9.86\times 10^{-4}\,\mathrm{H}$$

$$R=\rho\times N\pi D=247\times 1000\times 3.14\times 0.001\times 0.01=7.76\Omega$$

$$t=\frac{L}{R}=1.27\times 10^{-4}\,\mathrm{s}$$

(2)　$\mathrm{I}=\frac{\varepsilon}{R}=\frac{\varepsilon(1-\mathrm{e}^{-\frac{R}{L}t})}{R}$

所以　$\frac{\mathrm{d}I}{\mathrm{d}t}=\frac{\varepsilon}{R}\frac{R}{L}\mathrm{e}^{-\frac{R}{L}t}=\frac{\varepsilon}{L}\mathrm{e}^{-\frac{R}{L}t}$

$t=0$ 时　$\frac{\mathrm{d}I}{\mathrm{d}t}=\frac{\varepsilon}{L}=2.03\times 10^{3}\,\mathrm{A/s}$

(3) $t\to\infty$ 时　$I=\frac{\varepsilon}{R}=\frac{2}{7.76}=0.258\mathrm{A}$

(4)　$W_{\mathrm{m}}=\frac{1}{2}LI^2=3.28\times 10^{-5}\,\mathrm{J}$

$$w_{\mathrm{m}}=\frac{W_{\mathrm{m}}}{V}=\frac{W_{\mathrm{m}}}{\frac{1}{4}\pi d^2 L}=\frac{4\times 3.18\times 10^{-5}}{3.14\times 0.01^2\times 0.10}=4.18\mathrm{J/m^3}$$

9-23 解题过程　螺线管储存的磁能

$$W=\frac{1}{2}LI^2$$

所以　$W=\frac{1}{2}LI^2=\frac{1}{2}\times 10\times 10^{-3}\times 16=8\times 10^{-2}\,\mathrm{J}$

9-24 解题过程　(1)距铜线为 r 处磁感应强度设为 B

$$B=\frac{\mu_0 I}{2\pi r}$$

磁能密度　$w_{\mathrm{m}}=\frac{B^2}{2\mu_0}=\frac{\mu_0 I^2}{8\pi^2 r^2}=\frac{4\pi\times 10^{-7}\times 10^2}{8\pi^2\times\left(\frac{2.54}{2}\right)^2}=0.987\mathrm{J/m^3}$

(2) $$E=\frac{U}{l}=\frac{IR}{l}=\frac{10\times 3.28\times 10^{-3}}{1}=3.28\times 10^{-2}\ \mathrm{V/m}$$

所以 $$w_e=\frac{1}{2}\varepsilon_0 E^2=\frac{1}{2}\times 8.85\times 10^{-12}\times(3.28\times 10^{-2})^2$$

$$=4.8\times 10^{-15}\ \mathrm{J/m^3}$$

9-25 证明 设导线半径为 R, $r<R$ 处磁感应强度为 B

$$\oint \boldsymbol{B}\cdot \mathrm{d}\boldsymbol{l}=\mu_0 I',\ \frac{I'}{\pi r^2}=\frac{I}{\pi R^2}$$

所以 $$I'=\frac{r^2}{R^2}I$$

$$B\cdot 2\pi r=\frac{\mu_0 r^2}{R^2}I$$

$$B=\frac{\mu_0 rI}{2\pi R^2}$$

所以 $$w_m=\frac{B^2}{2\mu_0}=\frac{\mu_0 I^2 r^2}{8\pi^2 R^4}$$

$$\mathrm{d}W_m=w_m\mathrm{d}V=\frac{\mu_0 I^2 r^2}{8\pi^2 R^4}2\pi rl\,\mathrm{d}r$$

所以 $$W_m=\int w_m\mathrm{d}V=\int_0^R\frac{\mu_0 I^2 r^2}{8\pi^2 R^4}\cdot 2\pi rl\mathrm{d}r=\frac{\mu_0 I^2 l}{4\pi R^4}\int_0^R r^3\,\mathrm{d}r=\frac{\mu_0 I^2 l}{16\pi}$$

所以单位长度磁能为$\frac{\mu_0 I^2}{16\pi}$.

9-26 解题过程 $$w_m=\frac{B^2}{2\mu_0}$$

$$W_m=\int_V w_m\mathrm{d}V=\int_R^{R+h}\frac{B^2}{2\mu_0}4\pi r^2\,\mathrm{d}r$$

$$=\frac{2\pi B^2}{3\mu_0}[(R+h)^3-R^3]$$

$$=\frac{2\pi\times(0.5\times 10^{-4})^2}{3\times 4\pi\times 10^{-7}}[(12.4\times 10^6)^3-(6\times 10^6)^3]$$

$$=6.9\times 10^{18}\ \mathrm{J}$$

9-27 证明 对于平行板电容器 $D=\sigma$, σ 为极板电荷密度.

又因为 $\Psi=DS=\sigma S=Q$

且 $$C=\frac{Q}{U}$$

所以位移电流 $$I_d=\frac{\mathrm{d}\Psi}{\mathrm{d}t}=C\frac{\mathrm{d}U}{\mathrm{d}t}$$

$$j_d=\frac{\mathrm{d}D}{\mathrm{d}t}=\frac{\mathrm{d}\sigma}{\mathrm{d}t}$$

对于圆柱形电容器

$$D=\frac{\lambda}{2\pi r},\Psi=DS=\frac{\lambda}{2\pi r}\cdot 2\pi rl=\lambda l=Q$$

同理 $$I_d=C\frac{dU}{dt},j_d=\frac{dD}{dt}=\frac{1}{2\pi r}\frac{d\lambda}{dt}$$

平行板电容器的位移电流密度大小方向处处相同，圆柱形则与半径 r 有关.

9-28 解题过程 设 $U_0=174000\text{V}$

$$U=U_0\sin(2\pi ft+\varphi)$$

$$I_d=C\frac{dU}{dt}=CU_0\frac{d}{dt}\sin(2\pi ft+\varphi)=2\pi\iota CU_0\cos(2\pi ft+\varphi)$$

$$I_{dmax}=2\pi fCU_0=2\pi\times 50\times 1.0\times 10^{-12}\times 1.74\times 10^5=5.47\times 10^{-5}\text{A}$$

9-29 解题过程 设两极板间任一点 P 距中轴为 r

则由 $$\oint \boldsymbol{H}\cdot d\boldsymbol{l}=\frac{d\Psi}{dt}$$

得 $$H\cdot 2\pi r=\frac{d\Psi}{dt}$$

$$\boldsymbol{\Psi}=DS=\sigma S=\frac{q}{\pi R^2}\cdot\pi r^2=\frac{qr^2}{R^2}$$

所以 $$H\cdot 2\pi r=\frac{r^2}{R^2}\frac{dq}{dt}=\frac{r^2}{R^2}q_0\omega\cos\omega t$$

$$H=\frac{q_0\omega r}{2\pi R^2}\cos\omega t$$

9-30 解题过程 由 $Q=CU\Rightarrow\frac{dQ}{dt}=C\frac{dU}{dt}$，即 $I=C\frac{dU}{dt}$，瞬时位移电流 $I_d=I$，所以

$$\frac{dU}{dt}=\frac{I_d}{C}=\frac{I}{C}=1.0\times 10^6\text{V/s}$$

9-31 解题过程 (1) $$I=\frac{U}{R}=\frac{U_0}{R}\sin\omega t$$

(2) $$I_d=j_d\cdot S=\frac{\partial D}{\partial t}\cdot S=\frac{d\sigma}{dt}\cdot S$$

又因为 $q=\sigma S$

有 $$\frac{d\sigma}{dt}\cdot S=\frac{dq}{dt}=C\frac{dU}{dt}\text{且}C=\frac{\varepsilon_0 S}{d}$$

所以 $$I_d=\frac{\varepsilon_0 SU_0}{d}\frac{d}{dt}\sin\omega t=\frac{\varepsilon_0 SU_0\omega}{d}\cos\omega t$$

(3) $$I_{全}=I_d+I=\frac{\varepsilon_0 SU_0\omega}{d}\cos\omega t+\frac{U_0}{R}\sin\omega t$$

(4)传导电流产生的磁场

$$H_1=\frac{I}{2\pi r}=\frac{U_0}{2\pi rR}\sin\omega t$$

位移电流产生的磁场

$$H_2=\frac{\mathrm{r}}{2\pi R^2}\cdot I_{\mathrm{d}}=\frac{\varepsilon_0 rU_0\omega}{2d}\cos\omega t$$

极板间距离轴线 r 处磁场强度为

$$H=H_1+H_2=\frac{U_0}{2\pi rR}\sin\omega t+\frac{\varepsilon_0 rU_0\omega}{2d}\cos\omega t$$

9-32 证明

$$E'_x=E_x, E'_y=\gamma(E_y-vB_z), E'_z=\gamma(E_z-vB_y)$$

$$B'_x=B_x, B'_y=v(\frac{v}{c^2}E_z+B_y), B'_z=\gamma(-\frac{v}{c^2}E_y+B_z)$$

$$\gamma=\frac{1}{\sqrt{1-\frac{v^2}{c^2}}}$$

$$\begin{aligned}\boldsymbol{E}'\cdot\boldsymbol{B}'&=E'_xB'_x+E'_y\cdot B'_y+E'_z\cdot B'_z\\&=E'_xB'_x+\gamma^2(\frac{v}{c^2}E_yE_z+E_yB_y-\frac{v^2}{c^2}B_zE_z-vB_zB_y)\\&\quad+\gamma^2(-\frac{v}{c^2}E_yE_z-\frac{v^2}{c^2}E_yB_y+E_zB_z-vB_yB_z)\\&=E_xB_x+\gamma^2(1-\frac{v^2}{c^2})E_yB_y+\gamma^2(1-\frac{v^2}{c^2})E_zB_z\\&=E_xB_x+E_yB_y+E_zB_z=\boldsymbol{E}\cdot\boldsymbol{B}\end{aligned}$$

同理

$$\begin{aligned}E'^2-c^2B'^2&=E'^2_x+E'^2_y+E'^2_z-c^2B'^2_x-c^2B'^2_y-c^2B'^2_z\\&=E_x^2-c^2B'^2_x+\gamma^2(E_y^2+v^2B_z^2-2vE_yB_z+E_z^2+v^2B_y^2+v^2B_y^2+\\&\quad 2vE_zB_y)-c^2\gamma^2(\frac{v^2}{c^4}E_y^2+B_z^2-\frac{2v}{c^2}E_yB_z+\frac{v^2}{c^4}E_x^2+B_y^2+\frac{2v}{c^2}E_xB_y)\end{aligned}$$

$$=E_x^2-c^2B_x^2+\gamma^2(1-\frac{v^2}{c^2})E_y^2+\gamma^2(1-\frac{v^2}{c^2})E_z^2+v^2(v^2-c^2)B_z^2+\gamma^2(v^2-c^2)B_y^2$$

$$=E_x^2+E_y^2+E_z^2-c^2B_x^2-c^2B_y^2-c^2B_z^2$$

$$=E^2-c^2B^2$$

9-33 解题过程 参考程序：略。

运算结果如解 9-33 图所示.

(1)下落速度与线圈电流均按正弦规律随时间变化.

(2)振荡周期随 L 的增加而增大.

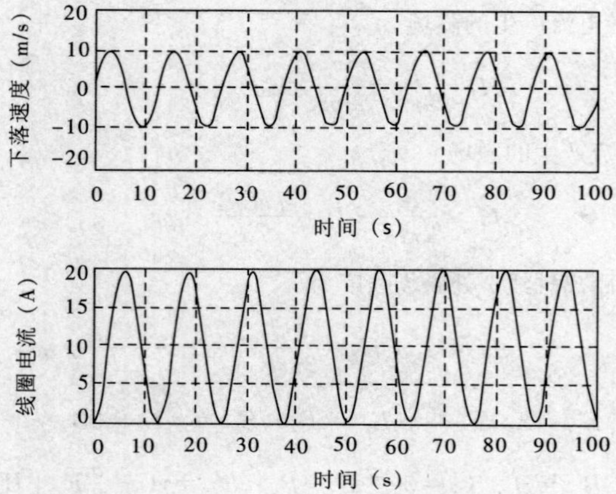

解 9-33 图